CHRISTOPH J. HUECK

Evolution im Doppelstrom der Zeit

CHRISTOPH J. HUECK

Evolution im Doppelstrom der Zeit

Die Erweiterung der naturwissenschaftlichen Entwicklungslehre durch die Selbstanschauung des Erkennens

VERLAG AM GOETHEANUM

Der Verlag am Goetheanum im Internet: www.vamg.ch

Umschlaggestaltung: Sven Baumann

Satz: Höpcke, Hamburg
Druck und Bindung: Freiburger Graphische Betriebe

ISBN 978-3-7235-1468-9

Inhaltsverzeichnis

Geleitwort

In diesem Buch entwickelt Christoph Hueck einen umfassenden Erkenntnis-Organismus, in welchem er die Evolutionsbiologie von Mensch und Tier im Licht der Geisteswissenschaft Rudolf Steiners lebendig durchleuchtet. Das Denken des Verfassers bewegt sich zwischen der naturwissenschaftlichen und der geisteswissenschaftlichen Empirie um eine Mitte, in der beide Sphären sich immer wieder zu einem Ganzen schließen. Diese Mitte findet er durch den Blick auf die eigene Denktätigkeit. Evolution kommt im Menschen denkend zu Bewusstsein. Hueck zeigt, dass das Verständnis der Evolution deshalb möglich ist, weil der menschliche Leib die den Tieren zugrunde liegende allgemeine Gesetzmäßigkeit, ihren ‚Typus' *verkörpert*. Damit kommt dem Menschen die Zentralstellung in der Evolution zu, leiblich wie geistig. Die Theorien der natürlichen ‚Selbstorganisation' zwischen Zufall und Selektion sowie des kreationistischen Determinismus werden gleichermaßen überwunden durch die Anschauung der Idee in der Wirklichkeit im Sinne des von Rudolf Steiner vertretenen Goetheanismus.

Ein zentraler Gedanke des Buches ist der ‚Doppelstrom der Zeit'. Christoph Hueck zeigt die Wirklichkeit dieser Entdeckung Rudolf Steiners überzeugend auf, von der Betrachtung der Phylogenese und zahlreicher Lebensprozesse bis hin zur Genetik und Molekularbiologie. Hueck zeigt, wie dieser lebendig-seelische Doppelstrom mit den physisch-materiellen Kräften ‚von unten' und dem individuellen Geistwesen ‚von oben' durchdrungen wird – es entsteht ein kreuzförmiges Prozessbild als wissenschaftliches Symbol, an dem sich Natur- und Geisteswissenschaft immer wieder ineinander verwandeln, um nicht zu sagen umstülpen, und sich damit als Außen- und Innenseite desselben Weltprozesses zeigen.

Aus der Fülle der Entdeckungen, die den Leser erwartet, sei auf einige Beispiele hingewiesen: Die gegenüber den Tieren stark verlangsamte menschliche Entwicklung und das psychologische Phänomen der von instinktiven Verhaltensvorgaben ‚freien Zeit' weisen auf ein Wesen, das ‚Langeweile' erleben und selbstschöpferisch mit eigenem Inhalt erfüllen kann. Damit zeigt Hueck die Offenheit der Zeitorganisation für die freien Setzungen der geistigen Individualität. Der *Geist* wird ganz aus der inneren Denkerfahrung entwickelt, als „die lebendige, wesenhafte Identität von Vorstellungsinhalt und Willenstätigkeit, von Gesetz und Kraft". Was so von innen im Denken erfasst ist, zeigt sich von außen als die leibliche *Mitte* des rhythmischen Systems zwischen oberem und unterem Menschen.

Ein anderer bedeutsamer Fund: Dieselbe Substanz, durch die bei den Wirbeltieren die embryonale *Gestaltbildung* der Körperformen und Gliedmaßen vermittelt wird (Retinolsäure), vermittelt als Retinal in der Netzhaut *das Sehen.* Die plastische Formbildung und der Sehvorgang zeigen sich damit als zwei Metamorphosen desselben Typus. Damit erschließt sich, was Rudolf Steiner als ‚Sehgerüst' beschrieb, das den Ätherleib des Menschen nach außen hin durchzieht, den physischen Leib gestaltend.[1]

Völlig neu ist auch die Analyse von Darwins Entwicklungsidee unter Berücksichtigung des erkennenden Bewusstseins, sowie die Entdeckung der geistesgeschichtlichen Verwandtschaft der viergliedrigen Bewusstseinsstruktur mit den vier Ursachen des Aristoteles einerseits und den vier Irrtumsquellen des Baco von Verulam andererseits.

Möge dieses gehaltvolle Buch seinen Weg zu den Forschern auf diesem Gebiet, zu den Oberstufenlehrern an (Waldorf-)Schulen und zu den Ärzten finden. Es erschließt dem Leser Anthroposophie als Inspirationsquelle für die Weiterentwicklung der Naturwissenschaft, für die der Autor einen wesentlichen Beitrag geleistet hat.

Armin Husemann

---

[1] Steiner (1920).

Müsset im Naturbetrachten
Immer eins wie alles achten;
Nichts ist drinnen, nichts ist draußen:
Denn was innen, das ist außen.
So ergreifet ohne Säumnis
Heilig öffentlich Geheimnis.

Freuet euch des wahren Scheins,
Euch des ernsten Spieles:
Das Lebendige ist Eins,
Und zugleich ist es ein Vieles.[2]

(Johann Wolfgang von Goethe)

Lebt man sich in die Wesenheit der Naturgesetzlichkeit ein, so empfindet man sie als Kraft, die man auch selbst in seinem Innern betätigt; man empfindet sich als produktiv mitwirkendes Element beim Werden und Wesen der Dinge. Man ist Du und Du mit aller Werdekraft.[3]

(Rudolf Steiner)

Wenn es nun möglich ist, und ich halte es für möglich, die gesamte natürliche und geistige Entwicklung durch ein beide Teile beherrschendes Gesetz zu verbinden, so erhält man in dem durch diese Idee Verbundenen eine in sich geschlossene Wissenschaft, welche man wohl ein Recht hat, Anthropologie zu nennen, da der Mensch das A und O derselben ist.[4]

(Karl Snell)

---

[2] Im Original heißen die beiden letzten Zeilen: „Kein Lebendiges ist Eins, immer ist's ein Vieles." Goethe (1818), S. 358.
[3] Steiner (1897), S. 84.
[4] Snell (1877), S. 104.

TEIL I:

Das Rätsel des Lebens und die Zeit – erkenntniswissenschaftliche Grundlagen

Einleitung

Um Lebendes zu erforschen, muss man sich am Leben beteiligen.[5]
(Viktor von Weizsäcker)

Meine Kinder haben eine Avocado gepflanzt. Zuerst hatten sie den Kern wochenlang ins Wasser gestellt, bis er begann, eine Wurzel zu treiben. Dann wurde er in einen Topf mit Erde gesetzt. Einige Zeit später brach das mächtige Gebilde auseinander und in dem klaffenden Spalt erschien ein dünner, braun-violetter Trieb. Wiederum nach einigen Tagen konnte man die ersten hellgrünen Blattanlagen erkennen, die sich in den nächsten Wochen, begleitet vom kräftigen Wachstum des Stängels, mehr und mehr entfalteten. Heute steht eine Pflanze mit zahlreichen großen, lanzettförmigen Blättern am Fenster.

Betrachtet man die Entwicklung eines lebendigen Organismus genauer, so fühlt man geradezu die Kraft, die die Gestalt nach und nach wie aus einem Nichts hervortreibt. Keine noch so intelligent konzipierte Maschine kann das leisten. Trotzdem meinen die meisten Biologen, Lebewesen seien Maschinen, die nach physikalischen und chemischen Gesetzen funktionierten. Aber warum haben diese ‚Maschinen' *Gestalt?* Warum entwickeln sich lebende Zellen zu Pflanzen, Tieren und Menschen? Und warum gerade zu diesen bestimmten Gestalten – wären doch auch viele andere denkbar? Seit Charles Darwin lautet die Antwort schlichtweg: aus (nützlichem) Zufall. Zufällige Veränderungen der Organismen hätten sich im Verlauf der Evolution als verbesserte Überlebenschancen im ‚Kampf ums Dasein' erwiesen und seien deshalb erhalten geblieben.

Alternativ zu diesem letztlich trostlosen Bild steht eine religiöse Auffassung, die in der Natur das Walten eines jenseitigen Schöpfergottes zu erkennen sucht.[6] Die Stelle des darwinschen Zufalls nimmt hier ein gedachter Schöpfungswille ein. So bekommt die Evolution zwar vermeintlichen Sinn, doch kann nicht wirklich gesagt werden, wie der Schöpfer die Organismen hervorbrachte. Hat er die erste lebendige Zelle in einer Art himmlischen Laboratoriums erzeugt und dann in irdische Verhältnisse versetzt …? Der Darwinismus weiß nicht warum, der Kreationismus nicht, wie die Organismen entstanden sind.

Wie soll man Leben erkennen, wenn man es von vorneherein bloß als materiellen Prozess definiert? Erst wenn ein Organismus stirbt, unterliegt er ausschließlich physikalisch-chemischen Gesetzen – dann tritt aber auch

[5] Weizsäcker, V. v. (1942).

[6] Z. B. Schönborn (2007), vgl. auch Kutschera (2007).

Zerfall ein. Welche Kräfte halten ihn bis dahin zusammen? Kann man sie erkennen, wenn man ihn biochemisch und genetisch analysiert? Oder ist Goethes Ausspruch wahr: „Wer will was Lebendigs erkennen und beschreiben/Sucht erst den Geist herauszutreiben/Dann hat er die Teile in seiner Hand/Fehlt, leider! nur das geistige Band.“?

Genauer betrachtet setzen physikalisch-chemische Erklärungen des Lebens das Leben voraus. Denn nur in Lebewesen werden Gene, Proteine und Stoffwechsel gefunden, und nur innerhalb dieses Kontextes sind sie verstehbar. Die Molekularbiologie beschreibt deshalb lediglich die materiellen Bedingungen, unter denen Leben existiert. Jeder Biochemiker braucht eine Zelle, um von Stoffwechsel zu sprechen, jeder Genetiker impliziert einen Organismus, wenn er ‚Gen‘ denkt. *„Die einheitliche Ganzheit des Lebewesens ist nicht das Ergebnis der Summe seiner Teile und ihrer Verflechtung, sondern die Voraussetzung für die Teile.“*[7] (Bernhard Dürken). Nicht die Gene erklären den Organismus, sondern der Organismus die Gene. Dies ist eine einfache Wahrheit, die aber nur selten klar gesehen wird.[8] Die Suggestivkraft genetischer Erklärungen ist so groß, dass der Primat des Organismus oft einfach vergessen wird.[9]

Leben ist eine Erscheinung kontinuierlicher Verwandlung, und sein Fluss muss auf andere Weise begriffen werden als die in ihm mitschwimmenden Teile. Erst muss das lebendige Ganze verstanden werden, dann kann man auch die Art und Wirkung seiner Komponenten begreifen. Man muss, wie Goethe einmal sagte, *„die Natur nicht gesondert und vereinzelt vornehmen, sondern sie wirkend und lebendig, aus dem Ganzen in die Teile strebend darstellen“*.[10]

Biologen und Naturphilosophen haben immer wieder von einer ‚Lebenskraft‘ gesprochen, durch die sich belebte von toten Körpern unterscheiden. Aristoteles nannte sie die ‚Entelechie‘ (von en-telos-echein: sein Ziel in sich haben), Immanuel Kant einen ‚Naturzweck‘, Henri Bergson den ‚élan

---

[7] Dürken (1936), S. 17.

[8] Vgl. Wirz (2009), Holdrege (1999). Klar sahen dies auch Robert Spaemann und Reinhard Löw: *„Aufgrund welcher Eigenschaften weiß [man], ob ein System in die Klasse der lebendigen Systeme gehört oder nicht? ... Wenn die Antwort empirisch-pragmatisch lautet: ‚lebendige Systeme haben ein genetisches Programm‘, so zeigt sich, dass man diese Definition aus einer früheren Untersuchung der Klasse lebendiger Gegenstände gewonnen hat, bei welcher man offensichtlich ohne diese Bestimmung auslangte! Sie mag zwar eine notwendige Bedingung für das Phänomen Leben sein, aber: Notwendige Bedingungen für ein Phänomen dürfen nicht mit dem Phänomen selbst verwechselt werden!“* Spaemann, Löw (1981), S. 256.

[9] Die Epigenetik hat allerdings eine Bresche in die Auffassung von der Dominanz der Gene geschlagen. Sie zeigt, dass nicht nur die Gene den Organismus, sondern ebenso der Organismus seine Gene ‚steuert‘. Vgl. z. B. Bauer (2008), Kegel (2009).

[10] Goethe (1817).

* es verwandelt sich ALLES!

vital' (den ‚Lebensschwung'), Hans Driesch sah in ihr einen immateriellen Naturfaktor, der in den Zellen eines Organismus vorhanden sei, Adolf Portmann umschrieb sie als ‚Selbstdarstellung', Rupert Sheldrake nannte sie ‚morphogenetisches Feld', usw.[11] Solange diese Kraft aber analog zu einer physikalischen Naturkraft gedacht wird, muss sie sich als wissenschaftlich nicht fassbares Gespinst erweisen. Ernst Mayr, einer der einflussreichsten Biologen des 20. Jahrhunderts, schrieb: *„Die Logik der Vitalisten war einwandfrei, aber alle ihre Bemühungen, eine wissenschaftliche Antwort auf die so genannten vitalistischen Phänomene zu finden, waren Fehlschläge. Generationen von Vitalisten arbeiteten vergeblich daran, eine wissenschaftliche Erklärung für die Lebenskraft zu finden.“*[12] Das ist insofern richtig, als sich das *Leben* der Beobachtung entzieht, wenn es wie ein gegenständlicher Inhalt gesucht wird, zu dem sich der Betrachter als bloßer Zuschauer verhalten könnte. Erst, wenn man bemerkt, dass der Betrachter in einer gewissen Weise mit den Organismen mitlebt, dass eine intime Verbindung zwischen ihm und ihnen besteht, findet sich eine Brücke, die zur Wirklichkeit des Lebendigen führt. Von dieser Brücke soll hier die Rede sein. Es wird gezeigt, dass sie mit dem Erleben der *Zeit* zusammenhängt, ja, dass sie geradezu ‚aus Zeit' besteht. Dabei geht es um Qualitäten der Zeit, die nur innerlich beobachtet werden können. Gelebte und erlebte Zeit, so soll hier gezeigt werden, ist ein Medium, das Leben und Erkennen verbindet.

Mit einem Teil unseres Wesens fließen wir unbemerkt mit den Organismen mit. Um bewusst in diesen Strom einzutauchen, kann man die Metamorphosen der Lebewesen in eigener Tätigkeit nachvollziehen. Eine solche aktiv-partizipierende Naturanschauung eröffnet ein neues, objektives Beobachtungsfeld, auf dem die Lebens- und Verwandlungskräfte des Organischen beobachtbar und erforschbar werden.

Ein Verfahren, bei dem die Forschungsinhalte erst durch die Tätigkeit des Betrachters auftreten, scheint der herkömmlichen Auffassung von Naturwissenschaft zu widersprechen, die ihren Objekten gegenüber gerade die Eliminierung aller subjektiven Einflüsse erstrebt. Dieser Einwand kann aber nicht davon abhalten, die Beobachtungen, die hier zu besprechen sein werden, selbst zu machen. Jeder kann einsehen, dass es sich auch bei einem Vorgehen, das die Lebensprozesse aktiv erfasst und die dabei gemachten Beobachtungen systematisch durchdringt, um eine Erfahrungswissenschaft handeln kann. Selbstverständlich unterliegt sie wie jede andere Wissenschaft der Gefahr des Irrtums und muss sich ebenso streng an die Phänomene halten und größtmögliche Widerspruchsfreiheit erstreben.

Ein Weg zu dieser neuen Wissenschaft des Lebendigen wurde von Rudolf

[11] Für eine zusammenfassende Übersicht vgl. Mayr (1997).
[12] Mayr (2002).

Steiner in Anknüpfung an Goethes Naturbetrachtungen entwickelt.[13] Auf Rudolf Steiner aufbauend möchte die vorliegende Schrift einen Beitrag zum Verständnis von drei grundlegenden biologischen Fragen leisten:

- Was ist Leben?
- Wie versteht man eine organische Gestalt?
- Welche Stellung kommt dem Menschen in der Evolution zu?

Diese Fragen sollen hier durch die *Selbstanschauung des biologischen Denkens* behandelt werden. Angestrebt wird eine innere Morphologie des evolutionären Denkens.

In welchen Gedankenformen bewegt sich die Biologie? Welche Annahmen werden impliziert? Fließen diese Annahmen in die Ergebnisse ein? Muss nicht auch das erkennende Bewusstsein, ja der Mensch selbst als Träger dieses Bewusstseins vorausgesetzt werden, um auch nur die einfachste Zelle denken zu können? – Normalerweise verhält sich der Naturwissenschaftler so, als ob sein Erkennen nichts mit der Natur zu tun hätte. Ihn interessieren in erster Linie die Forschungsergebnisse und nicht die Art und Weise, wie er zu den Gedanken kommt, durch die er sie begreift. Er vergisst sich selbst im Naturerkennen. Denn das ist die Eigentümlichkeit des Denkens, *„dass der Denkende das Denken vergisst, während er es ausübt. Nicht das Denken beschäftigt ihn, sondern der Gegenstand des Denkens, den er beobachtet.“*[14] Könnte es nicht sein, dass der fruchtlose Widerspruch zwischen Darwinismus und Kreationismus aufzulösen ist, wenn das evolutionäre Denken selbst zum Gegenstand wissenschaftlicher Aufmerksamkeit wird? Welche Perspektive auf die oben genannten Fragen ergibt sich, wenn man bemerkt, dass der Mensch der Welt nicht als unbeteiligter Zuschauer gegenübersteht, sondern ihre Erscheinungen mit konstituiert? Wäre es dann vielleicht möglich, das ‚Geheimnis des Lebens‘ nicht außerhalb der Erscheinungen (in der Materie oder im Jenseits) zu suchen, sondern in ihnen selbst zu finden?

In jüngerer Zeit sind einige Publikationen erschienen, deren Ansinnen, wenn auch auf anderen Feldern, in ähnliche Richtung zielt: ‚*Die Beobachtung des Denkens*‘[15] von Jürgen Strube, ‚*Lebenskräfte, Bildekräfte*‘[16] von Dorian Schmidt und ‚*Imaginative Geschichtserkenntnis*‘[17] von André Bar-

---

[13] Immer wieder fordern Biologen, Organismen nicht mehr als Maschinen anzusehen, sondern als Akteure ihrer Selbstorganisation, u. a. Weber (2003, 2007), Portmann (1965), Maturana (1984).

[14] Steiner (1894), S. 42.

[15] Strube (2010).

[16] Schmidt (2010).

[17] Bartoniczek (2009); im selben Sinne schreibt Vandercruysse (2010).

toniczek. Während Jürgen Strube in sehr klarer Weise die Methode der wissenschaftlichen Selbstbeobachtung des Denkens entwickelt, zeigt Dorian Schmidt, wie im Verfolg dieser Methode gestaltende Lebenskräfte nicht Hypothese bleiben müssen, sondern in der Natur erlebend wahrgenommen werden können. Für die Geschichtsforschung zeigt André Bartoniczek, wie sich die treibenden Kräfte der Weltgeschichte dem aktiv partizipierenden und sich dabei selbst erlebenden Bewusstsein erschließen. Erwähnt sei auch der richtungweisende Band ‚*Erdentwicklung aktuell erfahren*', herausgegeben von Cornelis Bockemühl[18], in dem gezeigt wird, wie die geologische Vergangenheit im erkennenden Nachschaffen geistig aktuell erfahrbar wird.

Nicht nur die lebendige Natur entwickelt sich, sondern auch der Mensch als Persönlichkeit. Wenn man versteht, wie und aus welchen Quellen man sich (immer weiter) entwickelt, wie man sich verwandelt und doch in allem Wandel selbst gleich bleibt, dann begreift man auch Entwicklung in der organischen Welt. Dann kann man das innere Leben und Erleben, dessen Zusammenhang mit der Natur im technischen Zeitalter verloren gegangen ist, wieder mit der Welt verbinden.

* * *

Dieses Buch baut auf vielen grundlegenden Entdeckungen goetheanistisch forschender Biologen auf, die wesentliche Aspekte lebendiger Metamorphosen beschrieben haben.[19] Insbesondere Wolfgang Schad, Jochen Bockemühl, Friedrich Kipp, Jos Verhulst, Andreas Suchantke, Hermann Poppelbaum und Eugen Kolisko verdanke ich tragende Gesichtspunkte. Die hier dargestellten Ergebnisse sind aus einer langjährigen Beschäftigung mit den Arbeiten dieser Autoren, mit der Geisteswissenschaft Rudolf Steiners, mit eigener molekularbiologischer Forschung sowie aus intensiven Beobachtungen organischer Entwicklungsprozesse hervorgegangen.

Einige Menschen, von denen ich besondere Anregung und Unterstützung erhielt, möchte ich noch erwähnen. Meinem anthroposophischen Lehrer Peter Bütow (†) verdanke ich den ersten Einblick in die Klarheit und Tiefe der Anthroposophie; meinem Doktorvater Wolfgang Hillen (†) die Freude am naturwissenschaftlichen Arbeiten. Von Wolfgang Schad erhielt ich wichtigste Anregungen zur goetheanistischen Biologie, zur Evolution und insbesondere auch zum Zeitproblem. Ein kritisch-fruchtbarer Gedankenaustausch mit Armin Husemann begleitete das Entstehen dieses Buches. Ihm sei auch herzlich für sein Geleitwort gedankt. Dankmar Bosse,

[18] Bockemühl (1999).

[19] Kolisko (1921, 1930), Poppelbaum (1928), Kipp (1948, 1980), Jenny (1954), Schad (1966, 1971, 1985, 1985a, 1992, 2007, 2009), Kranich (1989), Verhulst (1999), Suchantke (2002), Bosse (2002), Rosslenbroich (2007).

Renatus Derbidge, Jan Deschepper, Susanna Kümmell, Lorenzo Ravagli, Bernd Rosslenbroich, Johannes Schneider und Ulrich Wunderlin danke ich für kritische und konstruktive Anmerkungen zum Manuskript, Ruprecht Fried für tatkräftige Unterstützung bei der Realisierung. Meiner lieben Frau Corinna und meinen Kindern sei herzlich gedankt; ohne ihre Geduld, Unterstützung und Inspiration wäre dieses Projekt nicht möglich gewesen. Die tiefste Dankbarkeit empfinde ich gegenüber der Person und dem Werk Rudolf Steiners – auf ihn gehen die fundamentalen Gesichtspunkte dieser Schrift zurück.

1 ‚Alle Gestalten sind ähnlich, und keine gleichet der andern' – der Übergang von der idealistischen zur materialistischen Biologie im 19. Jahrhundert

Man kann wohl zutreffend sagen, ich sei wie ein Mensch, der farbenblind geworden ist.[20]
(Charles Darwin)

1.1 *Die Gestalt als Zusammenspiel von Form und Funktion*

Jedes Lebewesen erscheint als *Gestalt*. Ein Gänseblümchen, ein Schäferhund, ein Regenwurm – sie sind auf den ersten Blick gerade durch ihre Form charakterisiert. Im Gegensatz zur toten Materie bringt das Lebendige seine Formen durch Gestaltverwandlung selbst hervor. Lebewesen haben Gestalt und Gestaltungskraft.

Diese erste Charakteristik lenkt den Blick sogleich auf die Grundfrage der Biologie: Welche Kräfte sind es, die die Gestalten hervorbringen? Und wie wirken sie auf die (oder in der) organischen Materie? Eine lebendige Gestalt ist immer ein sinnvoll und komplex strukturiertes Ganzes. Als solches kann sie aber nur von Kräften geformt werden, die ihren Einzelteilen übergeordnet sind. Wird die Gestalt von ‚außen', gleichsam wie durch die Hände eines Plastikers, gebildet? Oder wirken die Gestaltungskräfte von ‚innen', aus den Teilen des Organismus? Dann müssten die Information und das Energiepotential für die Bildung des Ganzen in seinen Teilen enthalten sein.

Die Biologie versteht heute die Zellen als Grundelemente, die die Lebewesen durch Vervielfältigung und Differenzierung aufbauen. In ihnen sei sowohl die Information (in Form der Gene) als auch das Potential (in Form des von Proteinen katalysierten Stoffwechsels) zum Aufbau und Erhalt der Organismen vorhanden. Im Sinne der Molekularbiologie sind *Information* und *Energie* die beiden Aspekte, deren Zusammenwirken den lebendigen Organismus erklären soll. Von außen aber habe die natürliche Zuchtwahl durch Lebensumstände gewirkt, sodass blind und quasi ‚von selbst' komplexe und sinnvoll geordnete Ganzheiten entstanden seien.[21]

[20] Darwin (1887), S. 100.

[21] Damit Selektion wirken kann, muss allerdings von Anfang an ein sich fortpflanzendes und dabei zufällig variierendes Lebewesen vorhanden gewesen sein. Darwin war sich dieses Punktes durchaus bewusst, er setzte das Leben voraus: *„Ich will hier vorausschicken, dass ich nichts mit dem Ursprunge ... des Lebens selbst zu schaffen habe. Wir haben es nur mit den Verschiedenheiten ... der Tiere in einer und der nämlichen Klasse zu tun."* Darwin (1859), S. 287.

Auf der Ebene ganzer Organismen hat man es nicht mit Information und Energie, sondern mit *Formen* und ihren *Funktionen* zu tun. Ein Delphin, ein Vogelflügel, ein Schneckenhaus können unter rein formalen Gesichtspunkten betrachtet werden[22], erfüllen aber zugleich zweckmäßige Funktionen. Die Formen sind je nach Funktion unterschiedlich, zeigen aber doch mehr oder weniger große Ähnlichkeit. Charles Darwin schrieb: „*Was kann es Sonderbareres geben, als dass die Greifhand des Menschen, der Grabfuß des Maulwurfs, das Rennbein des Pferdes, die Ruderflosse der Seeschildkröte und der Flügel der Fledermaus nach demselben Modell gearbeitet sind und gleiche Knochen in der nämlichen gegenseitigen Lage enthalten!*“[23] Darwin weist damit auf den gemeinsamen *Typus* der Wirbelgliedmaßen. „*Es ist allgemein anerkannt, dass alle organischen Wesen nach zwei großen Gesetzen gebildet worden sind: Einheit des Typus und Bedingungen der Existenz.*“[24] Denn die Verschiedenheit der ähnlichen Formen hängt ja offensichtlich mit den unterschiedlichen Lebensbedingungen der Tiere zusammen – das Rennbein mit der Steppe, die Ruderflosse mit dem Meer, der Flügel mit dem Luftraum, etc. Die Frage nach dem Zusammenspiel von Typus und Existenzbedingungen bestimmt das biologische Denken über die Gestalt.[25] Wird die Form durch die Funktionen geprägt (wie Darwin meinte), oder ist die Form das Primäre, wesenhaft Organische, und ihre Funktionen lediglich (nützliche) Folge? – Hier soll gefragt werden, wie diese beiden Sichtweisen im Licht der Selbstbeobachtung des Denkens erscheinen.

1.2 Richard Owen: Der Archetypus als Gedanke Gottes

Ein bedeutender Vertreter der typologischen Betrachtungsweise war der Engländer Richard Owen (1804–1892), der u. a. eingehende Studien über den Bau der Wirbeltiere durchführte. Aus der ganzen Welt schickte man ihm Exemplare neu entdeckter Arten, Darwin selbst betraute ihn mit der Untersuchung fossiler Säugetierskelette, die er von seiner Forschungsreise aus Südamerika mitgebracht hatte. Owen erkannte überall dasselbe Bildungsprinzip: Ein Knochen im Oberarm, zwei im Unterarm, mehrere kleine Handwurzelknochen, fünf Knochen in der Mittelhand, fünf Finger. Für Tiere mit weniger als fünf Fingern (bzw. Zehen), für Kuh, Pferd, Vögel, Salamander konnten er und andere klar zeigen, dass es sich nur um Abweichungen vom Grundmuster handelte, in denen einige Elemente verloren gegangen waren.

---

[22] Z. B. bezüglich ihrer Proportionierung nach dem Goldenen Schnitt; Doczi (1981).
[23] Darwin (1859), S. 516.
[24] Darwin (1859), S. 237.
[25] Vgl. Gould (2002).

Wie konnte man diesen einheitlichen ‚Bauplan' verstehen? Richard Owen sah die Erklärung in einer zugrunde liegenden gemeinsamen *Idee* oder, wie er ihn nannte, einem gemeinsamen *Archetypus*. Er dachte sich den Archetypus als ein dem Geist Gottes entstammendes Gebilde, das den einzelnen Bildungen vorausging und sich in ihnen auf jeweils bestimmte Weise verwirklichte.[26] Am Ende seiner 1849 erschienenen Abhandlung ‚*On the nature of limbs*' schrieb er: „*Die* archetypische Idee *verkörperte sich schon in den verschiedensten Modifikationen auf diesem Planeten lange bevor die Tierarten bestanden, in denen sie gegenwärtig erscheint. Über die natürlichen Gesetze und verursachenden Kräfte der geordneten Abfolge und des Fortschreitens der organischen Phänomene sind wir zwar noch unwissend. Aber wenn wir uns – ohne Verleugnung der göttlichen Kraft – die Existenz solcher Gesetze und Ursachen vorstellen, und sie durch den Begriff ‚Natur' personifizieren, so lernen wir aus der Geschichte unserer Erde, dass die ‚Natur' seit dem ersten Erscheinen der Wirbeltieridee in ihrer alten fischähnlichen Verkörperung langsam und gleichmäßig fortgeschritten ist, umgeben von toten Sternen, geführt vom archetypischen Licht, bis hin zum Erscheinen dieser Idee im herrlichen Gewande der menschlichen Form.*"[27] (Klingt hier nicht – noch – ein Gefühl der Verehrung für das Geistige in der Natur und in der menschlichen Gestalt an? Zehn Jahre später sollte es durch Darwins Evolutionstheorie hinweggefegt werden.)

Was geschieht nun *im erkennenden Bewusstsein*, wenn man die Gemeinsamkeiten verschiedener Formen erfasst? *Was* man da erfasst, lässt sich bald bestimmen: Ein abstraktes Schema, das leicht aufzuzeichnen wäre. Aber *wie* erfasst man es? Was genau ist dieses eigentümliche Gebilde, das unsichtbar und doch so konkret zwischen den sichtbaren Gestalten schwebt? (Abb. 1, nächste Seite).

Die unmittelbare Beobachtung einer archetypischen Formidee ist schwierig. Sie lässt sich nicht anschauen. Wir wissen genau, dass da in unserem denkenden Bewusstsein etwas ist, das uns die Gemeinsamkeit der Formen erkennen lässt, aber was? Man muss es als lebendig wandelbar und zugleich inhaltlich bestimmt bezeichnen, es ist eher eine Blickweise als ein zu Erblickendes. Einem schematisierten ‚Bauplan' kann man sich gegenüberstellen, die lebendige Idee selbst aber entschlüpft immer gerade dann, wenn man meint, man hätte sie. Sie steht nicht als Vergleichsschema *neben* der Aufmerksamkeit, die sich auf die Formen richtet, sondern wirkt *in* ihr. In gewissem Sinne wird das Bewusstsein selbst zum Archetypus, wenn es das Gemeinsame der Formen erfasst, und so beweglich wie es ist auch er.[28]

---

[26] Bekanntlich prägte Owen für diese Ähnlichkeit den Ausdruck ‚Homologie'.

[27] Owen (1849), S. 86; Übersetzung C. H.

[28] Deshalb schrieb Rudolf Steiner: „*Man darf sich unter diesem Typus nichts Festes vorstellen. Er hat ganz und gar nichts zu tun mit dem, was Agassiz, Darwins bedeu-*

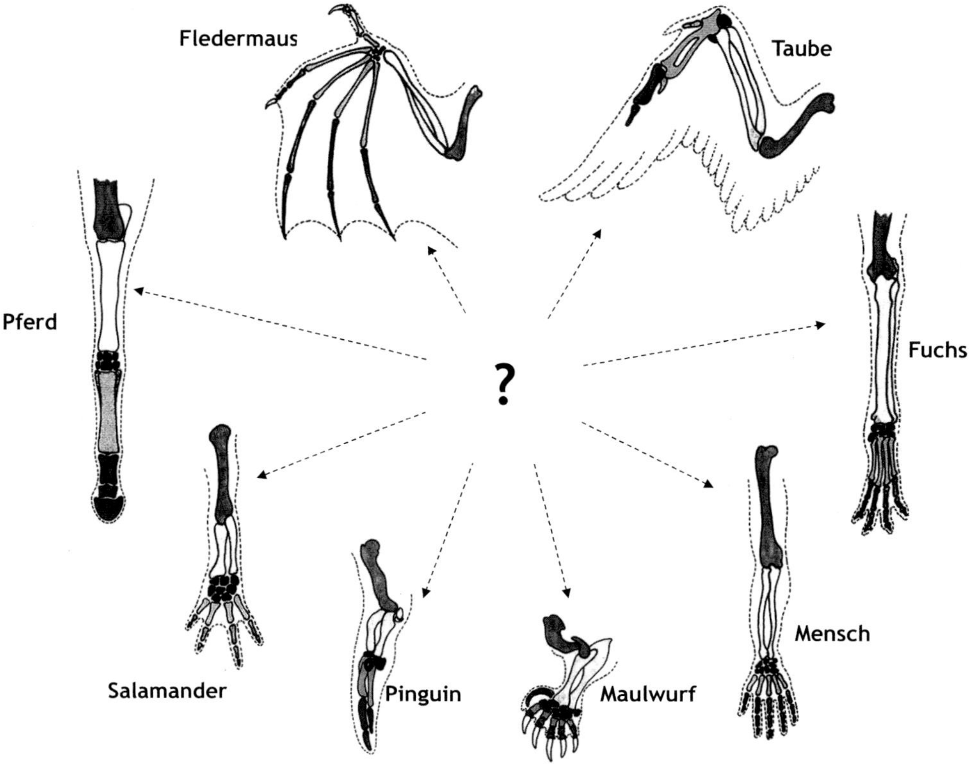

Abb. 1. Wie erkennt man Formverwandtschaft? Gliedmaßen verschiedener Wirbeltiere; homologe Knochen sind in gleicher Graustufe gezeichnet (nach Suchantke[29], verändert).

Man muss also die archetypische Idee dort aufsuchen, wo sie lebt und wirkt, nämlich *innerhalb* des erkennenden Bewusstseins, und darf sie nicht nach außen verlegen – sonst kommt man zu etwas Unwirklichem. Owens Formulierung zeigt dieses Dilemma der idealistischen Biologie. Seine Rede vom ‚göttlichen Geist, der den Archetypus plante', wirkt schemenhaft und blass, eine Projektion seiner eigenen geistigen Aktivität in ein ausgedachtes Jenseits. Diese idealistische Naturauffassung war zu schwach, um sich gegen den aufkommenden materialistischen Naturalismus zur Wehr oder gar durchsetzen zu können.

Charles Darwin suchte eine natürliche Erklärung der Gestaltähnlichkeiten und fand den Schlüssel im Abstammungsgedanken. Für ihn existierten

---

tendster Bekämpfer, einen ‚verkörperten Schöpfungsgedanken Gottes' nannte. Der Typus ist etwas durchaus Flüssiges, aus dem sich alle besonderen Arten und Gattungen, die man als Untertypen, spezialisierte Typen ansehen kann, ableiten lassen.“ Steiner (1886), S. 103.

[29] Suchantke (2002).

die Organismen nicht nur nebeneinander, sodass der Betrachter nur in seinem eigenen respektive im Geist ‚Gottes' die Verbindung zwischen ihnen suchen konnte. *„Nach meiner Theorie"*, so schrieb er, *„erklärt sich die Einheit des Typus durch die Einheit der Abstammung."*[30] Alle vierbeinigen Wirbeltiere seien sich deshalb ähnlich, weil sie von einem gemeinsamen Vorfahren abstammten, der auch schon nach demselben Bauplan organisiert gewesen sei. In den fossilen Funden urzeitlicher Wirbeltiere fand diese Theorie wie selbstverständlich ihre glänzende Bestätigung.

Richard Owen und Charles Darwin verfügten im Prinzip über das gleiche empirische Material: rezente Tiere und fossile Skelette. Beide erkannten in ihnen die Einheit in der Vielfalt. Der eine interpretierte sie idealistisch, der andere materialistisch. Darwin ‚klappte' Owens Auffassung sozusagen einfach ins Materielle ‚herunter'. Seine Interpretation entsprach dem Denken der Zeit. (Doch bleibt das typologische Denken auch dann, wenn man Darwins Ansicht vertritt, tätig, denn auch die Ähnlichkeit zwischen Vorfahren und Nachkommen muss ja typologisch erfasst werden. Nur, dass man durch die Vorstellung materiell gedachter Abstammung noch weniger Veranlassung hat, sich durch Selbstbeobachtung auf das Denken zu besinnen, das diese Ähnlichkeit bestimmt.[31])

1.3 William Paleys ‚argument from design'

Wie steht es mit der Funktion? Die vollkommene Übereinstimmung von Form und Funktion, die zweckmäßige Gestaltung der Lebewesen hat die Naturforscher von jeher fasziniert. Der anglikanische Geistliche William Paley (1743–1805) stellte in seinem einflussreichen Buch *Natural Theology: Or Evidences of the Existence and Attributes of the Deity, Collected from the Appearances of Nature* (1802) die Funktionalität ins Zentrum seiner Argumentation. Die Vollkommenheit der Organismen beweise nicht nur die Existenz eines göttlichen Schöpfers im Allgemeinen, sondern lasse auch auf seinen Charakter und Güte im Besonderen schließen: *„Die Scharniere in den Flügeln eines Insekts und die Gelenke an seinen Antennen sind so vollkommen gewirkt, als ob der Schöpfer nichts anderes zu tun gehabt hätte. Wir sehen keine Anzeichen verringerter Aufmerksamkeit durch die Vielfalt der Objekte oder der Ablenkung des Denkens durch ihre Mannigfaltigkeit. Wir haben daher auch keinen Grund zu befürchten, dass wir selbst vergessen, übersehen oder vernachlässigt werden könnten."*[32] Im

---

30 Darwin (1859), S. 237.

31 Hierzu wiederum Rudolf Steiner: *„Die Darwinsche Theorie setzt den Typus voraus."* Steiner (1886), S. 103.

32 Paley (1802); Übersetzung C. H.

Zentrum der Argumentation steht die berühmte Uhrmacheranalogie, mit der Paley zum Vater des ‚intelligent design'-Gedankens wurde: *„Wenn wir eine Uhr untersuchen, so bemerken wir, dass ihre verschiedenen Teile um eines Zweckes willen so und nicht anders geformt und zusammengesetzt sind ... Alle Merkmale von Kunst, alle Anzeichen von Plan, wie wir sie bei der Uhr entdecken, finden sich auch bei den Werken der Natur, nur mit dem Unterschiede, dass die letztern außer allem Vergleich größer und zahlreicher sind."*[33] Mit Liebe und Detailkenntnis schilderte Paley den Bau des Auges, des Ohres, des Blutkreislaufes, der inneren Organe, des Muskel- und Knochensystems, aber auch den der Insekten, Pflanzen und vieles andere mehr und kam zu dem Schluss: *„Die Zeichen von Konstruktion [‚design'] sind zu stark, um übersehen zu werden. Design muss einen Designer gehabt haben. Dieser Designer muss eine Person gewesen sein. Diese Person ist Gott."*[34] – Lag es denn nicht nahe, bei Zweckmäßigkeit an einen Zweck, bei Zweck an einen Plan und bei Plan an einen planenden Schöpfer zu denken? Doch kennt der Mensch zweckvolles Planen nur von sich selbst. Und so projizierte auch William Paley eine Eigenschaft seines erkennenden Bewusstseins auf einen vermeintlich jenseitigen Gott. Charles Darwin suchte die Ursachen der zweckvollen Organisation im Diesseits blinder und mechanisch wirkender Naturprinzipien.

Wir können nun auch hier fragen: *Wie* denkt man zweckmäßige Organisation? Die Selbstbeobachtung zeigt, dass man dabei eine andere geistige Operation vollzieht als beim Erfassen eines Form-Archetypus. Während das Typologisieren ein bildhaft-vergleichender, gleichsam plastischer Prozess ist, verläuft das Denken von Funktionen bildlos und relational. Der Zweckmäßigkeitsgedanke richtet sich auf *die funktionale Bedeutung* der Form. Etwas ist *gut für* ...; es *dient* dem Überleben der Art, weil ...; usw.

Man hat oft betont, dass die eigentliche Bedeutung von Darwins Theorie in der Idee der Veränderung aller Wesen mit der Zeit liege. (Der Evolutionsgedanke selbst hatte sich schon 60 Jahre vor Darwin angekündigt[35], doch erst Darwins mechanistisch-materialistische Interpretation verhalf ihm zum allgemeinen Durchbruch.) In einer gewissen Weise lebte zeitliches Verständnis aber auch schon in den Auffassungen William Paleys und Richard Owens. Denn setzt nicht der Gedanke zweckmäßiger Funktionalität die Erwartung eines Zukünftigen voraus? Im Denken eines Zweckes wird das zu erwartende Ergebnis eines Vorgangs antizipiert, sozusagen in die Gegenwart hereingeholt. Die Funktionen haben einen Zukunftsbezug, haben ‚Bedeutung' für das Überleben des Organismus. – Und wie der Zweckmäßig-

[33] Paley (1802), S. 22; Übersetzung C. H.
[34] Ebd., S. 229.
[35] Unter anderem bei dem Tübinger Arzt und Naturforscher Carl Friedrich Kielmeyer; vgl. Teichmann (1985).

keitsgedanke die Erwartung, so verwendet typologisches Formerfassen die Erinnerung: Man sieht eine Form, dann die nächste und vergleicht die aktuell wahrgenommene mit der vorherigen, die noch in der Erinnerung anwesend ist. Zweckmäßig-funktionales Denken ist antizipatorisch, es aktualisiert Zukünftiges, archetypisch-formales ist anamnestisch und aktualisiert Vergangenes.

In gewisser Weise erscheint der Darwinismus also als die geniale Verbindung der beiden Gestaltprinzipien Form und Funktion. In Darwins System werden die darin strukturell implizierten Zeitbezüge, der zur Vergangenheit und der zur Zukunft, expliziert. Denn Darwin interpretierte den Archetypus als gemeinsame Abstammung und damit als tatsächliche Vergangenheit, und die funktionale Bedeutung als tatsächliche Zukunft, nämlich als das Weiterleben, das Überleben der Art, als *survival of the fittest.*

1.4 Charles Darwin und die britische Nationalökonomie: An Stelle Gottes die ‚unsichtbare Hand' der natürlichen Zuchtwahl

Interessanterweise hatte Paleys Argumentation einen prägenden Einfluss auf Charles Darwin.[36] Er verwendete häufig die gleichen Beispiele wie Paley, ja, strukturierte seine Argumente in ähnlicher Weise, nur mit gleichsam umgekehrtem Vorzeichen.[37] An die Stelle eines weisen, freien und wohlwollenden Schöpfers setzte Darwin einen blinden, notwendig und grausam wirkenden Naturmechanismus. Die Ordnung der Natur entstehe nicht nach göttlichem Plan, sondern indem der einzelne Organismus seinem natürlichen Überlebens- und Vermehrungstrieb folge und sich dann die bestangepassten Formen bevorzugt erhielten: *„So geht aus dem Kampfe der Natur, aus Hunger und Tod unmittelbar die Lösung des höchsten Problems hervor, das wir zu fassen vermögen, die Erzeugung immer höherer und vollkommenerer Tiere.“*[38]

Darwin stützte sich auf eine Denkweise, die im ausgehenden 17. und frühen 18. Jahrhundert in England für das Auffassen wirtschaftlicher Zusam-

---

[36] Darwin schrieb in seiner Autobiographie: *„Um die Bachelorprüfung [in Theologie] zu bestehen, war es notwendig, auch Paleys ‚Beweise des Christentums' und seine ‚Moralische Philosophie' durchzunehmen. (...) Die Logik dieses Buches und, wie ich hinzufügen möchte, die seiner ‚Natürlichen Theologie' bereiteten mir so viel Freude wie Euklid. Das sorgfältige Studium dieser Werke (...) war der einzige Teil des akademischen Kurses, der, wie ich damals fühlte und wie ich immer noch glaube, eine Bedeutung für die Bildung meines Geistes hatte. Paleys Voraussetzungen hinterfragte ich damals nicht; und da ich sie guten Glaubens hinnahm, war ich von der langen Linie der Argumentation begeistert und überzeugt.“* Darwin (1887), S. 67.

[37] Gould (2002).

[38] Darwin (1859), S. 578.

menhänge entstanden war. Bekannt ist, dass ihn die Lektüre der 1798 erschienenen Schrift ‚*An essay on the principle of population*' von Thomas Robert Malthus auf die Idee der natürlichen Zuchtwahl brachte. Umfassender noch als Malthus spiegelt der Darwinismus aber die Anschauungen des britischen Nationalökonomen Adam Smith.[39] Die von Smith geprägte Metapher für das Prinzip, das Ordnung in Wirtschaftssystemen entstehen lassen soll, ist die ‚*unsichtbare Hand*' des Marktes. Jeder Marktteilnehmer strebe aus Eigennutz den größtmöglichen Gewinn an; durch die beschränkte Nachfrage werde sich diejenige Unternehmung erhalten, die im Kampf mit der Konkurrenz die beste Anpassung an die Bedingungen des Marktes erreiche. So entstünde eine komplexe und wohlausgewogene Wirtschaftsordnung, die sich umso vollkommener gestalte, je weniger sie vom Staat geplant und je mehr sie sich nach den Kräften des Marktes entfalten könne. Was bei Smith das kreative unternehmerische Handeln und der Konkurrenzkampf des freien Marktes waren, wurde bei Darwin das zufällige Entstehen evolutionärer Neuerungen, der Überlebenstrieb und die ‚unsichtbare Hand' der natürlichen Zuchtwahl. Wie Smith den von außen in das Marktgeschehen eingreifenden Staat ersetzen wollte, so Darwin den paleyschen Schöpfer und seinen umfassenden Weltenplan durch individuellen Kampf und blinden Zufall.

Versetzen wir uns einmal auf den Schauplatz des evolutionären Geschehens und fassen wir die verschiedenen Aspekte (‚Organismus', ‚Schöpfer', ‚Umwelt', ‚Kampf ums Dasein' usw.) nicht als allgemeine Gedanken, sondern stellen uns die Sache real-dramatisch vor. Was ist dann die tatsächlich treibende *Kraft* der Entwicklung, und wie kommt die weisheitsvoll-zweckmäßige *Ordnung* der Organismen zustande? Bei Paley gehen beide vom ‚Schöpfer' aus, dem hier sowohl Schöpfungskraft als auch die entsprechende Weisheit zukommen. In Darwins Auffassung ist die Kraft der ‚Überlebens- oder Vermehrungstrieb' der Organismen. Ohne ihn als eigentlichen Antrieb wäre das evolutionäre Geschehen nicht denkbar. Im partizipierenden Erfassen des Geschehens erlebt man diesen ‚Trieb' als eine Art unbewussten inneren Drang der Organismen nach Weiterleben und Vermehrung, dessen wildwüchsige Ausprägungen durch äußere Lebensbedingungen passiv begrenzt und zweckmäßig geformt werden (Abb. 2).[40] (Mit diesem ‚Trieb' ist hier

[39] Auf diesen Zusammenhang hat Stephen J. Gould in seiner brillanten Analyse des darwinschen Gedankengebäudes aufmerksam gemacht. Gould (2002).

[40] Darwin schrieb: „*Ein Kampf um's Dasein tritt unvermeidlich ein in Folge des starken Verhältnisses, in welchem sich alle Organismen zu vermehren streben.*" Darwin (1859), S. 85. Er meinte damit allerdings nicht einen aktiven Trieb der Organismen, sondern einfach die äußerlich feststellbare Tatsache, dass alle Organismen immer mehr Nachkommen hervorbringen, als unter den gegebenen Umständen überleben können. Darwin setzte eben das sich vermehrende Leben voraus.

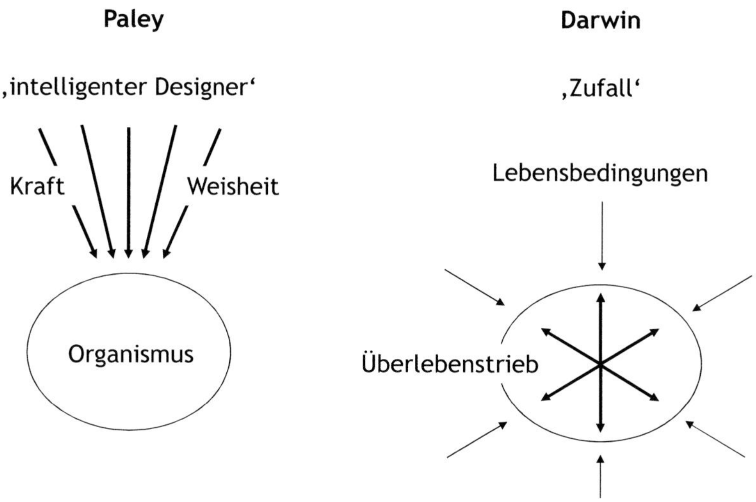

Abb. 2. Die dynamische Struktur von Paleys und Darwins System. Die als aktiv wirksam gedachten Komponenten sind fett gezeichnet.

also keine bewusste Triebhandlung, sondern ein allgemeines Bestreben oder, wenn man so will, Vermögen der Selbsterhaltung und -vermehrung gemeint. Es kommt hier auch gar nicht auf Worte und Definitionen, sondern auf die vorsprachlichen Erkenntnisbewegungen an, die man im Begreifen vollzieht.)

Wie genau erlebt man nun diesen ‚Überlebens- und Vermehrungstrieb'? Die Selbstbeobachtung zeigt: Man identifiziert sich mit ihm und fühlt ihn als eine eigene, innere Willensdynamik. Indem man ‚begrenzende Lebensbedingungen' denkt, fühlt man eine der Willensdynamik entgegenstehende äußere Struktur, die die eigene Ausbreitung begrenzt, ordnet, differenziert und zweckmäßig strukturiert.[41]

Es ist wohl aus diesem Grund, dass der ‚Lebenstrieb' oder die ‚Gestaltungskraft' der Organismen von naturphilosophischer Seite immer wieder als Ausdruck eines ‚inneren Selbstes' der Organismen angesehen wurden,

[41] Die Frage erscheint berechtigt, ob Darwin nicht auch deshalb so gut verstehbar ist, weil man den eigenen Egoismus und die ihm widerstrebenden Umstände kennt. Es gibt eine enge Verknüpfung zwischen solchem, meist eher unbewussten Selbsterleben und dem Verstehen eines Gedankens, und oft kommt es beim Fürwahrhalten weniger auf objektiv-sachliche Zusammenhänge als auf die subjektive Plausibilität dieses identifikatorischen Gefühls-Erlebnisses an. Hätte der Darwinismus wohl auch in einer Gesellschaft Resonanz finden können, die ganz und gar von gegenseitiger Hilfe, von Kooperation und Altruismus geprägt gewesen wäre? – Dass das eigentlich treibende Prinzip des Darwinismus der Egoismus ist, hat vielleicht am konsequentesten der englische Evolutionsbiologe Richard Dawkins dargestellt. Er schrieb z. B.: *„Eine Mutter ist eine Maschine, die so programmiert ist, dass sie alles in ihrer Macht Stehende tut, um Kopien der in ihr enthaltenen Gene zu erhalten."* Dawkins (1976), S. 145.

das ähnlich einem menschlichen, tätigen ‚Ich' arbeitet – und das, wie dieses, selbstverständlich nicht materiell sein kann.[42] So sprach Adolf Portmann, einer der großen Morphologen und Naturphilosophen des 20. Jahrhunderts, Organismen eine allgemeine ‚Innerlichkeit' zu, die allerdings nicht an sich, sondern nur durch ihre Äußerungen in Gestalt und Verhalten als ‚Selbstdarstellung' zu erkennen sei: *„Selbstdarstellung ist die Manifestation eines Selbst, dessen Wesen uns immer verborgen bleibt."*[43] Im weiteren Verfolg der Selbstbeobachtung des biologischen Denkens werden wir später sehen, wie wir dieses ‚Selbstes' empirisch doch ansichtig werden können.

Heute spricht man statt von ‚Selbstdarstellung' lieber von ‚Selbstorganisation' biologischer Systeme und vergleicht sie mit dem spontanen Entstehen von Mustern in komplizierten, zyklisch verlaufenden chemischen Reaktionen. Man meint, damit Modelle für lebende ‚Systeme' zu haben und diese so schließlich doch aus den physikalischen Wechselwirkungen ihrer Teile begreifen zu können. Aber die chemischen Musterbildungen sind von den Handlungen und Wandlungen lebender Organismen so weit entfernt, dass man zur Erklärung des Lebens schließlich doch nicht ohne Konzepte wie ‚Autopoiesis'[44] (‚Selbsterschaffung') oder ‚Autonomie'[45] (‚Selbstbestimmung') usw. auskommt, die eben alle – nicht nur im Wort, sondern auch in der Erkenntnisgeste – ein wie immer geartetes ‚Selbst' implizieren.

Um die Erscheinungen der Natur zu erklären, muss man die Kräfte aufsuchen, durch die sie bewirkt werden. Denn die Erscheinungen (hier: die biologischen Gestalten) treten dem Betrachter fertig und fremd gegenüber, er weiß nicht, wie sie entstanden sind; er kann sich mit ihnen (zunächst) nicht identifizieren. Anders die Kräfte. Jeder Mensch weiß, was ‚Wohlwollen' und ‚Konstruktion' oder ‚Überlebenstrieb' und ‚Kampf ums Dasein' bedeuten, weil er sie *in seinem Willen erlebt*. Er kann sich mit diesen Kräften als tätiges Subjekt identifizieren (und tut dies auch, wenn er sie begreift). Er *erlebt* die Kraft innerlich, während er die Erscheinungen nur äußerlich anschauen bzw. vorstellen kann. In jeder Naturerklärung gibt es deshalb eine willenshaft erlebte Komponente, die das Werden der zu erklärenden Erscheinungen so nachvollziehbar macht, als ob man sie selbst hervorgebracht hätte. Das ist der Grund, warum ein jenseitiger Schöpfergott immer analog einem menschlichen Schöpfer gedacht werden muss. In dieser Beobachtung liegt ein Schlüssel, durch den die Spaltung zwischen dem Betrachter und den Organismen überwunden und die Lebens- und Gestaltungskräfte des Organischen konkret erlebbar werden können.[46]

---

[42] Z. B. Brenner (2007); Weber (2003).

[43] Portmann (1965), S. 213.

[44] Maturana und Varela (1984).

[45] Rosslenbroich (2007).

[46] Man kann so weit gehen, zu sagen, dass nur solche Begriffe, die eine willenshafte

1.5 Die Struktur des Evolutionsgedankens

Der oben beschriebene doppelte Zeitbezug auf Vergangenes und Zukünftiges zeigt noch nicht die vollständige Struktur des Evolutionsgedankens. Wir müssen noch den das Evolutionsgeschehen antreibenden Faktor des inneren Überlebenstriebs der Organismen mitberücksichtigen sowie die äußeren Umstände, die diesem ‚Trieb' begrenzend entgegenstehen. Wir kommen so zu vier Aspekten des Evolutionsgedankens (Abstammung, funktionelle Bedeutung, Lebenstrieb und äußere Umstände), die miteinander wechselwirken. Keiner kann für sich allein begriffen werden, erst gemeinsam bilden sie ein logisches (wie auch ein ontologisches) Ganzes. Der Kreis in Abb. 3 stelle den lebendigen Organismus dar. Abstammung und funktionelle

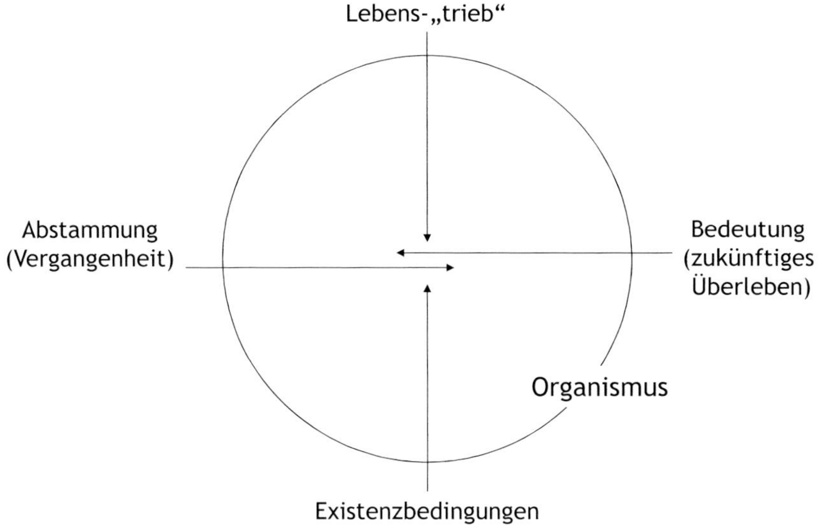

Abb. 3. Der Begriff des Organismus als Zeitstruktur.

Komponente enthalten, echte, also der menschlichen Intuition zugängliche, aus sich heraus verstehbare Begriffe sein können, und dass umgekehrt Begriffe erst dann verständlich werden, wenn man sie willentlich nachzuvollziehen, also aus einer dynamischen Geste selbst hervorzubringen vermag. Die Idee des dreidimensionalen cartesischen Koordinatensystems beispielsweise wird mir dadurch verständlich, dass ich mich in jeden beliebigen Punkt dieses Raumes vorstellend hineinversetzen kann, dabei zugleich den Nullpunkt festhalte und mich von überall her auf ihn zu beziehen weiß. Das sind lauter willenshafte Gebärden, die man im Denken eines solchen Begriffes vollführt. Und so ist es mit allen Begriffen. Die Idee der Metamorphose verstehe ich erst, wenn ich Verwandlung selbst vollziehe, die Idee der Freiheit, wenn ich selbst frei handle. *„Im Grunde genommen kann der Mensch nur das verstehen, wovon er weiß, wie es entsteht, wie es wird. Er kann nur das verstehen, an dessen Schöpfung er in einer gewissen Weise erkennend sich beteiligen kann."* Steiner (1912), S. 216.

Bedeutung sind als sich überlappende Zeitpfeile aus Vergangenheit und Zukunft gezeichnet, denn beide Aspekte durchdringen sich fortwährend. In seinen Formen ist die Vergangenheit des Organismus als Abstammung und ‚Gewordenheit' gegenwärtig, wie in der funktionellen Bedeutung seiner Organe die Zukunft. Orthogonal zu dieser Achse steht der Lebenstrieb, denn er ist immer (auch in den Vorfahren und in den Nachkommen) vorhanden. Die äußeren Existenzbedingungen stehen ihm begrenzend entgegen.

Wir sehen – und werden weiterhin ausführlicher sehen –, wie diese Struktur, die ich als das ZEITKREUZ bezeichnen möchte, einen Schlüssel zum Verständnis des Lebensproblems liefert.[47]

In gewissem Sinne bleibt dieses Schema aber zunächst notwendig abstrakt. Denn warum sind die Organismen so gestaltet, wie sie es nun einmal sind, und nicht ganz anders? Man könnte sich ja auch andere Organisationsformen denken, auf die dieses Schema ebenso anwendbar wäre. In Paleys System ist es ‚Gott', der für das bestimmte ‚So-Sein' der Organismen verantwortlich gemacht wird, bei Darwin der ‚Zufall'. In der Selbstbeobachtung des Denkens erscheint ‚Gott' analog zu einem menschlichen Subjekt, das dann eben als freier Schöpfer erlebt wird, und aus dessen letztlich ‚unergründlichen Ratschlüssen' die Organismen hervorgegangen wären. Das ist nicht weit von Darwins ‚Zufall' entfernt. Im Licht der Selbstbeobachtung kann man beide Konzepte auch mit ‚ich-weiß-es-nicht' übersetzen. – Es ist *diese Frage*, die hier eigentlich gestellt werden soll: Gibt es einen innerlich konsistenten Grund für die Gestalt der Tiere und des Menschen? Aber erst im Verlauf der ganzen Auseinandersetzung wird sich zeigen, in welcher Richtung eine Antwort gesucht werden kann.

1.6 Konsequenzen des Darwinismus

Charles Darwin erfasste in genialer Weise die zeitliche Grundstruktur des Lebendigen. Aber mit dem Darwinismus verschwand aller *Sinn* aus der Welt. Die lebendige Existenz wurde als aller höheren, sinnvollen Eigenschaf-

[47] Man kann die Bezeichnung ‚ZEITKREUZ' als mehr oder weniger treffend empfinden, enthält die Struktur doch nur zwei und nicht vier Zeitrichtungen. Denn die senkrechten Pfeile stehen in Permanenz bzw. reiner Gegenwart gleichsam ‚über' und ‚unter' oder eben außerhalb der Zeit. Es wird sich aber im weiteren Verlauf der Darstellung zeigen, dass und wie sich die vier Aspekte dieser Struktur gegenseitig bedingen. Ich wähle die Bezeichnung ZEITKREUZ, weil durch sie zum Ausdruck gebracht werden soll, dass es sich um eine *zeitliche* Erweiterung einer klassisch bloß nach ‚oben' und ‚unten' gedachten Wechselwirkung von ‚Geist' und ‚Materie', von ‚Form' und ‚Stoff', von ‚Begriff' und ‚Wahrnehmung' etc. handelt. Erst die Berücksichtigung der Zeit ermöglicht es, den klassischen Dualismus als *Entwicklung* zu denken.

ten entkleidete, bloß lebendige Urzelle vorausgesetzt, während die Fülle der Gestalten durch sinnlosen Egoismus und blind selektionierende Lebensbedingungen erklärt werden sollte. Nach Darwin sind wir – und alle lebendige Natur mit uns – nur ein zufälliges Produkt ebenso zufälliger Umstände. Owens und Paleys Auffassungen holten sich den Sinn von außerhalb der Welt, aus dem Willen eines jenseitig gedachten Schöpfergottes, der aber in der naturwissenschaftlichen Erfahrung nicht auffindbar ist.

Durch den Darwinismus wurde der Blick von jeder ideellen Ausrichtung ab- und ganz auf die gegenständlich-materiellen Erscheinungen hingelenkt. Die erlebte innere, geistige Verbindung des Menschen mit der Natur ging damit verloren und wurde zu einer nur noch äußerlich konstatierbaren. Dass der Darwinismus ohne übernatürliche Ursachen auskommt, ermöglichte allerdings seinen Siegeszug im westlichen Denken. Ohne diesen ‚Verzicht' hätte der Entwicklungsgedanke möglicherweise nicht die ungeheuere Bedeutung für die Naturanschauung, die Kultur und das Selbstverständnis des Menschen entfalten können, die er seitdem erlangt hat.

Die negativen Auswirkungen des Darwinismus auf das Selbstverständnis des Menschen und auf sein Verhältnis zur Natur erlebte Darwin bereits an sich selbst. Im Zusammenhang mit der Frage, ob es einen Gott gebe, bemerkte der große Naturforscher in seiner Autobiographie: *„In meinem Reisetagebuch schrieb ich, es sei ‚unmöglich, auch nur annähernd zu schildern, welche gehobenen Gefühle des Staunens, der Bewunderung und Andacht, die den Sinn erheben und erfüllen, mich ergriffen, als ich inmitten der Großartigkeit eines brasilianischen Urwaldes stand. Ich erinnere mich genau an meine damalige Gewissheit, dass zum Menschen mehr gehört als nur sein atmender Körper. Aber jetzt würde kein Anblick mehr, und sei er noch so überwältigend, meinen Sinn zu solchen Gewissheiten und Empfindungen bewegen. Man kann wohl zutreffend sagen, ich sei wie ein Mensch, der farbenblind geworden ist.“*[48] – Hier wird deutlich, wie die materialistische Auffassung das Verhältnis des Menschen zur Natur in gewisser Weise verödet und auch auf sein Selbstverständnis zurückwirkt. Solange im Erleben der Natur Göttliches geahnt wird, so lange erhebt diese Ahnung den Menschen auch zur Gewissheit eines in ihm waltenden höheren Prinzips. Wird in der äußeren Natur dagegen nur Totes, Mechanisches und Materielles erblickt, so erlischt auch die Flamme des spirituellen Selbstbewusstseins.

---

[48] Darwin (1887), S. 92.

2 ‚Werdend betrachte sie nun' – das Rätsel der lebendigen Gestaltentwicklung

Für unsere geöffneten Augen ist das Universum kein Zustand, sondern ein Prozess.
(Teilhard de Chardin)

2.1 Das Problem der ‚Urzeugung' und die Angst vor dem lebendigen Denken

Das grundlegendste Problem der Biologie ist die Entstehung des Lebens überhaupt. Jeder weiß, dass Leben nur aus Leben hervorgehen kann. *„Omne vivum ex ovo"* (Francesco Redi, 1626 – 1697); *„omne vivum ex vivo"* (Louis Pasteur, 1822 – 1895); *„omnis cellula ex cellula"* (Rudolf Virchow, 1821 – 1902); und sogar: *„every gene from a pre-existing gene"* (Hermann Joseph Muller[49], 1890–1967) – auch im biotechnischen Zeitalter sind diese Fundamentalsätze unverändert gültig.[50] Woher kommt dann das Leben? Nach heute üblicher Auffassung war zunächst ein unwirtlicher, materieller Planet da, auf dem erst lange nach Verfestigung der ersten Gesteine Leben entstand. Trotz der gegenwärtigen Unmöglichkeit der Urzeugung hätten sich die ersten Organismen irgendwann spontan aus toten, anorganischen Bestandteilen zusammengesetzt. Und weil das, selbst bei ganz anderen physikalisch-chemischen Bedingungen, dennoch schwierig vorzustellen ist, gibt man der Sache unvorstellbar lange Zeiträume, in deren Dunkel sie sich dann doch irgendwie ereignet haben soll …

Man hat es bei der Urzeugung mit einem Frankenstein-Problem zu tun: Selbst wenn alle Komponenten in den richtigen gegenseitigen Verhältnissen

---

[49] Erhielt 1946 den Nobel-Preis für seine Entdeckung, dass radioaktive Strahlung Mutationen auslösen kann.

[50] Das während der Arbeit an dieser Schrift veröffentlichte Experiment des amerikanischen Gentechnikers Craig Venter, in dem er und seine Kollegen ein künstlich hergestelltes Genom in lebende Bakterien verpflanzten (Gibson et al. [2010]), zeigt (trotz weltweit anders lautender Pressemeldungen!) keineswegs, dass künstliches Leben im Labor geschaffen wurde. Vielmehr schleusten die Forscher ein synthetisch hergestelltes DNA-Riesenmolekül in *lebende* Bakterienzellen ein und selektionierten dann solche Zellen, in denen das ursprüngliche Genom durch das neue ersetzt worden war. Das synthetische Genom war mit dem natürlicherweise vorhandenen fast vollständig identisch. Zu keiner Zeit des Experiments waren die Zellen tot (oder ‚abgeschaltet', wie die von Venter verwendete Computeranalogie des ‚rebooting' nahelegen soll). Auch Venters Formulierung, dass die veränderten Organismen „die ersten Lebewesen auf diesem Planeten seien, die einen Computer als Elternteil haben", ist eine haarsträubende Begriffsverwirrung.

zusammengebaut gewesen wären, hätte das Ganze noch wie durch einen elektrischen Ruck in lebendige Bewegung versetzt werden müssen, in eine Bewegung, die fortwährende Verwandlung und Neuzeugung ihrer Bestandteile bedeutet. Das Gebilde hätte die Fähigkeit erlangen müssen, *sich selbst* zu erhalten und wieder hervorzubringen, obwohl seine Bestandteile dauerndem Wechsel unterliegen.

Betrachten wir den Gedanken der Urzeugung im Licht der inneren Erfahrung! Denken wir den Übergang von einem Konglomerat toter Teile zur lebendigen Ganzheit eines Organismus, und beobachten wir, was wir dabei erleben. Erst sollen unbewegliche Teile da sein, dann ein lebendig sich verwandelndes Ganzes. Erst soll die Wechselwirkung der Teile eine gegenwärtige und äußerliche sein, dann sollen die Teile zusammen eine die Zeit integrierende, innerlich wirksame Ganzheit bilden. Man bemerkt, dass der notwendige frankensteinsche Schock ein Ruck ist, den man seinem eigenen Denken geben muss, um von der einen qualitativen Ebene auf die andere zu springen. Die Anschaulichkeit und Kohärenz des Denkens gehen dabei für einen Moment verloren. Umgekehrt, vom Lebenden zum Toten, ist dieser Schritt aber sehr wohl vorstellbar und wird – im Gegensatz zur ‚Urzeugung' – auch ständig vor unseren Augen vollzogen, nämlich immer dann, wenn ein Lebewesen stirbt und seine materiellen Bestandteile aus dem Strom des Lebens herausfallen. Lebendes kann nicht aus Totem entstehen, Totes aber aus Lebendem. Nur diesen Zusammenhang darf eine vorurteilsfreie Wissenschaft konstatieren.[51]

Das Denken stößt an eine echte Erkenntnisgrenze, wenn es das Lebendige aus seinen Bestandteilen ableiten will. Man kann sich hier schon so etwas wie geistige ‚Beulen und Schrammen' holen. Eine Lösungsperspektive eröffnet sich erst, wenn die Wirklichkeit nicht mehr nur außerhalb des erkennenden Bewusstseins, also vom Zuschauerstandpunkt aus gesucht

---

[51] Man mache sich bewusst, dass man es bei der Vorstellung der Teile eines Organismus jeweils mit unterschiedlichen, gedanklich abgegrenzten Einheiten zu tun hat: Hier ein Molekül, dort eines, und dort wieder ein anderes etc. Jedes Teil wird durch *einen* Begriff gefasst, oder besser: Es ist immer ein bestimmter Begriff, der ein Teil abgrenzt und inhaltlich bestimmt. Die Zusammenballung solcher Einheiten bleibt, so komplex sie auch werden mag, ein Aggregat. Ein Organismus wird aber selbst *auch* als eine bestimmte Einheit, als *ein* Begriff gedacht, und zwar eine seinen Teilen übergeordnete und – im Gegensatz zu diesen – lebendige. Man kommt durch Summation der Teil-Begriffe immer nur zu der Möglichkeit, noch weitere Teile zu addieren, nicht aber zum Begriff des die Teile organisierenden Ganzen. – Vor allem zeigt sich das an der Zeitlichkeit des Organischen. Materielle Teile haben, im Gegensatz zum Organismus, keine die Vergangenheit, Gegenwart und Zukunft überspannenden, zeitintegrierenden Eigenschaften. Dies klar erkannt zu haben ist ein Verdienst Viktor von Weizsäckers, dessen geniale Analyse biologischer Zeitlichkeit im Kap. 4. 2 referiert wird.

wird; wenn man bemerkt, dass man das Leben und die zeitlichen Verwandlungen der Organismen durch die eigenen Denkbewegungen erfasst. Gegen eine solche Erweiterung des Erkenntnisblicks herrschen aber große Widerstände. Einer der am schwersten zu überwindenden ist, dass man sich gegenüber den äußeren Gegenständen passiv verhalten kann; man ist nicht verantwortlich für das, was einem die Welt zeigt. Die Bewegungen des Erkenntnislebens bringt man aber selbst hervor. Auch das selbst Erzeugte als Teil der Weltwirklichkeit anzuerkennen hieße, die volle Verantwortung dafür zu übernehmen.

2.2 Verursachung aus der Zukunft? Das Rätsel der organischen Zeit

Organismen ‚fließen', sie leben und verändern sich in der Zeit. Aus einem Schmetterlingsei kriecht eine Raupe, die sich nach mehreren Häutungen in eine Puppe verwandelt, aus welcher schließlich ein Falter entschlüpft. Die komplizierten Vorgänge der Gestaltentstehung, die sich im Embryo und dann noch einmal in der Puppe vollziehen, beruhen einerseits auf den vorangegangenen Entwicklungsschritten, folgen andererseits aber auch einem Ziel, nämlich zum Schmetterling zu werden. Jeder einzelne Entwicklungsschritt ist gesetzmäßig in den *ganzen* Entwicklungsprozess eingebettet. Dasselbe gilt für die Entwicklung eines einzelnen Organs, einer Blüte, eines Auges, einer Hand. Immer wirkt sowohl die Vergangenheit nach als auch die Zukunft voraus. „*Organismen gehen sich selbst voraus*", formulierte der scharfsinnige Naturphilosoph und Mathematiker Karl Snell (1806–1886).[52]

Die Frage nach der zielgerichteten Entwicklung der Organismen hat die Denker seit jeher beschäftigt. Aristoteles umschrieb sie mit dem Begriff der *Entelechie* (sein Ziel in sich habend).[53] Für das neuzeitliche Bewusstsein stellt sich die Frage: Wodurch wird die Entelechie bewirkt? Woher ‚weiß' das Huhn, dass es Eier legen muss, um sich fortzupflanzen? Kann die Zielgerichtetheit aus den materiellen Bestandteilen des Lebewesens abgeleitet werden? Immanuel Kant widmete dieser Frage in seiner ‚Kritik der Urteilskraft' eine ausführliche Diskussion, in der er zu dem Ergebnis kam, dass es nur einem göttlichen, einem, wie er ihn nannte, *archetypischen* Intellekt möglich wäre, lebendige, planvolle Ganzheit zu durchschauen, der Mensch aber, dem allein ein diskursiver, von den Teilen zum Ganzen fortschreitender Verstand eigne, sich mit der bloßen Beschreibung organischer Zielgerichtetheit begnügen müsse, ohne sie als natürliche Eigenschaft der Organismen bestimmen zu können: „*Wir legen, sagt man, Endursachen*

[52] Snell (1858).
[53] Aristoteles, Metaphysik IX, 8.

in die Dinge hinein und heben sie nicht gleichsam aus ihrer Wahrnehmung heraus.“[54]

In klaren Worten schrieb Jacques Monod[55] über zielvolle organische Entwicklung. In seinem Buch ‚Zufall und Notwendigkeit‘ lieferte er eine ausgezeichnete Analyse des Lebensproblems. Dort heißt es über die *„grundlegende Eigenschaft, die ausnahmslos alle Lebewesen kennzeichnet: Objekte zu sein, die mit einem Plan ausgestattet sind, den sie gleichzeitig in ihrer Struktur darstellen und durch ihre Leistungen ausführen ... Wir sagen, dass diese sich von allen anderen Strukturen aller im Universum vorhandenen Systeme durch die Eigenschaft unterscheiden, die wir Teleonomie nennen.*“[56] Ähnlich formulierte der deutsch-amerikanische Evolutionsbiologe Ernst Mayr: *„Lebende Organismen sind ... für teleonomische (zielgerichtete) Aktivitäten von der Embryonalentwicklung bis zu den physiologischen Aktivitäten und dem Verhalten der adulten Organismen programmiert.*“[57] Teleonomie bedeutet, dass die Gegenwart des Organismus nicht nur aus seiner Vergangenheit, sondern auch *aus seiner Zukunft* bestimmt wird.[58]

Jeder einzelne Vorgang, der sich in der Embryonalentwicklung vollzieht, ist kausal aus seinen Ausgangskomponenten und Bedingungen erklärbar. Aber *warum* ereignet er sich gerade an dieser Stelle? Die Antwort kann nur sein: Weil er den nächsten vorbereitet, und dieser wieder den nächsten, usw. Die Einordnung des einzelnen Geschehens in die Entwicklung des ganzen Organismus wird nur final aus den folgenden Schritten verständlich, und diese wieder aus den nächstfolgenden, usw.

---

[54] Kant (1790a), S. 220. Über organische Wesen schrieb Kant in scharfsinniger Weise: *„Ein organisiertes Produkt der Natur ist das, in welchem alles Zweck und wechselseitig auch Mittel ist. Nichts in ihm ist umsonst, zwecklos, oder einem blinden Naturmechanism zuzuschreiben. ... Ein organisiertes Wesen ist also nicht bloß Maschine: denn die hat lediglich* bewegende *Kraft; sondern sie besitzt in sich* bildende *Kraft, und zwar eine solche, die sie den Materien mitteilt, welche sie nicht haben (sie organisiert): also eine sich fortpflanzende bildende Kraft, welche durch das Bewegungsvermögen allein (den Mechanism) nicht erklärt werden kann. ... In einem solchen Produkte der Natur wird ein jeder Teil, so, wie er nur* durch *alle übrige da ist, auch als* um der andern *und des Ganzen* willen existierend, *d. i. als Werkzeug (Organ) gedacht: welches aber nicht genug ist ...; sondern als ein die andern Teile (folglich jeder den andern wechselseitig)* hervorbringendes *Organ ...: und nur dann und darum wird ein solches Produkt, als* organisiertes und sich selbst organisierendes Wesen, *ein* Naturzweck *genannt werden können.*“ Kant (1790), S. 318 ff.

[55] Erhielt 1965 einen Nobelpreis für die Entdeckung der Genregulation.

[56] Monod (1982), S. 27.

[57] Mayr (1997), S. 46.

[58] Auch hier möchte ich mich nicht auf einen Streit über Worte (‚Teleonomie‘, ‚Teleologie‘, ‚Zweckmäßigkeit, ‚Finalität‘ etc.) einlassen. Es kommt mir nicht auf die definitorische Abgrenzung, sondern auf die Beobachtung der zugrunde liegenden Tatsachen an, und diese können mit verschiedenen Worten benannt werden. Die Worte und Begriffe haben lediglich hinweisenden Charakter.

Nehmen wir als ein weiteres Beispiel einen Stoffwechselvorgang, beispielsweise den Abbau von Traubenzucker in der Glykolyse. Im ersten Schritt wird der Zucker zu einem Zucker-Phosphat umgewandelt. Warum? Weil durch diese Reaktion die folgenden Umwandlungen erst ermöglicht werden. Betrachtet man den ersten Reaktionsschritt (der auch im Reagenzglas stattfinden kann) isoliert für sich, so ist er kausal aus seinen Ausgangskomponenten und Bedingungen erklärbar. Die Einordnung der Reaktion in das gesamte Stoffwechselgeschehen und Leben des Organismus wird aber nur final aus den folgenden Reaktionen verständlich. Jeder einzelne Schritt findet nur deshalb im Organismus statt, weil und insofern er dem lebendigen Ganzen dient.

Wie oben schon erwähnt, denken Genetiker und Biochemiker das Ganze des Organismus tatsächlich immer mit, meist ohne sich dessen bewusst zu sein. Darin liegt einer der wesentlichsten Gründe für die materialistische Auffassung des Lebendigen. *Das zeitlich integrierte Ganze des biologischen Kontextes, also auch die Zukunft jedes einzelnen Entwicklungsschritts, muss immer implizit vorausgesetzt werden, weil es die Teile bestimmt.*

Die Ursachen biologischer Erscheinungen liegen in der Vergangenheit, ihre Bedeutungen in der Zukunft. Die Rolle, die ein gegenwärtiger Prozess innerhalb eines lebendigen Ganzen spielt, leitet sich nicht nur kausal aus vergangenen Bedingungen, sondern ebenso final vom zukünftigen Entwicklungsziel her. In der organischen Gegenwart sind sowohl die Vergangenheit als auch die Zukunft anwesend, Lebewesen integrieren sie im gegenwärtigen Geschehen (siehe Abb. 4).[59]

---

[59] Kant schrieb über das Wechselspiel kausaler und finaler Verursachung im Lebendigen: *„Die Kausalverbindung, sofern sie bloß durch den Verstand gedacht wird, ist eine Verknüpfung, die eine Reihe (von Ursachen und Wirkungen) ausmacht, welche immer abwärts geht; und die Dinge selbst, welche als Wirkungen andere als Ursache voraussetzen, können von diesen nicht gegenseitig zugleich Ursache sein. Diese Kausalverbindung nennt man die der wirkenden Ursachen (nexus effectivus). Dagegen aber kann doch auch eine Kausalverbindung nach einem Vernunftbegriffe (von Zwecken) gedacht werden, welche, wenn man sie als Reihe betrachtete, sowohl abwärts als aufwärts Abhängigkeit bei sich führen würde, in der das Ding, welches einmal als Wirkung bezeichnet ist, dennoch aufwärts den Namen einer Ursache desjenigen Dinges verdient, wovon es die Wirkung ist. Im Praktischen (nämlich der Kunst) findet man leicht dergleichen Verknüpfung, wie z. B. das Haus zwar die Ursache der Gelder ist, die für Miete eingenommen werden, aber doch auch umgekehrt die Vorstellung von diesem möglichen Einkommen die Ursache der Erbauung des Hauses war. Eine solche Kausalverknüpfung wird die der Endursachen (nexus finalis) genannt. … Soll aber ein Ding … als Naturzweck und ohne die Kausalität der Begriffe von vernünftigen Wesen außer ihm möglich sein: so wird … dazu erfordert: dass die Teile desselben sich dadurch zur Einheit eines Ganzen verbinden, dass sie von einander wechselseitig Ursache und Wirkung ihrer Form sind. Denn auf solche Weise ist es allein möglich, dass umgekehrt (wechselseitig) die Idee des Ganzen wiederum die Form und Verbindung aller Teile bestimme: nicht als Ursache – denn da wäre es ein Kunstprodukt –*

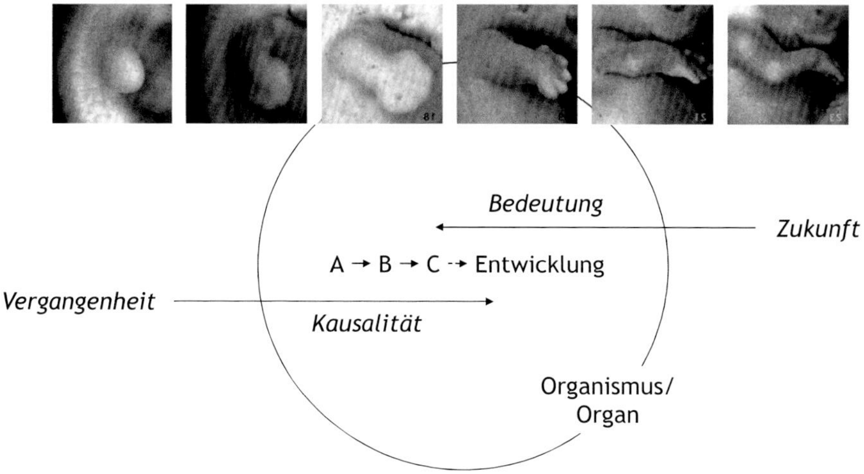

Abb. 4. Die Integration von Kausalität und Bedeutung (Finalität) im Organismus, dargestellt am Beispiel der Embryonalentwicklung der menschlichen Hand. Im Handteller (3. v.l.) wirken sowohl die Vorgänge, die in der Gliedmaßenknospe stattfanden, nach als auch das Ziel der Entwicklung, die ausdifferenzierte Extremität, voraus.

Aber kann man diese Tatsache auch begreifen? Wie lässt sich eine Wirkung aus der Zukunft denken? Wer oder was ‚schickt' die Entwicklungsimpulse aus der Zukunft? Man kennt planvolles Verhalten nur vom Menschen, bei dem ein Seelisches oder Geistiges beteiligt ist, das die Zukunft antizipieren kann. Eine solche Beteiligung kann für die organische Entwicklung zwar postuliert, aber nicht beobachtet und damit nicht als wissenschaftliche Tatsache festgestellt werden. – Damit richtet sich vor dem Erkennen wiederum eine scheinbar unüberwindliche Grenze auf.

2.3 Das Lebewesen als autonome Ganzheit

Eine weitere grundlegende Eigenschaft der Organismen ist ihre subjekthafte Autonomie, das heißt die Tatsache, dass sie *sich selbst* gestalten und am Leben erhalten. Jacques Monod schrieb, dass alle künstlich hergestellten Objekte (wie die Werkzeuge des Menschen, aber auch der Biberdamm oder die Bienenwabe) *„aus der Anwendung äußerer Kräfte auf das Ausgangsmaterial und das Objekt"* resultieren, während *„die Struktur eines Lebewesens*

---

sondern als Erkenntnisgrund der systematischen Einheit der Form und Verbindung alles Mannigfaltigen, was in der gegebenen Materie enthalten ist, für den, der es beurteilt." Kant (1790), S. 320. Ausführlich hat vor allem auch Wolfgang Schad auf die Zeitintegration im Organischen hingewiesen. Vgl. Schad (1966), Schad (1992).

aus einem völlig anderen Prozess hervorgeht; es verdankt fast nichts der Einwirkung äußerer Kräfte, aber alles – von der allgemeinen Gestalt bis in die kleinste Einzelheit – seinen inneren, ‚morphogenetischen' Wechselwirkungen. Seine Struktur beweist eine klare und uneingeschränkte Selbstbestimmung, die eine quasi totale ‚Freiheit' gegenüber äußeren Bedingungen und Kräften einschließt. Äußere Bedingungen können die Entfaltung des lebenden Objekts wohl behindern [oder modifizieren, Anmerkung C.H.], *nicht jedoch lenken; sie können ihm seine Organisation nicht aufzwingen.*"[60]

Die autonome Ganzheit des Organismus zeigt sich u. a. an der Heilung nach Verletzungen. Warum bleibt ein gebrochener Knochen nicht einfach kaputt? Es wirkt eine Kraft, die zur Wiederherstellung des Ganzen führt, und diese Kraft ist dem durch physische Einwirkung Entstandenen offensichtlich übergeordnet. Oben hatten wir diese Kraft als ‚Lebenstrieb' bezeichnet. Sie ist ebenso rätselhaft wie die Entwicklungsimpulse aus der Zukunft.

Im Kap. 1.5 hatten wir schon darauf hingewiesen, dass die Berücksichtigung der Selbstgestaltungskraft das bestimmte ‚So-Sein' der Organismen noch nicht erklärt. Und doch hängt die *Art* eines Organismus mit dieser autonomen Bildungskraft aufs Engste zusammen. Denn seine Autonomie zeigt sich auch in der Fähigkeit, durch Fortpflanzung seinesgleichen hervorbringen zu können. Dabei bildet die Art eine überzeitliche Konstante. Der einzelne Organismus unterliegt ständiger Veränderung: Befruchtung, Entwicklung, Reifung, Alterung und Tod, aber durch die Wiederholung der Fortpflanzung können wir nicht nur vom Ei, vom Küken und der Henne sprechen, sondern vom *Huhn*. Organismen leben als Arten vor unseren Augen dar, was wir sonst nur in unserem Denken vollbringen: Die einzelnen Erscheinungsformen einer Sache unter ihren gemeinsamen Begriff zu fassen – ein Zusammenhang zwischen Denken und Leben, der uns später noch genauer beschäftigen soll.

2.4 Organismus und Umwelt

Trotz der Autonomie, die Organismen durch ihre selbstverursachte Morphogenese und zeitübergreifende Konstanz besitzen, kann jedes Lebewesen nur innerhalb einer bestimmten Umgebung existieren. Es braucht die Erde, das Wasser, die Luft und das Licht und lebt von ihnen und den Modifikationen, die andere Organismen an ihnen bewirken. Es ist mit seinen Organen in eine ökologische Nische ‚hinein organisiert'. Die Umwelt ist also eben-

[60] Monod (1982), S. 28.

falls eine (mit-)bestimmende Größe im Leben und in der Gestaltung der Organismen (doch niemals ihre primäre Ursache).

In unnachahmlicher Weise hat Goethe das eng verflochtene Verhältnis von Organismus und Umwelt charakterisiert: „*Der Mensch, indem er alle Dinge auf sich bezieht, wird dadurch genötigt, allen Dingen eine innere Bestimmung nach außen zu geben; und es wird ihm dieses umso bequemer, da ein jedes Ding, das leben soll, ohne eine vollkommene Organisation gar nicht gedacht werden kann. Indem nun diese vollkommene Organisation nach innen zu höchst rein bestimmt und bedingt ist, so muss sie auch nach außen ebenso reine Verhältnisse finden, da sie auch von außen nur unter gewissen Bedingungen und in gewissen Verhältnissen existieren kann. So sehen wir auf der Erde, in dem Wasser, in der Luft die mannigfaltigsten Gestalten der Tiere sich bewegen, und nach dem gemeinsten Begriff sind diesen Geschöpfen die Organe angeschaffen, damit sie die verschiedenen Bewegungen hervorbringen und die verschiedenen Existenzen erhalten können. Wird uns aber nicht schon die Urkraft der Natur, die Weisheit eines denkenden Wesens, welches wir derselben unterzulegen pflegen, respektabler, wenn wir selbst ihre Kraft bedingt annehmen und einsehen lernen, dass sie ebenso gut von außen als nach außen, von innen als nach innen bildet? Der Fisch ist für das Wasser da, scheint mir viel weniger zu sagen als: der Fisch ist in dem Wasser und durch das Wasser da; denn dieses letzte drückt viel deutlicher aus, was in dem erstern nur dunkel verborgen liegt, nämlich die Existenz eines Geschöpfes, das wir Fisch nennen, sei nur unter der Bedingung eines Elementes, das wir Wasser nennen, möglich, nicht allein, um darin zu sein, sondern auch um darin zu werden. Eben dieses gilt von allen übrigen Geschöpfen. Dieses wäre also die erste und allgemeinste Betrachtung von innen nach außen und von außen nach innen. Die entschiedene Gestalt ist gleichsam der innere Kern, welcher durch die Determination des äußern Elementes sich verschieden bildet. Eben dadurch erhält ein Tier seine Zweckmäßigkeit nach außen, weil es von außen so gut als von innen gebildet worden; und was noch mehr, aber natürlich ist, weil das äußere Element die äußere Gestalt eher nach sich, als die innere umbilden kann. Wir können dieses am besten bei den Robbenarten sehen, deren Äußeres so viel von der Fischgestalt annimmt, wenn ihr Skelett uns noch das vollkommene vierfüßige Tier darstellt.*“[61]

Die ‚Autonomie‘ der Organismen und ihre ‚Anpassung‘ an äußere Umweltbedingungen bilden eine weitere Dimension des Organischen, die senkrecht zur oben dargestellten Zeitachse aus Vergangenheit, Gegenwart und Zukunft steht (Abb. 5, nächste Seite).

---

[61] Goethe (1790 a), S. 228 f.

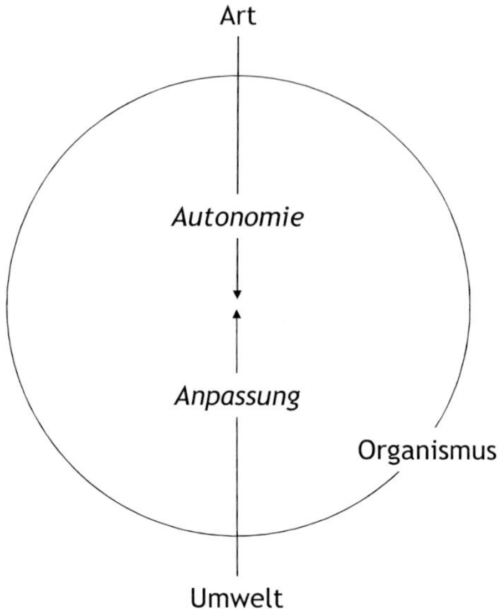

Abb. 5. Die Gestaltung eines Organismus als Zusammenspiel von arttypischer, autonomer Morphogenese und Anpassung an bestimmte Umgebungsverhältnisse.

2.5 *Die vierfach gegliederte Einheit des Lebens*

Damit können wir das Lebendige durch vier Aspekte beschreiben, die nur im wechselseitigen Zusammenhang gedacht werden können (Abb. 6):

(i) Die *Abstammung* von einem anderen Lebewesen (oder bei einem Organ von seiner Anlage). Kein Lebendiges, kein Organ geht aus Totem hervor, jeder Organismus hat immer eine lebende Vergangenheit.
(ii) Die Planhaftigkeit (*Teleonomie*) aller Lebensprozesse. Jeder lebendige Vorgang entwickelt sich immer in einen nächsten hinein, und der zukünftige wird bereits in dem gegenwärtigen vorbereitet. Die Entwicklung strebt einem Ziel zu, das allerdings nicht streng determiniert ist, sondern durch gegenwärtige Einflüsse modifiziert werden kann (es stellt eher einen ‚Zielbereich' als einen ‚Zielpunkt' dar).
(iii) Die *Autonomie*, die sich u. a. in der zeitübergreifenden Konstanz der Art ausdrückt (hier ist noch nicht die evolutive Wandelbarkeit der Arten berücksichtigt – siehe unten).
(iv) Schließlich die vollkommene ökologische *Angepasstheit* der Organismen, ihrer Organe und Lebensfunktionen.

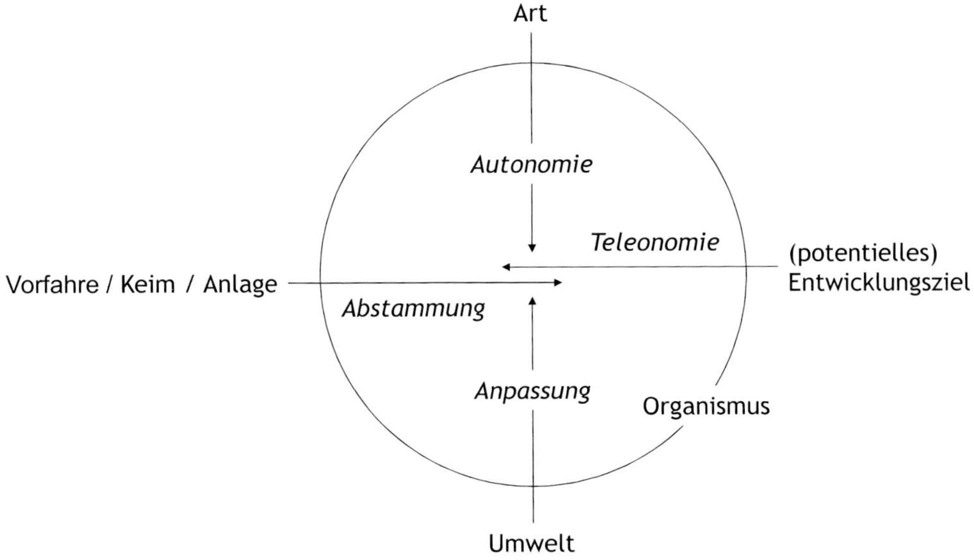

Abb. 6. Vier Faktoren, die in ihrem Zusammenspiel die Gestaltung der Lebewesen bestimmen.

Diese vier Aspekte entsprechen denjenigen, die wir im ersten Kapitel als Komponenten von Darwins Lebenskonzept bestimmt hatten[62]: Die jeweils gegenüberstehenden bilden dynamische Gleichgewichtsverhältnisse, wobei die horizontale Ebene die zeitliche *Entwicklung*, die vertikale das Verhältnis von Organismus und Umwelt, seine relative *Emanzipation* von den Einflüssen der Umgebung bedeutet. Die relative Gewichtung der einzelnen Aspekte ist für jede Art und Organisationsstufe verschieden: Bakterien entwickeln sich sehr schnell und zeigen eine hohe Umweltabhängigkeit, Säugetiere entwickeln sich langsam und zeigen ein hohes Maß an Umweltemanzipation. Auch zu verschiedenen Zeitpunkten in der Entwicklung zeigen sich unterschiedliche Gewichtungen: Ein Kind entwickelt sich schnell, ist aber wenig emanzipiert, beim Erwachsenen sind die Verhältnisse umgekehrt, etc.

---

[62] Man lasse sich von der unterschiedlichen Besetzung der oberen Position (einmal als ‚Lebenstrieb', das andere Mal als autonom wirkende ‚Art') nicht verwirren, denn was wir damit *meinen,* ist dasselbe. Es ist das, was Goethe oben als ‚inneren Kern', als ‚entschiedene Gestalt', welche ‚sich bildet', bezeichnet. Es ist das ‚Zentrum' des Organismus, das wir nicht dingfest machen können, ohne das wir ihn aber auch nicht verstehen können, und das wir nur erfassen, indem wir uns als autonomes ‚Ich' damit willenshaft identifizieren. Die oben (S. 21) gestellte Frage nach dem inneren Grund der Gestaltung des Menschen und der Tiere hängt mit der Unschärfe, die für die Bezeichnung der oberen Position im ZEITKREUZ besteht, zusammen, und wird sich, wie dort schon angemerkt, erst allmählich im Verlauf der ganzen Darstellung klären lassen.

Bezogen auf ein lebendiges Wesen bilden die Begriffe Abstammung, Teleonomie, Anpassung und Autonomie also selbst eine organische Einheit. Eine umfassende Theorie der lebendigen Entwicklung muss alle vier Aspekte berücksichtigen und in ihren gegenseitigen Zusammenhängen erhellen. Und so wird noch einmal deutlich, dass Organismen nicht allein mit physikalischen und chemischen Begriffen verstanden werden können. Die Zeitintegration geht über das Tote hinaus, und es existiert kein physikalisch-chemisches Phänomen, das wie das Lebendige einen organischen Zusammenhang aller vier genannten Aspekte darstellt.[63]

2.6 *Ausblick auf eine Erweiterung des Erkennens*

Wie fasst man nun organische Autonomie und den Zeitstrom aus der Zukunft? Klar ist, dass sie nicht mit dem gegenständlichen Bewusstsein begriffen werden können, mit dem man irgendwelche stofflich isolierbare Faktoren in Lebewesen sucht. Es gibt kein materielles Korrelat der zukünftigen Entwicklung und des autonomen Lebenstriebs. Man muss diese Aspekte entweder leugnen und immer weiter am Wesen des Lebendigen vorbeiblicken oder zu einer Erweiterung und Vertiefung des Erkennens gelangen. Fragen wir also wieder, *wie* man die vier Aspekte des Lebendigen denkt. Beobachten wir das Entwicklungsdenken, um *die Quellen zu suchen, aus denen die Erkenntnis des Lebendigen entspringt.* Sie liegen in einem inneren Erleben, auf das es aufmerksam zu werden gilt. Aus ihm speisen sich die Begriffe und Ideen, durch die man organische Erscheinungen erfasst. Etwas, das ich nicht in irgendeinem Bereich innerlich erlebe, kann ich auch nicht begreifen. Diesen Bereich gilt es zu finden.

Das damit umrissene Ansinnen ist auch wissenschaftstheoretisch berechtigt, denn in jedem umfassenden Konzept einer Wissenschaft muss der Beobachter mitberücksichtigt werden. Gerade dadurch wird die Erweiterung des wissenschaftlichen Erkennens möglich sein, dass man nicht nur die Natur, sondern auch sich selbst im Prozess des Naturerkennens mitbeobachtet. Man achtet dann nicht nur auf die äußeren Erscheinungen, sondern auch auf die Erkenntnisgesten, die man, dem jeweiligen Beobachtungsobjekt entsprechend, innerlich vollzieht. Genau genommen gehören ja Erkenntnisgeste und Erkenntnisobjekt zusammen, denn das Objekt wird als Inhalt der Erkenntnis durch die Erkenntnisgeste erst konfiguriert. Damit ist der weitere Gang unserer Untersuchung vorgezeichnet.[64]

---

[63] Zu weiteren Aspekten des Organischen vgl. Anhang, S. 215.

[64] Weil die grundlegenden Fragen der Naturwissenschaft – was ist Materie, was ist Leben, was Seele, was Geist? – vom gegenständlichen Zuschauerstandpunkt letztlich nicht zu beantworten sind, werden sie i. d. R. auch gar nicht gestellt. Der Physiker und

2.7 *Das Rätsel der Evolution*

Die bisherigen Ausführungen betreffen den einzelnen Organismus bzw. die Art, aber noch nicht ihre Evolution. Die Verwandlung und *Höherentwicklung* der Arten geht über die bisher genannten Aspekte hinaus. Die Evolution ist die *quinta essentia* des Lebens, sein eigentliches Rätsel. Wie und warum entsteht Neues in der Evolution? Hat die Evolution eine Richtung? Warum ist sie nicht auf der Stufe der Bakterien oder der Fische stehen geblieben? Ist der Mensch ein Zufall? – Um diese Fragen zu beantworten, muss zunächst das Erkennen in den Gesichtskreis des Entwicklungsgedankens einbezogen werden. Dann erst wird sich eine Perspektive zur Lösung des Rätsels der Gestalten und ihrer Evolution eröffnen.

Philosoph Carl Friedrich von Weizsäcker sah in dem systematischen Ausblenden solcher Grundlagenfragen eine Ursache für den schnellen Fortschritt der Naturwissenschaften: „*Es gehört zu den methodischen Grundsätzen der Wissenschaft, dass man gewisse fundamentale Fragen nicht stellt. Es ist charakteristisch für die Physik, so wie sie neuzeitlich betrieben wird, dass sie nicht wirklich fragt, was Materie ist, für die Biologie, dass sie nicht wirklich fragt, was Leben ist, und für die Psychologie, dass sie nicht wirklich fragt, was Seele ist, sondern dass mit diesen Worten jeweils nur vage ein Bereich umschrieben wird, in dem man zu forschen beabsichtigt. Dieses Faktum ist wahrscheinlich methodisch grundlegend für den Erfolg der Wissenschaft. Wollten wir nämlich diese schwersten Fragen gleichzeitig stellen, während wir Naturwissenschaft betreiben, so würden wir alle Zeit und Kraft verlieren, die lösbaren Fragen zu lösen. Infolgedessen ist die Wissenschaft, die diese grundsätzlichen Fragen zurückstellt, verglichen mit dem ganz langsamen, höchst zweifelhaften Prozess des philosophischen Denkens, das sich diesen schweren Fragen wirklich stellt, so ungeheuer schnell vorangeschritten.*“ Im nächsten Satz relativiert von Weizsäcker seine Aussage dann aber noch einmal in bemerkenswerter Formulierung: „*Auf der anderen Seite darf man sich nicht darüber täuschen, dass [dieses] methodische Verfahren der Wissenschaft, ... wenn es sich über seine eigene Fragwürdigkeit nicht mehr klar ist, etwas Mörderisches an sich hat. ... ‚Denken‘ heißt [nach Heidegger] ..., ‚Sich selbst noch einmal in Frage stellen‘, und eben dies wird im normalen Vollzug der Wissenschaft nicht geleistet. Es muss aber geleistet werden, wenn die Wissenschaft auch einmal zum lebendigen Menschen, der ein Partner im Leben und nicht nur Objekt ist, in ein Verhältnis gesetzt werden können soll.*“ Weizsäcker, C. F. v. (1971), S. 287 f.

3 ‚Ins Inn're der Natur …' – Goethe, Rudolf Steiner und die Wissenschaft des Lebendigen

Wo Objekt und Subjekt sich berühren, da ist Leben.[65]
(Goethe)

3.1 Anschauung und Tätigkeit im Denken von Metamorphosen

Richard Owen, William Paley und Charles Darwin gaben sehr unterschiedliche Antworten auf ihre Fragen nach dem Rätsel des Lebens und seiner Gestaltungen. Doch ist ihren Antworten gemeinsam, dass sie die Ursachen der Lebenserscheinungen in einer objektiven, außerhalb des Subjekts gelegenen Wirklichkeit suchten – Paley und Owen in einem irgendwo existierenden Schöpfergott, Darwin in den Naturprozessen. Gegenüber dieser äußeren ‚Wirklichkeit' verhielten sie sich selbst *wie Zuschauer*.

Anders näherte sich Johann Wolfgang von Goethe dem Lebendigen. Anstatt dem Wachstum der Pflanzen und den Gestalten der Tiere bloß zuzuschauen und über das Beobachtete nachzudenken, identifizierte er sich mit den Lebenserscheinungen und schlüpfte in innerer Tätigkeit gleichsam in die Organismen und ihre Verwandlungen hinein. Goethe inaugurierte damit eine Methode der Lebensbetrachtung, die, wenn er sie auch erst in prinzipiellen Anfängen erarbeiten konnte, mit Recht revolutionär genannt werden kann.

Die Idee der Gestaltverwandlung entwickelte Goethe an der Botanik. 1790 schrieb er in seinem ‚Versuch, die Metamorphose der Pflanzen zu erklären': *„Ein jeder, der nur das Wachstum der Pflanzen einigermaßen beobachtet, wird leicht bemerken, dass gewisse äußere Teile derselben sich manchmal verwandeln und in die Gestalt der nächstliegenden Teile bald ganz, bald mehr oder weniger übergehen."* Diese Metamorphose *„ist es, welche sich von den ersten Samenblättern bis zur letzten Ausbildung der Frucht immer stufenweise wirksam bemerken lässt, und durch Umwandlung einer Gestalt in die andere gleichsam auf einer geistigen Leiter zu jenem Gipfel der Natur, der Fortpflanzung durch zwei Geschlechter, hinauf steigt."*[66] Später fasste er den Gedanken dichterisch:

Alle Gestalten sind ähnlich, und keine gleichet der andern;
Und so deutet das Chor auf ein geheimes Gesetz,

---

[65] Das vollständige Zitat lautet: „*Wo Objekt und Subjekt sich berühren, da ist Leben. Wenn Hegel mit seiner Identitätsphilosophie sich mitten zwischen Objekt und Subjekt hineinstellt und diesen Platz behauptet, so wollen wir ihn loben.*" Goethe (1827).
[66] Goethe (1790), S. 64 f.

Auf ein heiliges Rätsel. O, könnt' ich dir, liebliche Freundin,
Überliefern sogleich glücklich das lösende Wort!
Werdend *betrachte sie nun, wie nach und nach sich die Pflanze,*
Stufenweise geführt, bildet zu Blüten und Frucht.[67]

Goethe stieg von der Anschauung der nebeneinander stehenden Einzelheiten zum Mitvollzug ihres Verwandlungszusammenhangs auf. Dabei verzeitlichte er nicht nur die Natur, sondern vor allem sein eigenes Erkennen: *„Das Gebildete wird sogleich wieder umgebildet, und wir haben uns, wenn wir einigermaßen zum lebendigen Anschaun der Natur gelangen wollen, selbst so beweglich und bildsam zu erhalten, nach dem Beispiele mit dem sie uns vorgeht.“*[68]

Nehmen wir als ein einfaches Beispiel organischer Entwicklung das Wachstum eines Pflanzenblattes von der ersten Anlage bis zur ausgewachsenen Form (Abb. 7). Man sieht nur einzelne Stadien, Ausschnitte aus einer kontinuierlichen Entwicklungslinie (auch in der Natur kann man an einer wachsenden Pflanze nur einzelne, abgegrenzte Formen wahrnehmen). Den Zusammenhang stellt man selbst *durch eine innere Denkbewegung* her.[69]

Was tut man da genau? Man kann zunächst bemerken, wie die Aufmerksamkeit zwischen den Formen springt. Man vollzieht innerlich eine (sehr schnelle) Bewegung, durch die man die Formen miteinander verbindet. Woher, wenn nicht aus dieser Bewegung, wüsste man, dass die Blätter

Abb. 7. Entwicklungsstadien eines Laubblattes des Rainkohls (*Lapsana communis*, nach Bockemühl).

[67] Goethe (1798), S. 107.
[68] Goethe (1817a), S. 56.
[69] Das gilt übrigens auch, wenn man Entwicklung in einem Zeitrafferfilm ‚sieht'. Auch im Film werden – nun nicht einzelne Stadien, sondern – einzelne Sequenzen durch das Denken zu einem Gesamtzusammenhang verbunden. Unsere Wahrnehmung zerlegt längere sequentielle Abfolgen in kleinere Abschnitte, von denen eine Sequenz nur dann als *gegenwärtig* erlebt wird, wenn sie nicht länger als ungefähr drei Sekunden dauert. Danach beginnt ein ‚neuer Augenblick'. Vgl. Pöppel (1989). Es ist

zu einer kontinuierlichen Reihe gehören? Aus dem bloßen Anstarren ist dieser Schluss jedenfalls nicht zu gewinnen. Wer nun die Formverwandlung einmal wirklich langsam und konzentriert im eigenen Inneren vorstellend geschehen lässt, wird deutlich einen Unterschied bemerken zwischen dem Erleben der einzelnen Formen und der sie verbindenden Bewegung. Die Formen sind anschaubar, sie stehen dem Betrachter gegenüber. Das Verhältnis ist hier ein gegenständliches. In der verbindenden Gestaltungsbewegung geht die Gegenständlichkeit für Momente verloren. Ich kann eine Formverwandlung nicht tätig vollziehen und mich ihr dabei zugleich anschauend gegenüberstellen. Stattdessen stelle ich mir Zwischenstufen vor, aber auch diese muss ich anschauen, dann wieder tätig sein, dann anschauen, dann tätig sein, usw. *„Tätiges Hervorbringen und beschauliches Gegenüberstellen vertragen sich nicht."* (Rudolf Steiner). In der aktiv die nächste Form hervorbringenden Bewegung hebt sich die Trennung zwischen Subjekt und Objekt für Momente auf. Das Subjekt steht nicht mehr außerhalb der Formen, sondern *lebt* zwischen ihnen.

Man wird vielleicht bemerken, dass man sich zunächst nur mühsam innerhalb der aktiven Gestaltungsbewegung halten kann; die Tätigkeit stützt sich gleich wieder auf der nächsten anschaubaren Gegenständlichkeit ab – man braucht ein Gegenüber, an dem man sich festhalten kann. Die Möglichkeit zur genaueren Beobachtung der Gestaltungsbewegung ist deshalb zunächst begrenzt. Anfangs ist sie bloß ein Negatives und wird nur erlebt, insofern sie wie ein schwarzes Loch von gegenständlichen Formen umgeben ist.

Hier wird eine Grenze berührt, an der sich entscheidet, ob der Materialismus tatsächlich überwunden werden kann und man durch Tätigkeit zu einer erlebten Geistanschauung der Natur vorzudringen vermag, oder ob man selbst passiv und das Reden vom Geist Abstraktum bleibt, weil man sich ihn doch wieder nur *„wie eine nebelhaft verdünnte Stofflichkeit"* (Rudolf Steiner) vorstellt. Man muss mit Bewusstsein in das *dunkle Nichts der Willensbewegung* hineinleuchten wollen. Das ist allerdings durch Praxis möglich.

3.2 *Form, Leben, Bewusstsein, Sein – vier Stufen der Erkenntnis*

Damit sind zwei deutlich voneinander unterscheidbare Stufen in der Erkenntnis organischer Verwandlungsreihen charakterisiert: Das Anschauen einzelner Formen und das Verbinden derselben durch Tätigkeit. Auf der ersten

---

die eigene Denkbewegung, die die vielen Augenblicke zur Vorstellung einer kontinuierlichen Bewegung verknüpft. Beim Film wird das Denken allerdings mitgerissen, während es im Auffassen natürlicher Phänomene selbst aktiv werden muss. Filme lähmen die innere Tätigkeit des Menschen. Kaum etwas hemmt die Eigenaktivität so sehr, ja paralysiert sie geradezu, wie insbesondere das Fernsehen.

Stufe, die man als *gegenständliches Bewusstsein* bezeichnen kann, steht der Betrachter den Objekten gegenüber. Die Dinge treten als Einzelheiten fertig an ihn heran. Auf der nächsten Stufe muss er – will er sie bewusst erleben – eine starke innere Tätigkeit entfalten, durch die er die Formverwandlungen nachvollzieht. Ich möchte diese Stufe, um ein Wort zu haben, *Metamorphosetätigkeit* nennen. Die Grenze zwischen Subjekt und Objekt ist hier nicht mehr so scharf zu ziehen wie im gegenständlichen Erleben, beide schwingen ineinander. Die folgende Figur veranschaulicht diese Verhältnisse (Abb. 8).

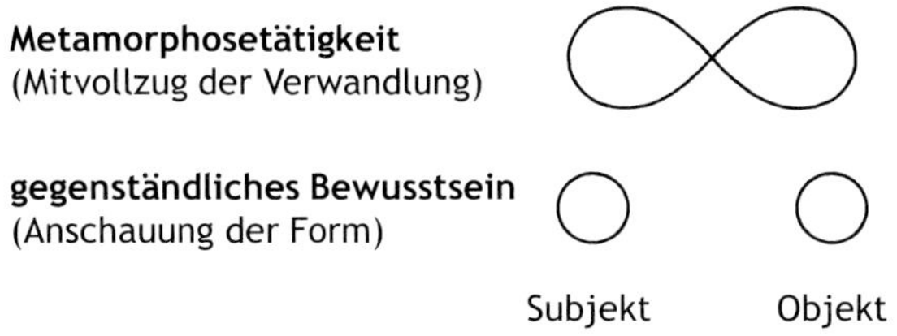

Abb. 8. Das Verhältnis zwischen Subjekt und Objekt auf den ersten beiden Stufen der Erkenntnis des Lebendigen.

Die Metamorphosetätigkeit pendelt zwischen willentlichem Erzeugen und vorstellendem Anschauen des Erzeugten hin und her (Abb. 9). Man kann die anschaubaren Vorstellungen als dem Subjekt ‚äußerlich' bezeichnen (es stellt sie, wenn auch innerhalb seines Bewusstseins, so doch vor *sich* hin), während der Quell, aus dem die Vorstellungen hervorgebracht werden, das Subjekt selbst ist, also in ihm liegt.[70]

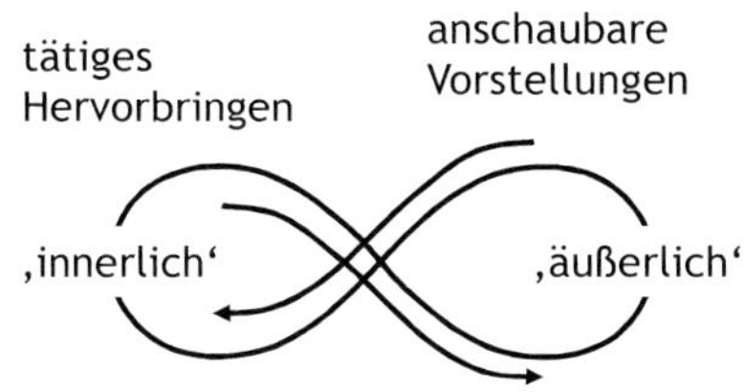

Abb. 9. Die Metamorphosetätigkeit zwischen Hervorbringen und Anschauen des Hervorgebrachten.

Man kann Abb. 7 und Abb. 9 zusammenfassen, um zu zeigen, wie einzelne Formen durch die Tätigkeit des Subjekts zu einer zusammenhängenden Entwicklungsreihe verwoben werden (Abb. 10, nächste Seite).

[70] Diese räumlichen Zuschreibungen können aber genauso anders herum aufgefasst werden, denn die Vorstellungen werden *innerhalb* des subjektiven Bewusstseins erlebt, während die hervorbringende Tätigkeit aus einer *außerhalb* dieses Bewusstseins gelegenen Welt-Wirklichkeit schöpft.

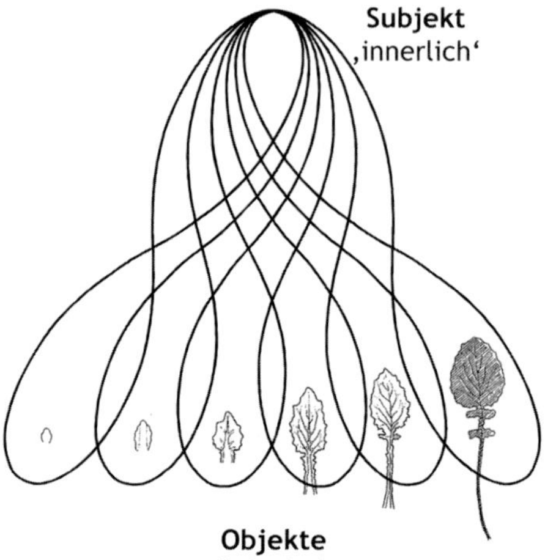

Abb. 10. Wie die Metamorphosetätigkeit einzelne Entwicklungsstadien zu einem Kontinuum verbindet.

Über die genannten Stufen hinaus existieren nun noch zwei weitere, die ebenfalls an der Erkenntnis von Lebensprozessen beteiligt sind, und die unbedingt berücksichtigt werden müssen, wenn man ein vollständiges Bild gewinnen will.

Man versetze sich für einen Moment in die linke Seite der Lemniskate in Abb. 9, aus der die Metamorphosetätigkeit entspringt. Woher weiß man denn, in welcher Richtung und mit welchem Ziel man die Verwandlungsbewegung zu vollziehen hat? Offenbar doch nur, weil man die jeweils nächste Form schon kennt. Wenn man nicht wüsste, was aus der Blattanlage (Abb. 7 links) werden soll, könnte man nichts mit ihr anfangen. *Die Bildungsbewegung wird von einem Wissen geleitet, das den einzelnen Verwandlungsschritten übergeordnet ist und die gesamte Entwicklungsreihe überspannt.* Dieses Wissen ist im gewöhnlichen Bewusstsein noch um eine Stufe tiefer verborgen als die Verwandlungstätigkeit des Metamorphosedenkens. Es wird nicht vorgestellt, sondern impliziert, gleichsam gefühlt; ich ‚weiß' schlichtweg, was ich zu tun habe, ohne darüber nachzudenken. Diese Stufe sei hier als *übergeordnetes Wissen* bezeichnet.

Und schließlich werden die drei Stufen durch eine vierte zu einer Einheit zusammengefasst, nämlich durch *die Sache selbst.* Denn es ist doch immer ein ‚Blatt', das sich hier verwandelt. Es ist das *Wesen* der Sache, das in der Anschauung der Formen, der sie verbindenden Bildebewegung und dem übergeordneten Wissen lebt.

Wie ist das Verhältnis zwischen Subjekt und Objekt auf den Stufen drei und vier? Auf der Stufe des übergeordneten Wissens kann ich nicht mehr davon sprechen, dass dieses Wissen von mir getrennt wäre. Ich habe es, es lebt in mir, ich fühle es, aber ich *bin* es noch nicht. Es ist daher auch noch nicht das Wesen selbst, sondern ein Wissen *von* dem Wesen. Erst auf der vierten Stufe fallen das (tätige!) Subjekt und das (lebendige!) Wesen der Sache vollkommen in eins zusammen. Folgende Figuren veranschaulichen diese Verhältnisse (Abb. 11).

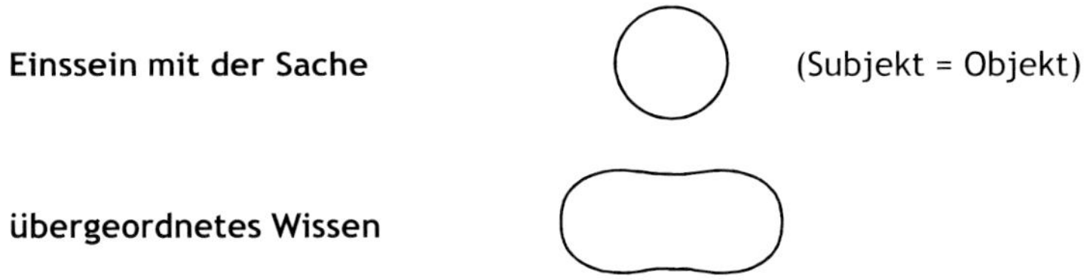

Abb. 11. Das Verhältnis von Subjekt und Objekt auf den beiden höheren Stufen der Erkenntnis.[71]

Fügen wir Abb. 8 und Abb. 11 zusammen, so erhalten wir eine symbolische Repräsentation der vier Stufen, die an der Erkenntnis lebendiger Entwicklungsvorgänge, ja am Erkennen überhaupt beteiligt sind (Abb. 12).

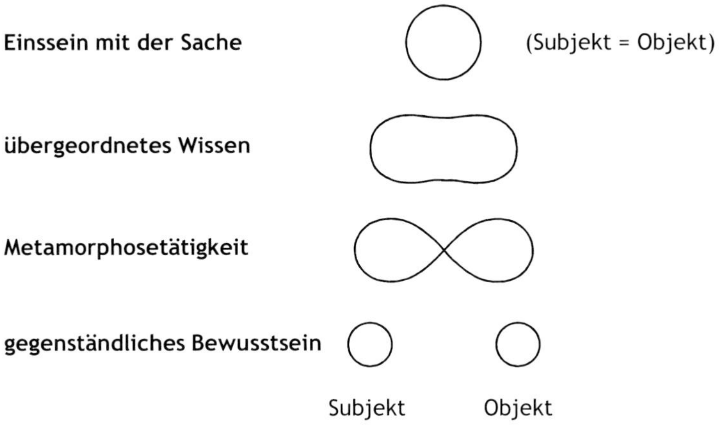

Abb. 12. Die Verhältnisse zwischen Subjekt und Objekt auf den vier Stufen der Erkenntnis.

Nur auf der untersten Stufe steht man den Dingen gegenüber; nur auf dieser Stufe kann wirklich zwischen *Innenwelt* und *Außenwelt* unterschieden werden. Auf der zweiten Stufe der Metamorphosetätigkeit gehen man selbst

[71] Entsprechend Fußnote 70 kann auch diese Zeichnung ebenso gut andersherum aufgefasst werden: Das ‚übergeordnete Wissen' müsste dann als eine Form gezeichnet werden, die das begrenzte Subjekt mit dem Unbegrenzten verbindet, während es im ‚Einssein mit der Sache' ganz im Unbegrenzten aufginge.

(als Tätigkeit) und die Dinge (als Anschauung) wechselnd ineinander über. Jedes Mal, wenn wir die Bewegung zum nächsten festzuhaltenden Gegenstand aktiv vollziehen, verschmelzen wir mit dem Objekt; dann trennen wir uns wieder und schauen den Gegenstand vorstellend an, usw. Auf der dritten Stufe des übergeordneten, impliziten Wissens lebt der Inhalt nicht mehr außerhalb unseres Selbstes. Trotzdem können wir uns noch von dem Gewussten unterscheiden. Erst auf der vierten Stufe sind wir mit dem Objekt eins, denn es geht aus unserer Tätigkeit hervor, es tritt durch uns in Erscheinung.

* * *

Wer diese vier Stufen genauer beobachten möchte, kann das anhand der folgenden kleinen, meditativen Übung tun.

Man zeichne sich ein Dreieck auf ein Blatt Papier. Es hat bestimmte Winkel, seine Seiten haben eine bestimmte Länge. Man befindet sich auf der Ebene des gegenständlichen Bewusstseins. Nun schließe man die Augen und stelle sich das Dreieck zunächst als inneres Bild vor. Dann bringe man diese Vorstellung (möglichst langsam und konzentriert, darauf kommt es an!) in Bewegung, indem man erst einen, dann einen anderen Winkel vergrößert oder verkleinert, indem man erst eine, dann eine andere Seite nach außen wandern lässt und wieder zurück, und schließlich mehrere zugleich, bis man das ganze Dreieck gleichsam verflüssigt (es bleibe aber immer ein Dreieck). Man bewegt sich nun bewusst auf der Stufe der Metamorphosetätigkeit, auf der sich der Wechsel zwischen Hervorbringen und Anschauen gut beobachten lässt. – Hat man das eine Zeitlang intensiv und konzentriert vollzogen, dann gehe man zur nächsten Stufe über, indem man nun *jede* bildliche Vorstellung des Dreiecks aktiv beiseiteschiebt, aber immer noch an ein ‚Dreieck' denkt. Man wird bemerken, dass die Konzentration jetzt schwieriger aufrechtzuerhalten ist. Um den Inhalt festzuhalten, sprechen viele Menschen das Wort ‚Dreieck' nun wiederholt innerlich vor sich hin. – Schließlich gehe man noch den letzten Schritt und lasse auch den Gedanken *an* das ‚Dreieck' weg, man spreche ihn nicht mehr aus, sondern tauche ganz ein in das bild- und wortlose Wesen. –

Dieser Weg lässt sich an einem Dreieck recht einfach vollziehen, aber er ist selbstverständlich nicht auf geometrische Inhalte beschränkt. Der vierstufige Prozess lässt sich auf alles anwenden. Führt man ihn beispielsweise an einem Bergkristall durch, so wäre die erste Stufe die intensive, detailgetreue Beobachtung des Kristalls, seiner Flächen, Kanten und Spitzen, seiner inneren und oberflächlichen Lichtverhältnisse, seiner Kühle, seines Gewichts usw. Auf der zweiten Stufe würde man die äußere Form in der Vorstellung (ohne auf die physische Vorlage zu blicken) so anschaulich wie nur irgend möglich nachschaffen. Im Nachbilden hat man die gestaltende Tätigkeit, die in der Dreiecksübung der Metamorphosetätigkeit entspricht.

Auf der dritten Stufe lässt man die Bilder und Vorstellungen weg und auf der vierten noch das Wort bzw. den Gedanken. Dann wird man eins mit dem Kristall, nicht mit seiner physischen Erscheinung, aber mit seinem geistigen Wesen.

Genau betrachtet bestehen die vier Stufen nicht neben-, sondern ineinander und gehen immerzu ineinander über. Wenn es gelingt, in der langsam und bewusst vollzogenen Metamorphosetätigkeit die unterste Stufe auszublenden, sind darinnen die dritte und vierte noch enthalten. Gelingt es, nur die dritte Stufe bewusst zu erleben, so enthält sie noch die vierte. Die oberste Stufe ist der letzte, tiefste Grund allen Erkennens; es gibt kein Erkennen ohne sie.

Auf der vierten Stufe fällt alles Äußere ab; man fühlt sich außerhalb von Raum und Zeit, eins mit der Sache, überall. So wie der reine Begriff keinen Ort und keine Zeit hat, so hat auch das Ich weder Ort noch Augenblick – und es existiert doch. Es gibt auf dieser Stufe nichts mehr, woran man sich festhalten könnte. Deshalb ist es so schwer, sie bewusst zu erleben. Dringt man zu ihr vor, dann erlebt man die innere Einheit allen Seins. Rudolf Steiner bezeichnete deshalb das menschliche ‚Ich' (hier: das tätige Subjekt) als einen *„Tropfen aus dem Meere des Geistigen, das die ganze Welt durchdringt"*.[72] Auf der vierten Stufe wird das zum Erlebnis.[73]

In der Anthroposophie werden diese vier Stufen bzw. die ihnen zugrunde liegenden Erkenntnisfähigkeiten mit vier technischen Begriffen bezeichnet. Die unterste Stufe nannte Rudolf Steiner die ‚*gegenständliche Erkenntnis*' (oder ‚*Sensation*'), die zweite die ‚*Imagination*', die dritte die ‚*Inspiration*' und die oberste die ‚*Intuition*'. Formal: *„Intuition ist das im rein Geistigen verlaufende bewusste Erleben eines rein geistigen Inhalts."*[74] Inhaltlich: *„Das Leben der Dinge in der Seele ist die Intuition."*[75]

---

[72] Steiner (1910), S. 66. Vgl. auch Fußnote 71.

[73] In schöner Art drückte Friedrich Rückert diesen Gedanken aus:

> *„Wie von der Sonne gehen viele Strahlen erdenwärts,*
> *so geht von Gott ein Strahl in jedes Dinges Herz.*
> *An diesem Strahl hängt das Ding mit Gott zusammen,*
> *und jedes fühlt sich dadurch von Gott entstammen.*
> *Von Ding zu Ding geht seitwärts kein solcher Strahl,*
> *nur viel verworrene Streiflichter allzumal.*
> *An diesen Lichtern kannst du nie das Ding erkennen,*
> *die dunkle Scheidewand wird stets von ihm dich trennen.*
> *An deinem Strahl vielmehr musst du zu Gott aufsteigen*
> *und in das Ding hinab an seinem Strahl dich neigen.*
> *Dann siehst du das Ding, wie's ist, nicht wie es scheint,*
> *wenn du es siehest mit dir selbst in Gott vereint."*
>
> (aus: Weisheit der Brahmanen)

[74] Steiner (1894), S. 146.

[75] Steiner (1905), S. 22. Die vier Stufen liegen einerseits jedem gewöhnlichen Erkennt-

Auf der untersten Stufe der gegenständlichen Erkenntnis ist die in Betracht kommende Seelenfähigkeit das *sinnliche Wahrnehmen*. Die Stufe der Imagination entspricht der *vorstellenden Tätigkeit*, in der innere Bilder aktiv hervorgebracht werden. In der Inspiration tritt das *Fühlen* als verstehendes Weltwissen auf (man könnte die Inspiration auch als ein vorsprachliches Wissen bezeichnen), und in der Intuition wird der geistige Weltinhalt im *Wollen* hervorgebracht und erlebt. Wie auf der untersten Stufe in der Gegenüberstellung zur gegenständlichen Welt *volles Wachbewusstsein* herrscht, so ist die oberste innerhalb des gewöhnlichen Bewusstseins *unbewusst wie in tiefen Schlaf gehüllt*. Demgegenüber wird die Stufe der gefühlten Inspiration wie *träumend* erlebt, während man die vorstellende Imagination als *erwachend* bezeichnen könnte.[76]

Erkenntnisstufe	*Tätigkeit*	*Seelenfähigkeit*	*Bewusstseinsgrad*
Sensation	anschauen	Wahrnehmen	wachbewusst
Imagination	verbildlichen	Vorstellen	erwachend
Inspiration	verstehen	Fühlen	träumend
Intuition	erzeugen	Wollen	schlafend

Tab. 1. Die vier Stufen der Erkenntnis im Verhältnis zu Seelenfähigkeiten und Bewusstseinsgraden.

Wir haben damit vier wichtige Begriffe charakterisiert, vier Stufen der Erkenntnis lebendiger Metamorphosen:

(i) die (immer nur) ausschnitthaft wahrgenommene, gegenständliche Form,
(ii) die die Einzelformen verbindende, tätige Bildebewegung,
(iii) das Wissen um den übergeordneten, inhaltlichen Zusammenhang und
(iv) das in der Tätigkeit des Subjekts lebende, sich verwandelnde und in der Verwandlung doch gleich bleibende Wesen der Sache selbst.

Die Logik des Subjekt-Objekt-Verhältnisses zeigt, dass das Erkennen durch diese vier Stufen vollständig beschrieben ist.[77]

---

nisakt zugrunde (vgl. Witzenmann [1983]), andererseits bedarf es einer systematischen Vertiefung und Intensivierung des Erkennens, um auf den höheren Stufen vollbewusst erleben zu können. Aus dem dargestellten Zusammenhang wird klar, dass sich Übungen, die zur Imagination führen, auf die Denkkraft richten, Übungen zur Erlangung von Inspirationsfähigkeit auf das Fühlen und Übungen zur Intuition auf das Wollen (vgl. Steiner [1905]).

[76] Vgl. z. B. Steiner (1905), S. 15 ff., Steiner (1919 b), S. 91 ff., Steiner (1914), S. 73 ff.

[77] Die vier Stufen können auch in den unteren vier Stufen von Platons *Höhlengleichnis*

3.3 Gestalt als Ausdruck

Die dritte Stufe der Erkenntnis organischer Gestalten, das fühlenden Erleben des übergeordneten Zusammenhangs, hat noch eine Besonderheit. Denn das Erfassen organischer Verwandlungen auf der zweiten Stufe gibt noch keinen Aufschluss über die Art der Gestaltungen selbst. Fragen wie: Warum trägt die Eiche Eicheln und keine Kastanien? Warum haben nur Huftiere Hörner? Warum hat der Mensch fünf Finger und nicht vier oder sieben? können durch die Metamorphose-Erkenntnis allein nicht beantwortet werden. Dazu ist es nötig, die den Einzelheiten übergeordneten *Motive*, nach denen Gestalten gebildet sind, zu erfassen. Man könnte dabei auch von einer *physiognomischen* Gestalterkenntnis sprechen.[78]

An einem Beispiel aus dem Pflanzenreich sei verdeutlicht, was mit ‚Gestaltmotiven' gemeint ist. Ich wähle den Spitz-Ahorn (*Acer platanoides*) und die Eiche (*Quercus robur*). Der Ahorn trägt eine Krone aus weit nach außen gestreckten, leicht aufwärts geschwungenen Ästen. Im Frühjahr blüht er vor dem Austreiben der Blätter auffällig hell gelblich-grün. Er hat lang gestielte, symmetrisch-spitz auslaufende Blätter, die im Herbst in

---

wiedergefunden werden. Dort sagt Sokrates: „*Sieh nämlich Menschen wie in einer unterirdischen, höhlenartigen Wohnung, die einen gegen das Licht geöffneten Zugang längs der ganzen Höhle hat. In dieser seien sie von Kindheit an gefesselt an Hals und Schenkeln, sodass sie auf demselben Fleck bleiben und auch nur nach vorne hin sehen, den Kopf aber herumzudrehen der Fessel wegen nicht vermögend sind. Licht aber haben sie von einem Feuer, welches von oben und von ferne her hinter ihnen brennt. Zwischen dem Feuer und den Gefangenen geht obenher ein Weg, längs diesem sieh eine Mauer aufgeführt ... – Sieh nun längs dieser Mauer Menschen allerlei Geräte tragen, die über die Mauer herüberragen, und Bildsäulen und andere steinerne und hölzerne Bilder und von allerlei Arbeit; einige, wie natürlich, reden dabei, andere schweigen. ... Meinst du wohl, dass dergleichen Menschen von sich selbst und voneinander je etwas anderes gesehen haben als die Schatten [der vorübergetragenen Gegenstände], welche das Feuer auf die ihnen gegenüberstehende Wand der Höhle wirft?*“ Platon, Politeia (Übersetzung von Ernst Schleiermacher).

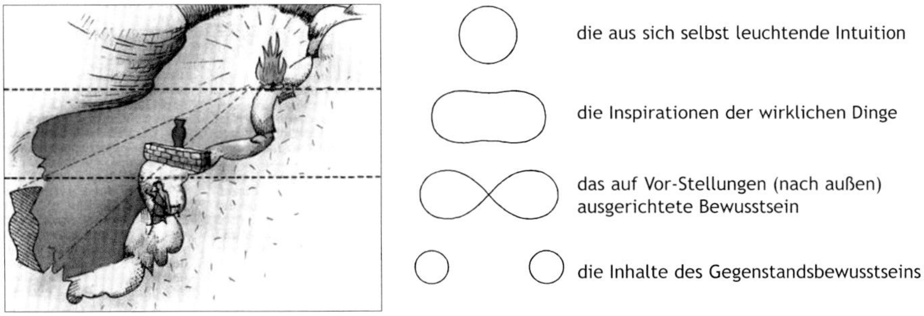

[78] Vgl. Kranich (1996).

strahlendem Gelb aufleuchten. Seine Propellerfrüchte hängen in lockeren Trauben unter den Blättern und schwirren zur Reifezeit im späten Frühjahr mit einer gewissen Leichtigkeit in die Umgebung. Sein Holz ist hell, nicht zu schwer, hart und doch elastisch. Er wächst fast an jedem Standort schnell und leicht an und hält sich schon als Sprössling zäh im Erdboden fest. In all diesen Merkmalen, so unterschiedlich sie auch sind, ist ein durchgängiger Bildungsgestus zu erkennen. Man könnte ihn als kraftvoll, großzügig und doch leicht und frei, wie in die Umgebung ausstrahlend beschreiben. – Die Eiche dagegen ist knorrig verwachsen, trägt kurzstielige, unregelmäßig gelappte, im Herbst dunkle Blätter. Die Blüte ist unauffällig. Ihre spät reifenden Früchte sitzen dicht zusammengedrängt an den Ästen; dumpf schlagen sie zu Boden. Eichenholz ist bräunlich und hart, aber wenig elastisch; im Vergleich zu anderen Hölzern hat es eine hohe Dichte. Eichenrinde enthält zusammenziehende (!) Gerbstoffe mit antientzündlicher Wirkung. Der Bildungsgestus der Eiche, von der ganzen Gestalt bis zu einzelnen Substanzen, wirkt trotzig, eigenwillig zusammengezogen, wie in sich geballt oder zurückgestaut. – Diese Gestaltmotive sind ebenso eindeutig zu beschreiben wie die wissenschaftliche Tatsache, dass beide Bäume zu den Samenpflanzen gehören, doch erschließen sie sich nur einem künstlerischen Sinn.

Die Gestaltmotive erscheinen als ein Gesamteindruck, als Erlebnis und Anmutung. Sie sind Ausdruck des Wesens einer Art und können dem Ausdruck eines menschlichen Ich durch seine körperlichen und charakterlichen Eigenschaften verglichen werden. Das eigentliche Gestalt*erlebnis* kann nur schwer in Worte gefasst werden. Es wird gefühlt oder durch ein dem Fühlen verwandtes, träumerisches Erleben erfasst. (Auch Traumbilder drücken ja Gefühle aus, sie sind die ‚Außenseite' einer innerlich gefühlten Bedeutungswelt.)

Wie kann man sich dann der Gestaltmotive bewusst werden? Während

Abb. 13. Unterschiedlicher Gestaltausdruck von Ahorn und Eiche.

man die Formverwandlungen durch ‚plastizierende' Tätigkeit, durch erhöhte Aktivität erfasst, kann man die Motive erleben, indem man die eigene Tätigkeit zurückhält und gleichsam auf die Sprache der Natur *lauscht*. Wie drückt sich ein Eichbaum aus, wie ein Ahorn, wie spricht eine knospende, eine blühende, eine verwelkende Pflanze, wie eine Kaulquappe im Tümpel, ein Frosch im Schilf, ein Hirsch in der Abenddämmerung, ein Igel im Laub, eine vorbeihuschende Maus, etc.? Mit jedem Blick in die Natur sind feine innere Erlebnisse verbunden. Zum Erlauschen der Formensprache trete ich vom Formerlebnis einen Schritt zurück, stelle mich ihm beobachtend gegenüber, und lasse *durch* mein Fühlen die Welt zu mir sprechen.[79]

* * *

Wir können uns nun einen Überblick über das Ganze eines Lebewesens verschaffen. Wir haben zunächst (als gegenwärtigen Ausschnitt aus einer kontinuierlichen Entwicklungslinie) eine ganz bestimmte, gegenständliche Form; dann Wachstum und Metamorphose; dann die übergeordneten Motive, nach denen die Arten gestaltet sind; und schließlich eine autonom wirkende Lebenskraft, die die Organismen hervorbringt und am Leben erhält:

(i) *Gegenständliche Formen;*
(ii) ihre *Verwandlungen*, *Wachstum* und *Metamorphose*;
(iii) übergeordnete, die Einzelheiten durchdringenden *Motive der Gestaltung;*
(iv) eine autonom wirkende *Bildungskraft*.[80]

Mit der Bildungskraft identifizieren wir uns, indem wir sie in unserem Willen und durch ihn erleben. Wir wissen nichts davon, weil wir das Wollen (zunächst) nicht an seinem Ursprung beobachten können, sondern immer nur an dem, was es hervorbringt (vgl. oben). Dieser objektiv schöpferische Wille ist *Geist*.

Die Gestaltmotive sind Ausdruck einer *seelischen* Weltschicht. Pflanzen, Tiere, Landschaften, überhaupt alle sinnlichen Wahrnehmungen können fühlend erfasst und als seelenhafter Ausdruck eines in ihnen lebenden Geistigen verstanden werden. Fühlend leben wir mit den Lebewesen in einem gemeinsamen Weltinnenraum. Dabei haben wir es nicht mit vager Gefühls-

---

[79] Das bewusste Erleben der Weltbedeutungen des Fühlens ist Inspiration.

[80] Zum vollständigen Erfassen eines Lebewesens gehören auch noch seine Wechselwirkungen mit der Umwelt, in der es lebt (Ökologie), die Variationen seiner Art (Mikroevolution) sowie seine Stellung in der Reihe der Organismen (Makroevolution), also insgesamt nicht vier, sondern sieben Aspekte (vgl. Anhang, S. 215 ff.).

duselei, sondern mit konkreten, inhaltlich in mannigfaltiger Weise differenzierten Erlebnissen zu tun.

Die Ebene der *lebendigen* Gestaltverwandlung wird in der vorstellungsbildenden Bewusstseinstätigkeit erlebt, und auf der untersten Ebene wird die Gestalt als *physische* Erscheinung sinnlich angeschaut (Abb. 14).

Organismus	**Seelenfähigkeit**	**Tätigkeit**	**Verhältnis Subjekt - Objekt**
autonome Bildungskraft	Wollen	Erzeugen	
Gestaltmotive	Fühlen	Erleben und Verstehen	
Metamorphose	Vorstellen	Verbildlichen	
physische Gestalt	Wahrnehmen	Betrachten	

Abb. 14. Vier Ebenen des Organischen und ihre Auffassung durch vier Seelenfähigkeiten des Menschen sowie die Verhältnisse von Subjekt und Objekt auf den vier Stufen.

So gesehen ist die physische Gestalt kein Ausgangs-, sondern ein Endprodukt. Nicht im Materiellen liegen die Ursachen des Lebens und seiner Gestalten, sondern in einem seelisch-geistigen Weltbereich, an dem der Mensch mit seinem Erkennen lebendigen Anteil nimmt.

3.4 Darwinismus, Goetheanismus und Anthroposophie

Darwin suchte eine natürliche Erklärung der Evolution. In seiner Theorie kommen dem Lebendigen keine eigenen Gestaltungsprinzipien zu – alle Höherentwicklung geht bei ihm auf äußere Lebensbedingungen zurück. Das Lebendige selbst erscheint in Darwins Sicht bloß wie eine Art reproduktionsfähiger Wackelpudding, eine ungeformte, aber formbare Substanz, die in beliebiger Richtung zufällig ‚auswackelt' und dann durch die äußeren Umstände in zweckmäßig angepassten Formen festgehalten wird. Diese Auffassung entspricht ganz der Stufe des gegenständlichen Erkennens. Darwins Evolutionstheorie ergab sich aus einem reinen Zuschauerstandpunkt.

Goethe blickte tiefer, und zwar paradoxerweise dadurch, dass er bei den Phänomenen stehen blieb. Er erdachte keine ,Theorie' der lebendigen Entwicklung: *„Man suche nur nichts hinter den Phänomenen, sie selbst sind die Lehre!"* Der ,theoretische' Anteil seines Erkennens bestand in seinem inneren Einleben in die Erscheinungen, er schlüpfte tätig und zugleich anschauend in sie hinein und durchdrang die organischen Formen mit einem inneren Willens- und Werdeprozess, insbesondere indem er die nicht sinnlich beobachtbaren Übergänge zwischen den beobachtbaren, gesonderten Formen für sich aktiv gestaltete. Dabei erlebte er die Kraft lebendiger Verwandlung und konnte deshalb mit Recht von einem ,*Gesetz der innern Natur, wodurch die Pflanzen konstituiert werden*' sprechen (das allerdings, so sein bekanntes Diktum, zusammenwirkt mit einem ,*Gesetz der äußern Umstände, wodurch sie modifiziert werden*'). Goethe lebte eine partizipierende Naturanschauung, sein Anschauen mäanderte um die Grenzlinie zwischen Gegenständlichkeit und Tätigkeit: *„Die Gestalt ist ein Bewegliches, ein Werdendes, ein Vergehendes. Gestaltenlehre ist Verwandlungslehre."*[81] Goethes Anschauung entspricht der zweiten Stufe der Erkenntnis.

Rudolf Steiner schrieb über Goethes Metamorphosenlehre: *„Die Größe dieses Gedankens ... geht einem nur dann auf, wenn man versucht, sich denselben im Geiste lebendig zu machen, wenn man es unternimmt, ihn nachzudenken. Man wird dann gewahr, dass er die in die* Idee *übersetzte Natur der Pflanze selbst ist, die in unserem Geiste ebenso lebendig ist wie im Objekte; man bemerkt auch, dass man sich einen Organismus bis in die kleinsten Teile hinein belebt, nicht als toten, abgeschlossenen Gegenstand, sondern als sich Entwickelndes, Werdendes, als die stetige Unruhe in sich selbst vorstellt."*[82] Durch die eigene Tätigkeit – die nichts Beliebiges an sich hat, weil sie durch die organischen Phänomene geführt wird – wird ein neues, geistiges Erfahrungsfeld erschlossen.

Rudolf Steiner vollzog Goethes Erkenntnisbewegung und beschrieb dann, was er dabei beobachtete: *Man wird dann gewahr ...* Das ist überhaupt die Erkenntnismethode der Anthroposophie: Sich in goethescher Weise liebevoll in die Dinge hineinzuversetzen, sie in sich leben zu lassen, und dann zu gewahren, was man dabei erlebt. *„In der Wahrheit leben ist nichts anderes, als bei der Betrachtung jedes einzelnen Dinges hinzusehen, welches innere Erlebnis sich einstellt, wenn man diesem Dinge gegenübersteht."*[83] Rudolf Steiner vertiefte Darwins und Goethes Erkenntnisweise durch die Selbstanschauung des Denkens: *„Ich beobachte selbst, was ich selbst vollbringe."*[84] Damit machte er alle an der Metamorphoseerkenntnis beteiligten Stufen vollständig bewusst. Er erlebte den die Metamorphose-

[81] Goethe (1817a).
[82] Steiner (1883–1897), S. 9.
[83] Steiner (1897), S. 67.
[84] Steiner (1894), S. 50.

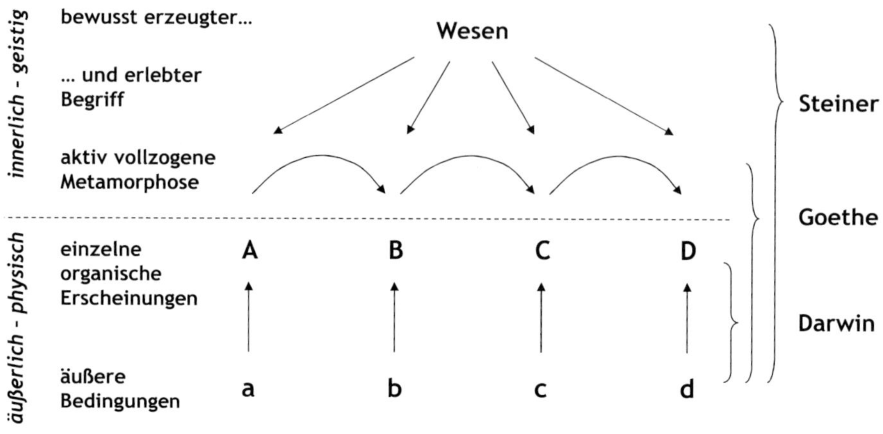

Abb. 15. Der erkenntniswissenschaftliche Zusammenhang zwischen Darwinismus, Goetheanismus und Anthroposophie.

bewegung durchstrahlenden und leitenden gemeinsamen Begriff durch willenshafte Intuition als geistig lebendiges *Wesen* (Abb. 15).

Solange man (wie Darwin) Evolution nur als Verwandtschaftsbeziehung gegenständlicher Formen denkt, bleibt sie äußerlich. Vollzieht man (mit Goethe) die Umbildungs- und Werdeprozesse aktiv mit, dann ‚verflüssigt' man die Gegenständlichkeit der Formen und lebt sich in den Strom lebendigen Werdens ein. Erwacht man dann noch (durch Rudolf Steiner) zum vollbewussten Erleben dessen, was man in diesem Einleben tut, so erfährt man unmittelbar in sich das Seelische und Geistige, das in den Lebewesen wirkt.

Die Anthroposophie versteht sich als eine Erweiterung der Naturwissenschaft, nicht als Alternative oder Gegenposition zu ihr. Rudolf Steiner hat immer wieder betont, dass die Ergebnisse (nicht die Theorien) der Naturwissenschaft sich mit den Ergebnissen der Geistesforschung nahtlos vereinigen ließen, dass die Ersteren aber erst im Lichte der Geisteswissenschaft wirklich verständlich würden. Er gebrauchte dafür das Bild einer bedruckten Buchseite: Während die Naturwissenschaft sich mit der Erforschung der Buchstabenformen beschäftige, entspräche die Anthroposophie dem *Lesen* des Gedruckten, also dem Erfassen der hinter – besser *zwischen* – den sinnlich wahrnehmbaren Erscheinungen stehenden Zusammenhänge.

Im Folgenden wird zu zeigen sein, dass die anthroposophische Erkenntniswissenschaft für einen erweiterten, dem Lebendigen angemessenen Wissenschaftsbegriff wegweisend ist. Sie zu studieren bedeutet, sich auf die methodische Schulung eines gleichsam verlangsamten Denkens einzulassen, das sich über seine Inhalte nicht in abstraktem Fluge erhebt, sondern sich bei jedem Schritt nach der anschaulichen Grundlage fragt, auf der er vollzogen werden kann; das nicht mit Begriffen allein hantiert, sondern Wirkliches denkt und denkend beobachtet. Kommt man bis zum *Erleben* des Gedankeninhaltes, dann fühlt man, wie die Hülle des bloß Gedachten abfällt wie eine alte Schlacke, während in dem Erlebnis die lebendige Anschauung einer Wirklichkeit sich ereignet. Man denkt dann nicht nur, sondern ‚sieht', was man denkt. Auf diese Art wird ein neues, inneres Erfahrungsgebiet gefunden, das sich aber als ebenso wirklich und wissenschaftswürdig erweist wie das altbekannte äußere. In seinen grundlegenden erkenntniswissenschaftlichen Schriften[85] hat Rudolf Steiner dieses Erlebnisgebiet umrissen und begründet.

* * *

Es sei hier ein Wort über die Wissenschaftlichkeit der Anthroposophie eingefügt, ein heute viel diskutiertes Thema. Anthroposophie ist wissenschaftlich, insofern sie ein erfahrungszugewandtes und zugleich streng kontrolliertes Denken verfolgt. „*Wer als ‚Wissenschaft' nur gelten lässt, was durch die Sinne und den ihnen dienenden Verstand offenbar wird, für den kann selbstverständlich das hier als ... [Anthroposophie] Gemeinte keine Wissenschaft sein. ... Aber man kann über diese willkürliche Selbstbeschränkung hinauskommen und, abgesehen von dem besonderen Falle der Anwendung, den Charakter der wissenschaftlichen Betätigung ins Auge fassen. Dies liegt zugrunde, wenn hier für die Erkenntnis nichtsinnlicher Weltinhalte als von einer ‚wissenschaftlichen' gesprochen wird. [Anthroposophie] ... will über Nichtsinnliches in derselben Art sprechen, wie die Naturwissenschaft über Sinnliches spricht. ... Sie hält von dem naturwissenschaftlichen Verfahren die seelische Verfassung innerhalb dieses Verfahrens fest, also gerade das, durch welches Naturerkenntnis Wissenschaft erst wird. Sie darf sich deshalb als Wissenschaft bezeichnen.*"[86] Allerdings haben die nichtsinnlichen Beobachtungsinhalte für den klassisch orientierten Naturwissenschaftler die doppelt unangenehme Eigenschaft, dass sie erstens nur im Bewusstsein auf- und zweitens nur *durch eigene Tätigkeit* in dieses eintreten. Aber unter diesen Bedingungen sind sie dann auch tatsächlich zu finden. Was so beobachtet werden kann, ist ebenso vom individuellen Standpunkt und der Einstellung des Betrachters abhängig wie alle Beobachtung der sinnlichen Welt; was über es gesetzmäßig erkannt wird, ebenso universell wie alle Naturgesetzlichkeit. Dennoch gibt es hier einen bedeutsamen Unterschied. Denn die geistigen Tatsachen werden nicht außer-, sondern innerhalb des (sich

---

[85] Einleitungen zu Goethes naturwissenschaftlichen Schriften (1883–1897), Grundlinien einer Erkenntnistheorie der goetheschen Weltanschauung (1886), Wahrheit und Wissenschaft (1892), Die Philosophie der Freiheit (1894), Goethes Weltanschauung (1897), Die Stufen der höheren Erkenntnis (1905), Vom Menschenrätsel (1916), Von Seelenrätseln (1917).

[86] Steiner (1910), S. 34 ff.

selbst anschauenden) Denkens gefunden und setzen daher ein Vertrauen in die Kraft des Denkens voraus. Wer niemals das Gefühl kennengelernt hat, durch das Denken Wirklichkeit berühren zu können, wird nur schwerlich innerhalb des ‚bloßen' Denkens etwas ihm als wirklich Erscheinendes finden können. Um diese Kraft des Denkens zu entwickeln, ist die naturwissenschaftliche Betätigung eine sehr gute Schulung. – Schließlich lassen sich übersinnliche Tatsachen und Forschungsergebnisse nicht nach üblichem Verfahren *beweisen.* Doch liegt *„im geisteswissenschaftlichen Denken … die Betätigung, welche die Seele beim naturwissenschaftlichen Denken auf den Beweis wendet, schon in dem Suchen nach den Tatsachen. Man kann diese nicht finden, wenn nicht der Weg zu ihnen schon ein beweisender ist. Wer diesen Weg wirklich durchschreitet, hat auch schon das Beweisende erlebt; es kann nichts durch einen von außen hinzugefügten Beweis geleistet werden. Dass man dieses im Charakter der [Anthroposophie] verkennt, ruft viele Missverständnisse hervor.*"[87, 88] – Es handelt sich also um eine Form von Wissenschaftlichkeit, die nur dann als solche erfahren, anerkannt und praktiziert werden kann, wenn der ‚*Blitz des Willens*' in das Denken einschlägt. *„Denn beim reinen Denken geht das Denken unmittelbar in den Willen über. Beobachten und denken können Sie, ohne Ihren Willen sehr anzustrengen. Experimentieren und denken geht nicht in den Willen über; aber reines Denken, also elementare, ursprüngliche Aktivität entfalten, dazu gehört Energie. Da muss der Blitz des Willens unmittelbar in das Denken selber einschlagen.*"[89] Im Denken ist der Denkende vollständig wach, die Inhalte sind transparent. Schlägt zusätzlich die Willenstätigkeit in das Denken ein, dann wird der im wissenschaftlichen Verfahren unbewusst wirkende Wille bewusst; die Beteiligung des Subjekts am Zustandekommen der Naturerkenntnis wird eingesehen und der Zusammenhang des Erkennens mit dem Erkannten erlebt. Das *„Erwachen des Willens aus dem Geistigen heraus*"[90] führt über die Kluft zwischen Subjekt und Objekt hinüber. – Die Anerkennung der Anthroposophie als Wissenschaft beruht daher auf freier, individueller Tat, und ist doch keine willkürliche Setzung. – Grundsätzlich wird die Frage nach der Wissenschaftlichkeit der Anthroposophie also nur dann positiv zu beantworten sein, wenn das empirische Feld gefunden und betreten werden kann, auf dem sie ihre Beobachtungen macht: Das von vollbewusster Willenstätigkeit durchsetzte und in Selbstanschauung erwachte Denken und Erkennen.

---

[87] Steiner (1910), S. 40 f.
[88] Für eine systematische Zusammenstellung vielfältiger Äußerungen Rudolf Steiners zur Wissenschaftlichkeit der Anthroposophie siehe Majorek (2011).
[89] Steiner (1922), S. 78.
[90] Steiner (1922), S. 150.

Alle Erkenntnis fließt aus zwei Quellen, aus der *Beobachtung* und dem *Denken*. Was nicht entweder beobachtet oder gedacht werden kann, kann nicht Gegenstand des Erkennens sein. Will man weitere Aspekte des Erkennens berücksichtigen (wie Erinnerung, Erwartung, Interesse, Sozialisation, gehirnphysiologische Grundlagen, etc.), so setzt man Beobachtung und Denken bereits voraus, denn auch das Erkennen selbst kann nur durch Beobachtung und Denken erkannt werden. Hinter diese beiden Quellen kann man nicht zurück.[91]

Die Beobachtung liefert Einzelheiten, deren Zusammenhänge und Erklärungen aber nicht in dem Beobachteten mit enthalten sind. Für das bloße Beobachten bleiben die Zusammenhänge dunkel. Nur das Denken kann die Zusammenhänge erhellen, denn während die Beobachtungen vereinzelt nebeneinander stehen, sind die Gedanken transparent und hängen *durch sich selbst* miteinander zusammen. Der Begriff ‚Ursache' führt zum Begriff der ‚Wirkung', das ‚Subjekt' fordert das ‚Objekt', der ‚Teil' das ‚Ganze', er ist ‚kleiner', jener ‚größer', usw. Letztlich hängen alle Begriffe untereinander wie in einem in sich differenzierten Meer von Sinn zusammen.

Das Denken hat die Aufgabe, die Inhalte der Beobachtung verständlich zu machen. Aber es erklärt die Wahrnehmungen nicht nur, sondern es hat bereits am *Zustandekommen* der wahrgenommenen Wirklichkeit einen konstitutiven Anteil – der allerdings leicht übersehen wird. Man meint, Gestalten und Zusammenhänge mit Augen zu sehen, die tatsächlich erst durch das Denken zu den Sinnesempfindungen hinzugefügt werden. Kann man die Sonne untergehen, eine Pflanze wachsen *sehen*? Nein, denn man verbindet nur einzelne, aufeinander folgende Sinneseindrücke durch den Gedanken einer kontinuierlichen Bewegung. Für die reine Sinnesbeobachtung gibt es nur das Hier und Jetzt, das im nächsten Moment immer schon wieder neu und anders ist. Die Kontinuität allen Erlebens wird nicht durch Beobachtung hergestellt, sondern durch Denken, das das fluktuierende Tableau der Sinneseindrücke zu einem konsistenten Ganzen verwebt.

Dieser Zusammenhang bildet die Grundlage, auf der die Lösung des Lebens- und Evolutionsrätsels möglich sein wird. Richard Owen, William Paley und Charles Darwin suchten die Wirklichkeit außerhalb des Erkennens. Sie meinten, die Wirklichkeit sei ganz unabhängig vom Betrachter vorhanden. Wäre er nicht da, so wäre die Welt genauso vorhanden, wie sie ihm erscheint. Hätte die Evolution keine Menschen hervorgebracht, so würden die anderen Organismen trotzdem existieren.

Wahrnehmungen treten aber nur *auf dem Schauplatz des Bewusstseins* auf. Und rein für sich genommen geben sie nicht das Erleben einer vol-

---

[91] Steiner (1894).

len Wirklichkeit! Erst durch das Denken wird zu den Wahrnehmungen der ihnen fehlende Anteil, der in ihren Zusammenhängen (Begriffen und Ideen) besteht, hinzugefügt. Erkennen heißt, die zwei auf dem Schauplatz des Bewusstseins getrennt auftretenden Elemente der Weltwirklichkeit, die Wahrnehmungen und die Ideen, miteinander in Einklang zu bringen. Die Ideen sind, ebenso wie die Wahrnehmungen, Weltinhalte. *„Wir produzieren einen Gedankeninhalt durchaus nicht so, dass wir in dieser Produktion bestimmten, welche Verbindungen unsere Gedanken einzugehen haben. Wir geben nur die Gelegenheitsursache her, dass sich der Gedankeninhalt seiner eigenen Natur gemäß entfalten kann. ... Unser Geist vollzieht die Zusammensetzung der Gedankenmassen nur nach Maßgabe ihres Inhaltes.“*[92] Und *„unser Denken ist universell. ... Der eine einheitliche Begriff des Dreiecks wird nicht dadurch zu einer Vielheit, dass er von vielen gedacht wird. Denn das Denken der Vielen selbst ist eine Einheit.“*[93] Der Form nach ist das Auftreten von Wahrnehmungen und Begriffen von meinem Bewusstsein und meiner Tätigkeit abhängig, dem Inhalt nach aber sind sie ‚objektiv‘, gehören nicht zu mir, sondern zur Welt. *„Die Wahrnehmung ist ... nichts Fertiges, Abgeschlossenes, sondern die eine Seite der totalen Wirklichkeit. Die andere Seite ist der Begriff. Der Erkenntnisakt ist die Synthese von Wahrnehmung und Begriff. Wahrnehmung und Begriff eines Dinges machen aber erst das ganze Ding aus.“*[94] Die Wirklichkeit, wie wir sie erleben, wird im Erkennen nicht abgebildet, sondern erst geschaffen (Abb. 16).

Nach dieser Auffassung ist Wirklichkeit also weder das, was ich, unter Ausschluss meines Subjekts, ‚draußen‘ in der Welt wahrnehme (naiver Realismus), noch eine bloß subjektive Konstruktion, die ich ganz aus mir herausspinnen würde (Konstruktivismus)! Wirklichkeit entsteht vielmehr immer wieder neu als lebendig atmende und erlebte Begegnung zwischen den (objektiv gegebenen) Inhalten der Wahrnehmung und des Denkens auf dem Schauplatz des individuellen Bewusstseins. Der Mensch ist weder bloßer Zuschauer noch reiner Schöpfer der Welt, sondern ihr Schauplatz und Mittler.

„Ich weiß nicht“, so erläuterte Rudolf Steiner einmal das Anliegen seiner Erkenntniswissenschaft, *„ob Sie sich erinnern, dass in meinen allerersten Schriften immer ein Gedanke wiederkehrt, durch den ich die Erkenntnis auf eine andere Basis stellen wollte, als sie heute steht. In der [Auffassung der] äußeren Philosophie ... ist der Mensch eigentlich ein bloßer Zuschauer der Welt. ... Wenn der Mensch nicht da wäre, so meint man, wenn er nicht in der Seele wieder erlebte, was in der Welt draußen vor sich geht, so wäre*

---

[92] Steiner (1886), S. 49.
[93] Steiner (1894), S. 91.
[94] Steiner (1894), S. 92.

Abb. 16. Die erlebte Wirklichkeit entsteht auf dem Schauplatz des Bewusstseins durch die Vereinigung von Wahrnehmungen und Begriffen.

doch alles so, wie es ist. … Der heutige Philosoph fühlt sich sehr wohl als Zuschauer der Welt, das heißt, in dem bloß ertötenden Element des Erkennens. Aus diesem ertötenden Element wollte ich die Erkenntnis herausführen. Daher habe ich immer wiederholt: Der Mensch ist nicht bloß ein Zuschauer der Welt, sondern er ist Schauplatz der Welt, auf dem sich die großen kosmischen Ereignisse immer wieder und wieder abspielen. Ich habe immer wieder gesagt: Der Mensch ist mit seinem Seelenleben der Schauplatz, auf dem sich Weltgeschehen abspielt.“[95]

Dieser Gedanke ist für uns entscheidend: *Das Seelenleben des Menschen ist Schauplatz des Weltgeschehens.* Unser Innenleben steht der Welt nicht als ein fremder, unbeteiligter Zuschauer gegenüber, sondern es gehört zu ihr dazu! In meinem Bewusstsein lebt Weltgeschehen; ich lebe in meinem Bewusstsein innerhalb des Weltgeschehens, nicht außerhalb.[96]

---

[95] Steiner (1919a), S. 59.

[96] Diese Einsicht ist grundlegend für die Überwindung der materialistischen Weltsicht und ein erlebendes Verständnis der Anthroposophie. Die Anthroposophie sucht immer Wirklichkeit, keine Gedankenspekulation. Auch das materialistische Weltgefühl, das nur die äußere Welt für wirklich hält, ist kein Gedankensystem, sondern Erleben, aber ein Erleben, das den Menschen von der Welt trennt. Die Anthroposophie sucht ein

Wenn ich das Wachstum einer Pflanze beobachte, dann sehe ich heute einen Keimling, morgen einen Sprössling, bald darauf eine beblätterte Pflanze, wiederum etwas später erscheint eine Knospe, eine Blüte, etc. Das sind alles Wahrnehmungen, die im Sinne der obigen Ausführungen zusammenhanglos nacheinander auftreten, die jeweils für sich genommen unfertig sind und daher keine volle Wirklichkeit darstellen. Wirklich werden sie erst, wenn ich sie durch den Begriff ‚Entwicklung' zu einem kontinuierlichen Zusammenhang verbinde. Erst in der Zusammenfügung von Wahrnehmungen und Begriff *erlebe* ich die Wirklichkeit des sich entwickelnden Organismus.

Nun geht jeder Mensch selbstverständlich davon aus, dass die Pflanze wächst, ob er sie erkennt oder nicht, und es wäre töricht, anderes zu behaupten. Aber *welche Kraft* ist es, die sie wachsen lässt? Muss ich diese Kraft in der wahrgenommenen Seite der Welt (also in gegenständlicher oder gar in materieller Form) suchen? Kann ich sie dort überhaupt finden? Oder gibt es einen anderen Weg, sie zu erkennen? – Es muss immer klarer werden: Die Kraft, die die einzelnen Entwicklungsstadien verbindet, ist *in* dem in meinem Bewusstsein lebendigen Begriff, der ihre Wahrnehmungen verbindet, anwesend. Die einzelnen Stadien sind ja nichts anderes als Wahrnehmungen auf dem Schauplatz meines Bewusstseins, und die Entwicklungskraft ist der lebendige Begriff, der ihren Zusammenhang ergibt. Es gibt keinen Unterschied zwischen den Entwicklungskräften der Pflanze und dem die einzelnen Entwicklungsstadien lebendig zusammenwebenden Begriff, denn er ist es, der sie tatsächlich verbindet. *„Man wird dann gewahr, dass er die in die* Idee *übersetzte Natur der Pflanze selbst ist, die in unserem Geiste ebenso lebendig ist wie im Objekte."*[97] Doch ist damit nicht das schattenhaft abstrakte Etwas gemeint, das man oft mit dem Wort ‚Begriff' bezeich-

---

Erleben, das ihn wieder mit ihr verbinden kann. – Bei diesen Ausführungen handelt es sich zunächst um erkenntniswissenschaftliche Überlegungen (die hier obendrein nur skizziert werden können). Rudolf Steiner hat vielfach darauf hingewiesen, dass solche Gedanken durch *Meditation*, das heißt durch bewusste, wiederholte ‚Versenkung' in sie erlebnishaft vertieft werden können. So nannte er als möglichen Meditationsinhalt: *‚Ich empfinde mich denkend eins mit dem Strom des Weltgeschehens'*, und erläuterte: *„Es kommt dabei viel weniger auf den abstrakten Erkenntniswert dieses Gedankens an, als vielmehr darauf, in der Seele oft die stärkende Wirkung empfunden zu haben, die man erlebt, wenn ein solcher Gedanke kraftvoll durch das Innenleben strömt, wenn er sich wie eine geistige Lebensluft im Seelenleben ausbreitet. Es handelt sich nicht allein um das Erkennen dessen, was in einem solchen Gedanken liegt, sondern um das* Erleben. … *Erst arbeitet man sich zu einem Gedanken durch, den man einsehen kann mit den Mitteln, welche das gewöhnliche Leben und Erkennen an die Hand geben. Dann versenkt man sich wiederholt in diesen Gedanken, macht sich ganz eins mit ihm. Die Stärkung der Seele kommt durch das Leben mit einem solchen erkannten Gedanken."* Steiner (1913), S. 12 f.

[97] Steiner (1883–1897), S. 9.

net, sondern das lebendig erlebte Wesen der Entwicklung. Im Sinne Rudolf Steiners lebt in dem so aufgefassten Begriff die geistige Seite der Wirklichkeit, wie in der Wahrnehmung ihre sinnliche. Die Entwicklungskräfte des Lebendigen sind nicht sinnlich-materieller, sondern geistiger Natur. „*Das sinnliche Auge sieht die kleine Lilie von heute und die größer gewordene nach einiger Zeit. Die Bildungskraft, welche die letztere aus der ersten herausarbeitet, sieht dieses Auge nicht. Diese bildende Kraftwesenheit ist der sinnlich-unsichtbar webende Teil in der Pflanzenwelt.*“[98]

[98] Steiner (1904), S. 150.

4 ‚Die Zeit ist mein Besitz' – das ZEITKREUZ als Entwicklungsidee

Mein Erbteil wie herrlich, weit und breit!
Die Zeit ist mein Besitz, mein Acker ist die Zeit![99]
(Goethe)

4.1 Entwicklung und Erkenntnis

Was haben wir bisher gewonnen? Zum einen einige negative Bestimmungen organischer Entwicklung: Man kann sie nicht mit Augen sehen, sondern nur in innerer Aktivität als Zeitprozess erleben. Das sinnlich-gegenständliche Erkennen erfasst nur abgegrenzte Einzelheiten, keinen organischen Zusammenhang. Deshalb kann man auch keine materiellen Komponenten finden, die das Leben erklären. Die Erkenntnisgrenzen gegenüber dem Lebendigen, von denen im zweiten Kapitel die Rede war, entstehen dadurch, dass der nur innerlich erfassbare Zusammenhang der organischen Erscheinungen unbemerkt in diese hineinverlegt wird, und dann, da er diesem Bereich nicht entstammt, auch in ihm nicht wieder gefunden werden kann.

Positiv haben wir: Jeder Organismus hat vergangene Entwicklungsstadien durchlaufen, aus denen er durch Bildung und -umbildung entstanden ist, und er trägt seine weitere Zukunft, sein ‚Entwicklungsziel' teleonomisch wie eine Art Plan in sich. Aus einer einfachen Ausgangsform (Same, Ei, Anlage etc.) differenziert er sich in eine komplexe ausgewachsene Gestalt und drückt damit seine arttypischen Gestaltungsmotive immer deutlicher aus. Seine physische Gestalt stellt immer einen gegenwärtigen Ausschnitt aus seiner Entwicklung dar und erscheint eingebettet in eine bestimmte Umgebung. Schließlich ist er in allen seinen Entwicklungsstadien von einer artspezifischen, autonom wirkenden Bildungskraft (dem ‚Lebenstrieb', wie wir ihn nannten) durchdrungen. Abb. 17a fasst diese Gesichtspunkte zusammen.

Wir haben außerdem gesehen, dass diese vier Aspekte auf unterschiedliche Art und Weise vom erkennenden Beobachter erfasst werden (vgl. Abb. 14, S. 58). Die autonome, produktive Bildungskraft der Organismen erfasst man, indem man sich als autonomes Willenswesen intuitiv mit ihr identifiziert. Den ‚Plan' der organischen Entwicklung, der die zukünftige Entwicklung mit umfasst, sowie die Gestaltungsmotive der Organismen erlebt man in einem den einzelnen Erscheinungen übergeordneten, vorbewussten, gleichsam nur gefühlten Wissen. Die Metamorphosen des Organischen erfasst man, indem man sie in vorstellender Metamorphosetätigkeit

[99] Goethe (1814), S. 52.

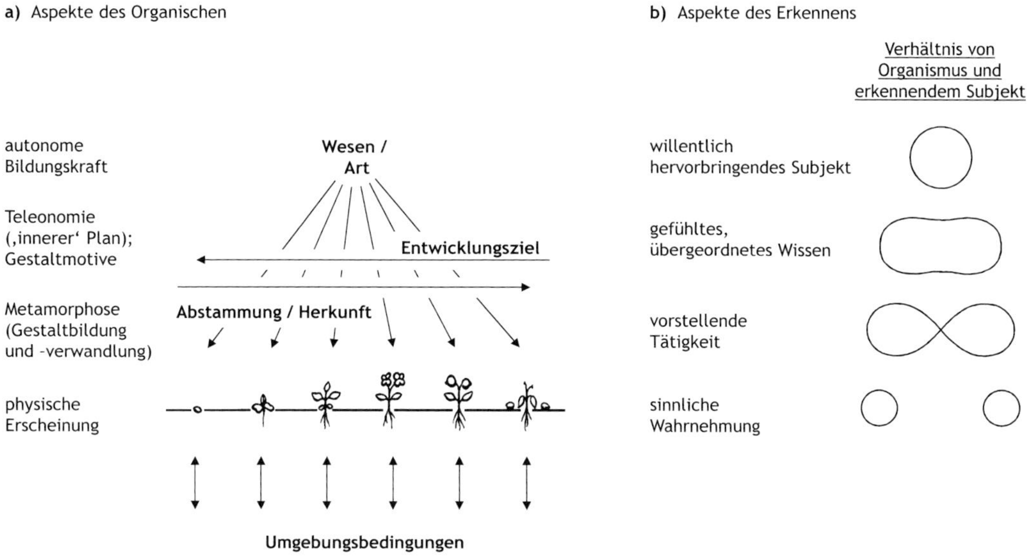

Abb. 17a u. 17b. Vier Aspekte des lebendigen Organismus und ihr Zusammenhang mit den vier Stufen des Erkennens. Nähere Erläuterungen im Text.

mitvollzieht, und die physischen Erscheinungen erkennt man durch gegenständliches, sinnlich-physisches Wahrnehmen (Abb. 17b).

Damit zeigt sich nun eine Lösung der uralten Frage nach der Entelechie der Lebewesen. Wie kann der Organismus von seiner eigenen Zukunft wissen, wenn er (wie eine Pflanze oder ein Embryo) selbst kein Bewusstsein hat? Wie kann die eigene zukünftige Entwicklung als ‚Plan' vorhanden sein, wenn es ‚Pläne' nur im menschlichen Bewusstsein gibt? Und was ist die innere autonome Kraft, die Organismen gegen äußere Widerstände am Leben erhält? Es sind *übersinnliche Wesensschichten* des Organischen, die der Beobachter in seiner vorstellenden Metamorphosetätigkeit, seinem fühlenden Wissen, seiner willentlich hervorbringenden Intuition erlebt und erlebend *wahrnehmen* kann. Was der Mensch auf der physischen, lebendigen, seelischen und geistigen Ebene erkennt und erlebt, das ist auf physische, lebendige, seelische und geistige Art im Organismus wirksam. Nur: Je höher man über die Ebene der physischen Erscheinungen aufsteigt, desto inniger ist man mit den übersinnlichen Aspekten der Organismen verbunden, und in der Intuition wird man mit ihrer produktiven Lebenskraft eins. *Erkennen heißt Leben von innen erleben.*[100]

[100] Einige Denker kommen ebenfalls zu dem Ergebnis, dass das Lebendige nur begriffen werden könne, wenn man ihm eine ‚Innerlichkeit', eine Form von ‚Bewusstsein', eine autonome Subjekthaftigkeit u. Ä. zuspreche. Beispielhaft möchte ich hier Christian Kummer, Professor am Lehrstuhl für Naturphilosophie der katholischen Hoch-

Damit eröffnet sich die Möglichkeit, hinter die großen Erkenntnisgrenzen des Lebens und der Evolution zu blicken. Das Feld, auf dem Antworten gesucht werden können, ist unser erkennendes Bewusstsein. Vieles kann lichtvoll und verständlich werden, wenn man sich nur immer klarer darüber wird, *wie* man die Erscheinungen der Welt auffasst. Die Kräfte, die als in der lebendigen Natur wirksam erscheinen, sind *von einerlei Art* mit den Kräften, die im Erkennen walten. Wer den Schleier der Natur zu heben unternimmt, der erblickt – Wunder über Wunder – sich selbst.[101]

4.2 *Viktor von Weizsäckers Analyse des Zusammenhangs von Gestalt und Zeit*

Blicken wir nun genauer auf den Zusammenhang, der zwischen organischer Entwicklung, dem Erkennen und dem Phänomen der Zeit besteht. Was ist

---

schule für Philosophie in Pullach und den Berliner Biologen und Publizisten Andreas Weber erwähnen. Kummer, der sich vor allem auf Teilhard de Chardin bezieht, schrieb, dass *„wenn man also bereit ist, den Primat der Gestalt im Bereich des Lebendigen anzuerkennen, dann ... fordert die Tatsache der [Entwicklung] zu dieser Gestalt hin einen materiell nicht zu fassenden Träger dieser Entwicklung, also eine intentionale Struktur, die ... mit dem Begriff ‚Bewusstsein' zu belegen sein wird.“* Kummer (1987), S. 65. Andreas Weber, der an die ‚Bedeutungslehre der Natur' Jakob von Uexkülls anknüpft, schrieb in seinem lesenswerten Buch ‚Alles fühlt': *„Wenn die Erscheinungsform der [lebendigen] Wesen die Subjektivität ist ..., dann muss der Stoff eines Wesens folgerichtig diese Subjektivität zum Ausdruck bringen und somit geradezu Seele darstellen. [Dann] wäre die Natur keine stumme Kulisse mehr, sondern durchflutet von Ausdruckskraft.“* Weber (2007), S. 85, und *„wenn in den Körpern der Wesen ihr Fühlen zutage lag, dann war die ganze Natur eine Innenwelt, die sich als Äußeres zeigte“*. Ebd., S. 95. Doch nur im „Ausnahmezustand“ (Rudolf Steiner) der Selbstanschauung, in welchem die bis dahin unbemerkte eigene Erkenntnis- (und die darin wirkende Gefühls- und Willens-)tätigkeit zur vollbewussten Erfahrung erweckt wird, wird die Grundlage gefunden, auf der solche Gedanken zu einer empirischen Wissenschaft erhoben werden können. Die Seele und der Geist, die nach Weber und Kummer (als ‚Gefühle' bzw. als , Bewusstsein') in der Welt wirken, dürfen nicht in demselben Sinne als objekthaft gedacht werden, wie wir sonst die gegenständliche Welt auffassen. Sie sind *nur* auf dem Schauplatz des menschlichen Bewusstseins zu beobachten; dort treten sie aber auch *tatsächlich* auf. Und diese Beobachtung ist nicht nur dem Geistesforscher Rudolf Steiner möglich gewesen (wie leider viel zu oft behauptet wird), sondern für jeden zu erreichen, der bereit ist, vom passiven, abstrakten Denken zur lebendigen und anschauenden Erkenntnis-Tätigkeit vorzudringen.

[101] Dies erklärt einen von Rudolf Steiner immer wieder dargestellten Zusammenhang: *„Es ist von der allergrößten Bedeutung zu wissen, dass die gewöhnlichen Denkkräfte des Menschen die verfeinerten Gestaltungs- und Wachstumskräfte sind. Im Gestalten und Wachsen des menschlichen Organismus offenbart sich ein Geistiges. Denn dieses Geistige erscheint dann im Lebensverlaufe als die geistige Denkkraft.“* Steiner (1925), S. 12.

Zeit? Ein bloßes Medium, in dem sich Entwicklung ereignet? Gäbe es Zeit, wenn es keine Entwicklung gäbe? Wie erleben wir Zeit? – Unser eigentliches Problem bleibt dabei weiterhin die Frage nach der organischen Gestalt. Kann man Gestaltbildung besser verstehen, wenn man die Zeit besser versteht?

Im Kap. 2.2 wurde gezeigt, dass Organismen eine andere Zeitstruktur haben als tote Gegenstände. Sie integrieren in der Gegenwart, was in ihrer Vergangenheit geschah und in ihrer Zukunft geschehen wird. Ein Denker, der diesen Zusammenhang klar erkannte, war Viktor von Weizsäcker. Wegen der Bedeutung seiner Gedanken für unsere Fragestellung seien sie etwas ausführlicher dargestellt. In seiner kleinen Schrift ‚Gestalt und Zeit'[102] lieferte von Weizsäcker eine geniale Analyse der Bedeutung der Zeitauffassung für die Erkenntnis organischer Gestaltbildung. Er schrieb: *„Leben ist immer ‚zeitübergreifende Gegenwart', Vergangenheit an Zukunft bindende Aktualität"* (S. 23) und stellte diese ‚biologische' Zeit der ‚mechanischen', für tote Dinge gültigen, gegenüber: *„Die mechanische Zeit ist sukzessiv, die biologische Zeit ist proleptisch [vorwegnehmend] in Bezug auf die resultierende Bewegung"* (S. 18) (und sie ist auch, wie wir gezeigt haben, anamnestisch, erinnernd [vgl. Kap. 1.5]). Er folgert, *„dass das Leben nicht in der Zeit ist, sondern die Zeit im Leben ist oder genauer durch dessen Selbstsetzung wird"* (S. 19).

Von Weizsäcker untersuchte nun diese Eigenschaft biologischer Zeit im Zusammenhang mit dem Problem der Gestalt. Zunächst beschäftigte er sich mit den Bedingungen der *Gestaltwahrnehmung*, denn *„ein gestaltetes wirkliches Wesen will doch sinnlich wahrgenommen sein. Also die Sinne zeigen uns Gestalten, und sollten sie, die Sinne, unbeteiligt daran sein, wie die Gestalt uns erscheint? ... Man kann das Gestaltproblem also nicht ohne Selbstbesinnung ausdenken"* (S. 4). Genialerweise ging er dazu nicht von fertigen Gestalten aus, sondern von solchen, die aus Bewegungseindrücken entstehen. Er beschrieb z. B. ein Experiment, in dem eine Kreisform aus nacheinander an verschiedenen Positionen aufleuchtenden Lichtpunkten gesehen wird. Physikalisch betrachtet leuchtet in einem Moment immer nur *ein* Lichtpunkt an einer bestimmten Stelle des Gesichtsfeldes auf, doch der Zuschauer ‚sieht' eine den gegenwärtigen Moment übergreifende Figur, einen Kreis. Dazu ist es nötig, dass er neben der Wahrnehmung der gegenwärtigen Position auch die vorangehenden erinnert und auf die aktuelle Position bezieht: *„Die Gestalt einer Bewegung ist Simultanrepräsentierung sukzessiver Vergangenheiten – ist eigentlich ein Akt der Erinnerung"* (S. 32). *„Die Leistung, welche das Wahrnehmen im Bewegungsweg-Sehen vollbringt, ... impliziert das Vermögen der Anamnesis"* (S. 33). Aber auch die Erwartung ist beteiligt. Aus der bisher wahrgenommenen Bewegung

[102] Weizsäcker, V. v. (1942).

wird nämlich ihr weiterer Verlauf als Ergänzung der Gesamtgestalt antizipiert. „*Die experimentelle Erfahrung hat nun gezeigt, dass auch ... die Richtung der Bewegung ein Wesensmerkmal alles Figur-Wahrnehmens ist. Z. B. nimmt das Auge in vielen Fällen nur aus diesem ‚dort – hin' verständliche Ergänzungen an der Figur vor, die im Reiz (dem dargebotenen Objekt) überhaupt nicht fundiert sind. Wir nennen dies die Prolepsis der Wahrnehmung und kommen so zu der Feststellung des anamnestisch-proleptischen Charakters der Wahrnehmungsgestalten. ... Wahrnehmungsgestalt ist eine anamnestisch-proleptische Vergegenwärtigung ihres Gegenstandes*" (S. 50). Die Zeitintegration in der Gestalt*wahrnehmung* ist daher ganz dieselbe wie in der Gestalt*entwicklung*! „*Es ist die Struktur einer biologischen Zeit, welche sich allein als fähig erweist, die Vergänglichkeit der Gestalt und die Gerichtetheit der Gestalt mit ihrer Festigkeit in einer Gegenwart zu vereinen*" (S. 50).

Dasselbe, was von Weizsäcker für die Wahrnehmung von Bewegungsfiguren nachwies, gilt meines Erachtens nach ebenso für die Wahrnehmung ruhender Gestalten, nur, dass es hier nicht der Sinnesreiz (ein Lichtpunkt o. Ä.) ist, der sich bewegt, sondern die Bewegung im wahrnehmenden Auge liegt. Denn im Blicken ‚tastet' man die wahrzunehmende Gestalt ab, springt von einem Punkt zum nächsten, sodass im gegenwärtigen Moment nur ein Ausschnitt gesehen, die Gestalt aber in anamnestisch-proleptischer Weise, vergangene Eindrücke erinnernd, kommende erwartend, *ergänzt* wird. Dabei ist es der *Begriff des Ganzen*, unter dessen Gesichtspunkt die Ergänzung vorgenommen wird. Sehr schön lässt sich dies anhand von Abb. 18 verfolgen.

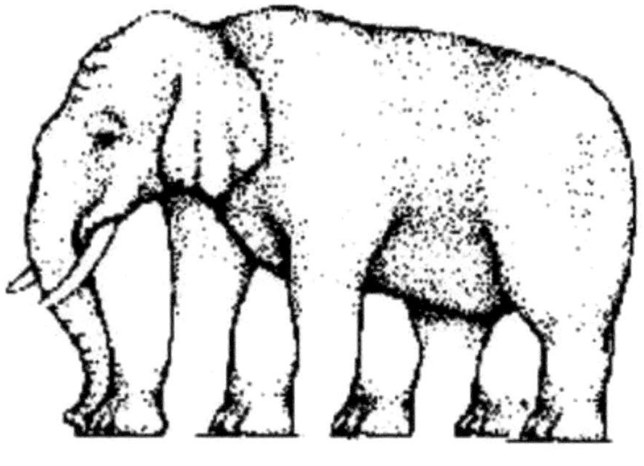

Abb. 18. Wie viele Beine hat der Elefant? Zur (Selbst-)Beobachtung des anamnestisch-proleptischen Charakters der Gestaltwahrnehmung aufgrund von gegenwärtig erscheinenden Sinnesdaten und eines übergeordneten, die Zeitintegration und Gestaltwahrnehmung leitenden Begriffs.

Viktor von Weizsäcker verglich dann diese Prinzipien biologischer Gestaltwahrnehmung mit denen des kausalanalytischen, physikalischen Denkens: *„Man muss sich weitergehend auch darüber klar werden, dass die analytische Form der Naturwissenschaft ... den Begriff der gestalteten Form geradezu auflöst und zerstört. Die Wahrnehmung der Figur der analytisch gedachten Bewegung eines bewegten Teilchens der Materie setzt nämlich ‚Gedächtnis' voraus; mithin kann diese Wahrnehmung nicht nur auf Materiellem beruhen, nichts Materielles sein, keinem Materiellen entsprechen. Denn die Materie (der analytischen Mechanik) besitzt kein Gedächtnis* [und keine Erwartung, Anmerkung C. H.]; *vielmehr gehört es zu ihrer Definition, dass sie als res extensa nicht res cogitans ist. ... Das Reale [der Wahrnehmungsgestalt] ist damit ein in der analytischen Mechanik Irreales"* (S. 49 f.).

Weil uns Gestalt aber nur als Wahrnehmungsgestalt gegeben ist (oder, anders gesagt: weil die strukturellen Gesetzmäßigkeiten organischer Gestaltbildung und psychischer Gestaltwahrnehmung identisch sind), kann die physikalische, kausalanalytische Methode Gestalt nicht aus der Bewegung und Wechselwirkung von Materieteilchen erklären! Die kausalanalytische Forschung findet *„an den Formen oder Gestalten ihre Grenze"* (S. 39). *„Die objektive Zeit, ein Grundbegriff der analytischen Naturwissenschaft (Mechanik, Bewegungslehre) zerstört die Realität der Gestalt; die biologische Zeit aber, als anamnestisch-proleptische Vergegenwärtigung der Lebensereignisse, setzt die objektive Zeit außer Kraft. Denn Gestalten fordern Synchronismus von objektiv nicht mehr Seiendem mit objektiv noch nicht Seiendem in einer Gegenwart – sie entlaufen also dem Gesetz der objektiven Zeit und werden in objektiver Zeit zunichte. Man darf sagen: die mechanische Realität tötet die biologisch-gestaltete mit der Zeit. ... Das Biologische (Gestaltete) hebt die objektive Zeitordnung auf, indem es Aufbewahrung und Vorwegnahme seinem Begriffe nach voraussetzt"* (S. 54). Und schließlich bemerkt er: *„Es ist nicht die objektive Zeit, in der wir leben, sondern wir bekommen die Zeiten dadurch, dass wir leben. ... Biologische Zeit ist, so ergibt sich nun, auch subjektive Zeit"* (S. 54 f.).

Viktor von Weizsäcker hat damit nicht nur aufgezeigt, *dass* es unmöglich ist, Leben und Gestaltentwicklung der Organismen aus der Wechselwirkung toter Teile zu erklären, sondern auch *warum*. Es wird klar, inwiefern die biochemische, genetische, molekularbiologische usw. Analyse von lebenden Organismen das lebendige Ganze verfehlen *muss*: Die Teile hat man in der Hand, fehlt, leider, nur das geistige (zeitliche) Band.[103]

Zum Ende seiner Abhandlung kommt von Weizsäcker dann zu einer Charakterisierung der Gestaltwahrnehmung als eines *rhythmischen Wech-*

[103] Dass die anamnestisch-proleptische Zeitintegration nicht nur auf der Ebene der Gestaltbildung geschieht, sondern ebenso auf der Ebene des Stoffwechsels wie auch des molekularbiologischen Geschehens, habe ich oben (Kap. 2.2) bereits diskutiert.

selspiels zwischen (wahrnehmungsgeleitetem) Erkennen und (begriffsgeleiteter) Wahrnehmung, durch das Gestalt zwischen dem erkennenden Subjekt und dem äußeren, materiellen Sein überhaupt erst konstituiert wird. „*‚Gestalt' aber ist die Erscheinungsweise, welche ... das annimmt, was erscheint. Indem sich nämlich der Rhythmus von Systole des Erkennens und Diastole des Handelns in der Zeit auseinanderlegt und wieder aus dieser verrinnenden Zeit zur Erscheinung in einer Gegenwart vereinigt – indem dieser Rhythmus als Eins erscheint – erscheint Gestalt. Damit ist die Zusammengehörigkeit von Gestalt und Zeit als eine aus dem Wesen der Gestalt notwendige aufgezeigt. Ebenso aber zeigt sich jetzt, dass der Weg über das Problem der Wahrnehmung keine beliebige Anwendung, sondern dass dieser Weg ein gleichfalls notwendiger, aus dem Begriff der Gestalt geforderter war*" (S. 58).

Die Gestalt steht nicht außerhalb des Erkennens, der Betrachter schaut sie nicht bloß an, sondern sie entsteht erst innerhalb der rhythmisch atmenden Begegnung von Wahrnehmen und Denken. Die Gestalten sind weder materiell noch ideell, sondern (als Wahrnehmungsgestalten) zeitintegrierte, (als organische Gestalten) zeitintegrierende Mittelwesen. Sie stehen in einer doppelten Mitte: Zwischen Vergangenheit und Zukunft ebenso wie zwischen Mensch und Welt.

4.3 Der Doppelstrom der Zeit

Nach landläufigem Verständnis ist die Zeit eine kontinuierliche Abfolge von Augenblicken, die man sich gerne als einen (räumlichen!) Pfeil vorstellt, irgendwoher, durch den Punkt der Gegenwart irgendwohin laufend. Jeder Punkt auf diesem Pfeil, egal ob vergangen, gegenwärtig oder zukünftig, ist vollkommen gleichwertig. Im Lebendigen herrscht eine andere Zeitstruktur. Um sie inhaltlich noch besser zu fassen, muss nun die Verwurzelung des Zeitbegriffs im Erleben aufgedeckt werden. Ich beziehe mich dabei auf einen Vortrag Rudolf Steiners von 1910, in dem er das menschliche Bewusstsein unter dem Gesichtspunkt der Zeit betrachtete.[104] Seine Ausführungen liefern einen Schlüssel zum Zeit- wie zum Lebensproblem.

Anknüpfend an Franz Brentano beschrieb Rudolf Steiner in diesem Vortrag verschiedene Einflüsse oder Aspekte, die das Bewusstsein konstituieren. Zunächst ist Bewusstsein immer ein gegenwärtiges Phänomen, aber es hat Verbindungen sowohl zur Vergangenheit als auch zur Zukunft. Die Vergangenheit ruft es sich durch Erinnerungen herein, also durch *Vorstellungen*, die an vergangenen Erlebnissen gebildet wurden. (Was nicht vorgestellt, also wenigstens kurz vom Licht der tätigen Aufmerksamkeit beleuchtet wurde,

[104] Steiner (1910 a), S. 179 ff.

kann auch nicht erinnert werden.) Das einmal am Erlebnis Vorgestellte wird wieder vergessen und lebt unbewusst weiter mit dem Subjekt verbunden. Aus diesem Strom, der fortwährend aus der Vergangenheit in die Gegenwart hineinkommt, können einzelne Inhalte durch Erinnerung (durch Wieder-Vorstellen) ins gegenwärtige Bewusstsein gehoben werden. Das ist das Eine. – Dann verwies Rudolf Steiner auf eine bestimmte Sorte von Gefühlen wie Sehnsucht, Ungeduld, Hoffnung, Angst, Furcht u. a., die als Erwartung oder ‚Begehren' des Zukünftigen stark in der Seele ‚rumoren', und sagte, dass man solche seelische Bewegung verstehen könne, wenn man einmal voraussetze, dass die Zeit nicht nur aus der Vergangenheit in die Zukunft fließe, sondern *„dass das, was wir begehren, überhaupt nicht in derselben Richtung fließt wie der dahinfließende Strom der Vorstellungen, sondern dass es diesem Strom entgegenkommt"*, und erläuterte: *„Sie werden einen ungeheuren Lichtblitz auf Ihr ganzes Seelenleben werfen können, wenn Sie das eine Einzige nur voraussetzen: dass alles, was Begehrungen ... sind, einen Strom darstellen im Seelenleben, der gar nicht fließt von der Vergangenheit in die Zukunft, sondern der uns entgegenkommt von der Zukunft, der von der Zukunft in die Vergangenheit fließt. – Mit einem Male wird die ganze Summe der Seelenerlebnisse klar! ... Was ist dann im Moment unser Seelenleben? Es ist nichts anderes als die Begegnung eines Stromes aus der Vergangenheit in die Zukunft, und eines Stromes, der aus der Zukunft in die Vergangenheit fließt. ... Sie werden leicht begreifen, dass diese zwei Ströme in der Seele selber zusammenkommen, sozusagen übereinanderschlagen. Dieses Übereinanderschlagen ist das Bewusstsein. ... So nimmt also unsere Seele teil an allem, was aus der Vergangenheit weiterfließt in die Zukunft, und an allem, was uns aus der Zukunft entgegenkommt. Wenn Sie also in irgendeinem Moment in Ihr Seelenleben schauen, können Sie sagen: Da ist etwas wie eine Durchdringung von dem, was aus der Vergangenheit in die Zukunft fließt, mit dem, was aus der Zukunft in die Vergangenheit fließt und sich dem ersteren entgegenstemmt als Begehrungen, als Interessiertheit, als Wünsche und so weiter. Zweierlei durchdringt sich."*[105]

Versuchen wir, uns diese Aussagen durch eine Art Gedankenexperiment zu verdeutlichen. Wie wäre das Bewusstsein konfiguriert, wenn es entweder keine Erinnerung oder keine Erwartung eines Kommenden haben könnte?

Nehmen wir an, ich schaute aus dem Fenster und draußen läge Schnee. Normalerweise verbinden sich mit dem Sinneseindruck der weißen Landschaftsbedeckung eine Vielzahl von Assoziationen, die aus meiner Erinnerung auftauchen: Dass es draußen kalt sein muss, dass sich der Schnee kalt anfühlt, dass es Winter ist, dass es einen Sommer gibt, usw. usf. Dieses ganze implizit mit dem Sinneseindruck auftauchende Wissen fiele fort, wenn ich keine Erinnerung hätte. Ich sähe einfach ‚weißes Material' auf der

[105] Steiner (1910 a), S. 189 ff.

Landschaft. Aber ich könnte nicht einmal von ‚weiß', von ‚Material' oder ‚Landschaft' sprechen, denn ich wüsste nicht, was diese Begriffe bedeuten. Führt man diesen Gedanken konsequent zu Ende, so wird deutlich: Ohne Erinnerung, ohne das Hereinspielen der Vergangenheit hätte man nur noch die reinen, gegenwärtigen Sinneseindrücke, mit denen man aber keinerlei Sinn und Bedeutung mehr verbinden könnte (bzw. nur aktuell genuin neu zu fassende Gedanken). Ich könnte mich auch nicht mehr als ein bewusstes Subjekt der Welt gegenüber erleben, denn die Wahrnehmungen meines Körpers und meiner inneren Erlebnisse wären ganz äquivalent zu den Wahrnehmungen der ‚äußeren' Welt, Eindrücke unter Eindrücken – alle Ordnung des Seins würde sich in einem großen, bunten, strukturlos fließenden Ganzen auflösen.

Könnte ich dagegen keine Erwartung des Kommenden haben, so erschiene mir die Welt wie festgefroren. Ich hätte immerzu den Eindruck, wie vor einer undurchdringlichen Wand zu stehen. Ich könnte mich nicht mehr in gezielter Weise bewegen, z. B. nach einer Tasse greifen, denn diese Bewegung setzt die Antizipation voraus, dass ich die Tasse gleich *er*greifen werde. Ich könnte keinen Satz mehr sprechen, denn ich wüsste nicht, wo sein Ende wäre. So, wie das Abschneiden der Vergangenheit die Ordnung meines *Vorstellens* auflösen müsste, so müsste das Vermauern der Zukunft meinen *Willen* unkontrollierbar, ‚verrückt' werden lassen. Ohne Erinnerung und Erwartung wäre das normale Bewusstsein nicht möglich; beide sind im gegenwärtigen Bewusstsein immer anwesend und durchdringen sich gegenseitig.

Was bedeutet die gegenwärtige Durchdringung von Erinnerung und Erwartung für unser Verhältnis zur Außenwelt? Ich muss erwarten können, dass ich die Tasse ergreifen werde, dass hinter der nächsten Ecke immer noch eine Welt ist, wie ich sie kenne. Üblicherweise interpretiert man diesen Tatbestand so, dass es ‚da draußen' eine von mir unabhängige räumlich-materielle Wirklichkeit gibt, der ich in ihrem Verlauf zuschaue und in der ich mich bewege (Abb. 19 a). Man interpretiert das phänomenale Erleben der Zeit durch die angenommene Konstanz der Materie im Raum. (Es handelt sich dabei tatsächlich nur um eine Annahme, denn man kann Materie weder in der Vergangenheit noch in der Zukunft *wahrnehmen*!) Bleibt man aber konsequent bei dem, was man als Erfahrung vorfindet, so muss man von dem ausgehen, was man von der Welt erlebt, und nicht von dem, was man über sie denkt. Man muss *nicht die Welt, sondern die Welt innerhalb des Bewusstseins von der Welt und ihrem Verlauf* beobachten. Dadurch schiebt man sich von der gegenüberstehenden Position des unbeteiligten Betrachters gleichsam in den Strom des Weltgeschehens hinein; das Bewusstsein wird vom Zuschauer des Weltgeschehens zu dessen Schauplatz (Abb. 19b).

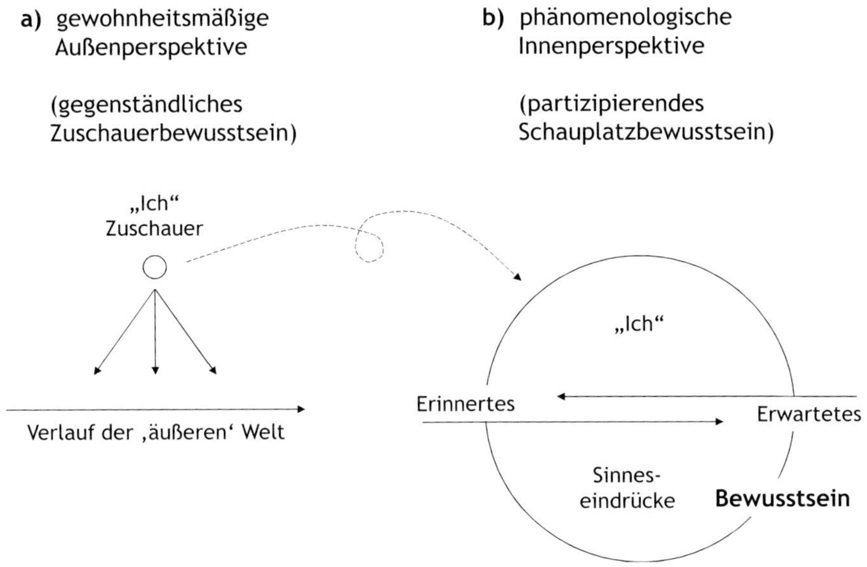

Abb. 19. Die Außen- und die phänomenologische Innenperspektive des Zeiterlebens.

Innerhalb des Bewusstseins finden sich Erinnertes und Erwartetes sowie das ‚Ich‘ und auch die Sinnesempfindungen (Wahrnehmungsinhalte) als gegenwärtige Eindrücke. Aus der Perspektive der Selbstanschauung des Bewusstseins ist es eben durchaus so, dass es einen Strom aus der Vergangenheit gibt, in dem das Erinnerbare fließt, und dass ihm ein Strom des Erwarteten aus der Zukunft entgegenkommt. (Es ist hier nicht gemeint, dass es *nur* Bewusstes gäbe. Keinesfalls, denn der Strom aus der Vergangenheit enthält ja in weit überwiegendem Maß unbewusste Vorstellungen, von denen jeweils nur einzelne durch Erinnerung bewusst werden. Auch meine zukünftigen Erlebnisse sind mir nicht bewusst.)

Die gewohnheitsmäßige Außenperspektive des Bewusstseins sei das ‚gegenständliche Zuschauerbewusstsein‘ genannt, die phänomenologische Innenperspektive das ‚partizipierende Schauplatzbewusstsein‘.

4.4 Die allgemeine Struktur des Bewusstseins ist die allgemeine Struktur des Organismus

Rudolf Steiner gestaltete in dem genannten Vortrag das Bild des vom Kreis des Bewusstseins umschlossenen Doppelstroms des Zeiterlebens noch weiter aus. Denn im Bewusstsein finden sich auch das ‚Ich-Bewusstsein‘ und die Eigentätigkeit, also die Tatsache, dass es ein autonom wirksames Element gibt (mich selbst), das einerseits aktiv mit dem Strom aus der Vergangenheit umgehen kann (durch bewusst herbeigeführte Erinnerungen), und sich andererseits aktiv zu dem künftig Erwarteten und Begehrten stellt (durch Urteile). Nach Rudolf Steiner könnte man die Einwirkung des ‚Ich' *„graphisch darstellen – und die graphische Darstellung entspricht in diesem Falle vollständig dem Tatbestand –, indem wir den Strom des Ich senkrecht auf den Strom der Zeit auffallen lassen. ... Sie kommen zurecht mit den Seelenerscheinungen, wenn Sie außer den beiden Strömen – dem aus der Vergangenheit in die Zukunft und dem aus der Zukunft in die Vergangenheit – noch eine solche Strömung in der menschlichen Seele annehmen, welche senkrecht auf den beiden andern steht. Das ist die, welche dem menschlichen Ich-Einschlag selber entspricht.*"[106]

Mit dem ‚Ich' ist hier jenes ungreifbare Selbst gemeint, das wir als ‚Subjekt' ansprechen. Es ist ein tätiges Wesen, ja, es ‚besteht' in Tätigkeit und wird nur dann erfahrbar, wenn es aus sich selbst heraus tätig wird. Im 3. Kapitel ist das ‚Ich' als das die Erkenntnisinhalte in der Intuition willentlich hervorbringende Subjekt charakterisiert worden, als *„Tropfen aus dem Meer des Geistigen, das die ganze Welt durchdringt"*.[107]

Zu den ebenfalls im Bewusstsein auftretenden Eindrücken der Sinne sagte Rudolf Steiner schließlich: *„Wenn ich nun die vierte Richtung zeichne, von unten nach oben, so würde ich die dem Ich entgegengesetzt laufende Richtung als die Richtung der physischen Welt bezeichnen müssen. ... Die Eindrücke der physischen Welt gehen also, graphisch dargestellt, von unten nach oben und offenbaren sich in der Seele als Sinneseindrücke.*"[108] Wir kommen so zu folgender Gesamtdarstellung (Abb. 20), die das seelische Erleben als phänomenal bestimmte Zeitordnung wiedergibt.

Das ‚Ich' stellt sich über den kontinuierlichen Fluss der Zeit und hält diesen gleichsam für Momente an; die Dinge erscheinen nicht verwischt im Übergang, sondern als abgegrenzte Einzelheiten – *Gegen-wart.* Was dem Ich so gegenübersteht, wird ihm zum *Gegen-stand.* Im Erkennen greift es eine Summe von Wahrnehmungseindrücken aus dem Fluss der Zeit und fixiert sie als *Gestalt.* So entsteht bewusste Gegenwart in der Gegenüberstellung des ‚Ich' zur (von ihm) gestalteten Welt. Im Dämmerzustand des Träumens, in Trance oder Ekstase verschwimmt die Trennung von ‚Ich' und Welt und verändert das Welt- und Zeiterleben. Wie lang kann ein Traum dauern, der äußerlich betrachtet nur Sekunden in Anspruch nimmt! Dieselbe Zeitdehnung kann eintreten, wenn man sich, ohne etwas festzuhalten, dem reinen Fließen der Welt überlässt.

---

[106] Steiner (1910a), S. 197f.

[107] Eine ausführliche Darstellung des ‚Ich' und seiner Bedeutung für die Fragen nach dem Leben und der Menschwerdung wird am Ende des Buches (im 9. Kapitel) erfolgen.

[108] Steiner (1910a), S. 205f.

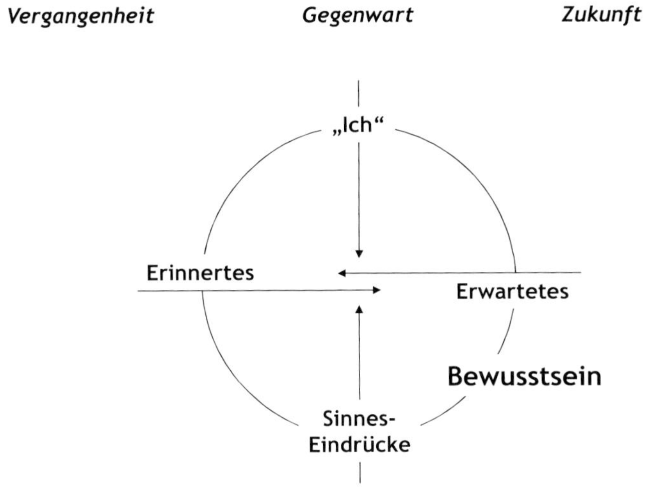

Abb. 20. Das ZEITKREUZ des Bewusstseins nach Rudolf Steiner (er nannte den Strom aus der Vergangenheit den ‚Strom der Vorstellungen', denjenigen aus der Zukunft den ‚Strom des Begehrens').

Zusammenfassend sagte Rudolf Steiner: „*Nun kann ich Ihnen die Versicherung geben, dass sich Ihnen unzählige Rätsel der Seele lösen werden, wenn Sie dieses Schema zugrunde legen. ...In diesem Kreuz, das von einem Kreis durchzogen ist, [ist] ein sehr gutes Schema des Seelenlebens gegeben, wie es angrenzt an das Geistige nach oben, an das Physische nach unten, an das [Vergangene] nach links und an das [Zukünftige] nach rechts. Nur müssen Sie sich dabei zu der Vorstellung aufschwingen, dass der Strom der Zeit nicht nur etwas ruhig Dahinfließendes ist, sondern dass ihm etwas entgegenkommt, dass aber das Ich-Leben und das Sinnesleben nur begriffen werden können, wenn sie wieder im rechten Winkel auf die Zeitströmung auftreffend verstanden werden.*“[109, 110]

Die Struktur des Bewusstseins (Abb. 20) entspricht also der Struktur der biologischen Entwicklung (Abb. 17). Zum Vergleich stellen wir beide noch einmal direkt nebeneinander (Abb. 21, nächste Seite).

---

[109] Steiner (1910a), S. 206.

[110] Armin Husemann verdanke ich den bedeutungsvollen Hinweis, dass die Struktur des ZEITKREUZES der raum-zeitlichen Struktur des *menschlichen Herzens* entspricht. Im Anhalten und Loslassen von zu Gestalten geformten Sinneseindrücken pulsiert das Bewusstsein im Verweben von Vergangenem und Zukünftigem zwischen Geist und Materie, wie das Herz im Blutstrom zwischen oberem und unterem Menschen, zwischen Gehirn und Stoffwechsel und zwischen venösem (vergangenheitsgesättigtem) und arteriellem (zukunftsträchtigem) Blut. Das ZEITKREUZ erscheint so als eine Abstraktion des inneren Erlebnisses der funktionellen Organik des Herzens.

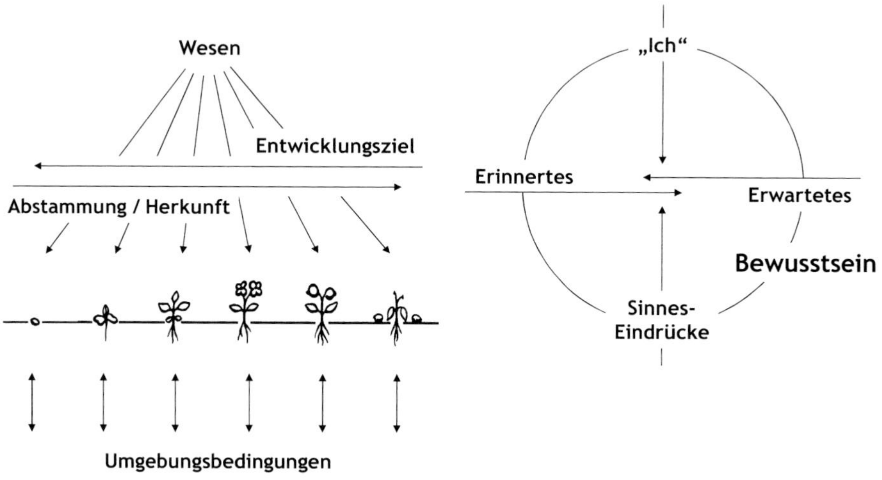

Abb. 21. Vergleich der Struktur der biologischen Entwicklung mit der Struktur des Bewusstseins.

Schiebt man die einzelnen Entwicklungsstadien in Abb. 21 zusammen, so erhält man die allgemeine Struktur des Organismus (Abb. 22). Wie im Bewusstsein, so fließen im Organismus vier Aspekte zusammen:

(i) das geistige Wesen,
(ii) seine Abstammung bzw. Herkunft, d. h. sein bisheriger Entwicklungsverlauf bis zur Gegenwart,
(iii) seine zukünftigen, potentiellen Entwicklungswege sowie
(iv) seine jeweilige physisch-gegenständliche Erscheinung, eingebettet in eine ebenfalls physische Umwelt, an die er angepasst ist und gegen deren Einflüsse er sich behauptet.

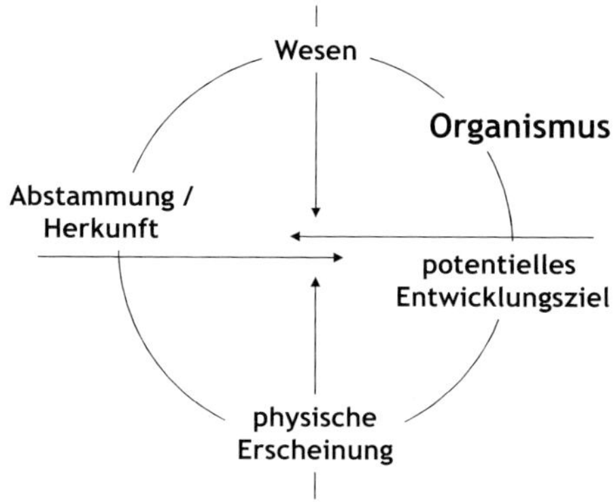

Abb. 22. Die allgemeine Struktur des Organismus.

Wir haben damit die Möglichkeit gewonnen, anhand der Eigentümlichkeiten der vier Bewusstseinsaspekte die Qualität und das Wesen der vier Aspekte des Organismus zu bestimmen; es eröffnet sich ein innerer, differenzierter Erfahrungszugang zum Lebendigen. In der wahren Organik fallen die Ontologie des Lebens und die Epistemologie des Erkennens in eins zusammen.[111, 112]

Auf der Grundlage dessen, was oben über das Verhältnis von Subjekt und Objekt im Entwicklungsdenken gesagt wurde (vgl. Kap. 3), ist der Vergleich der Aspekte des Organischen mit denen des Bewusstseins auch vollständig gerechtfertigt. Denn die Abstammung und bisherige Entwicklung eines Organismus wird durch Erinnerung an sie erschlossen, seine Zukunft durch Erwartung. Nur die jeweils gegenwärtige physische Erscheinung in ihrer Umgebung ist durch Sinnesbeobachtung zugänglich. Das lebendige Wesen schließlich, das alle einzelnen Erscheinungen durchdringt und verbindet, erlebe ich in den willenshaften Intuitionen meines ‚Ich'.[113]

---

[111] Im Kap. 2.2 hatte ich Immanuel Kants Auseinandersetzung mit der Teleologie in seiner ‚Kritik der Urteilskraft' erwähnt. Kant schrieb im § 70, dass *„es als unausgemacht dahin gestellt wird, ob nicht in dem uns unbekannten inneren Grunde der Natur selbst die physisch-mechanische* [d. h. die kausale, Anmerkung C. H.] *und die [finale] Zweckverbindung an denselben Dingen in einem Prinzip zusammen hängen mögen: nur dass unsere Vernunft sie in einem solchen nicht zu vereinigen im Stande ist …"* Kant (1790), S. 338. Man sieht nun aber, wie diese beiden Kausalitäten doch *in einem Prinzipe zusammen hängen,* und dass der *uns unbekannte innere Grund der Natur* unser erkennendes Bewusstsein selbst ist.

[112] Ganz entsprechend schreibt Thomas Fuchs, der Heidelberger Psychiater und Philosoph: *„Unsere Selbsterfahrung als lebendige Wesen lässt sich zusammenfassen in den Begriffen der Vorgänglichkeit (Sich-Vorwegsein), Spontaneität (Von-selbst-Werden), Potenzialität (Auf-etwas-Aussein) und Selbstverständlichkeit oder Selbstvergessenheit."* Fuchs (2008), S. 290.

[113] Durch den Einbezug des sich selbst anschauenden Bewusstseins in das biologische Erkennen wird auch das von *Kristian Köchy* ideengeschichtlich untersuchte Problem der ‚Ganzheit' der Organismen lösbar. Köchy (1997, 2003). Die die Einzelteile (Organe, Zellen etc.) räumlich wie zeitlich integrierende Ganzheit eines Organismus ist nicht in der sinnlich-gegenständlichen Anschauung zu fassen. Sie stellt die *Idee* des Organismus dar, die auf dem Schauplatz des erkennenden Bewusstseins die sinnlich wahrgenommenen Einzelheiten zu einer – übersinnlichen – Einheit verbindet. Diese Idee ist aber keine subjektive Beigabe des Erkennenden zu den als allein wirklich gedachten äußeren Erscheinungen, sondern die *tatsächlich* wirksame, einheitsstiftende Instanz. Ideen sind keine willkürlichen Erzeugnisse des menschlichen Zuschauers, sondern objektive Weltkräfte, die auf dem Schauplatz des Bewusstseins erscheinen (vgl. Kap. 3). Wenn Köchy schreibt: *„Die Frage nach dem tatsächlichen Verhältnis von Ganzem und Teilen dürfte … zu den tiefsten und bisher am wenigsten gelösten Problemfeldern der Philosophie des Organischen gehören"* Köchy (2003), S. 263, so deutet das darauf hin, dass diese Frage nur durch die Erkenntnis des konkreten Zusammenwirkens von Übersinnlichem mit sinnlich Wahrnehmbarem gelöst werden kann. Der organische Zusammenhang des Ganzen ergibt sich nur der Idee. – Wenn

4.5 *Das* Zeitkreuz, *die aristotelische Ursachenlehre und die Kritik an der Zielursache der Natur*

Die Struktur des Zeitkreuzes wird bereits von den berühmten *vier Ursachen* aufgespannt, die Aristoteles für die Erklärung der Naturdinge für notwendig erachtete. Im 2. Buch der Physik fragte er nach der Erklärung, nach dem Grund der Dinge: *„Ein jedes zu wissen glauben wir nicht früher, als bis wir das Warum im Hinblick auf ein jedes erfasst haben, d. h. seine erste Ursache."*[114] Dann unterschied er: *„Auf eine Art nennt man Ursache das, woraus ... etwas besteht, z. B. das Erz der Statue und das Silber der Schale; auf eine andere Art aber die Form ... – das ist der Begriff davon, was es sein sollte, z. B. von der Oktave das Teilungsverhältnis der Saite zwei zu eins; außerdem das, woher der erste Anfang der Bewegung oder des Verharrens kommt – z. B. ist ... der Vater Ursache des Kindes und alles Verändernde des Veränderten; außerdem spricht man von Ursache im Sinne des Ziels, dies ist das Deshalb – z. B. vom Spazierengehen die Gesundheit. Warum geht man spazieren? Wir sagen: Damit man gesund bleibt. Und indem wir so sprechen, meinen wir, die Ursache anzugeben."*[115]

In der späteren Philosophiegeschichte hat man sich gewöhnt, die vier Ursachen als die *Formursache* (*causa formalis*), die *Stoffursache* (*causa materialis*), die *Wirkursache* (*causa efficiens*) und die *Zielursache* (*causa finalis*) zu bezeichnen. Die Formursache ist das ‚Was' eines Dinges, das Urbild oder die Idee (gr. *Eidos*, ‚das zu Sehende'), die für dessen wesentliche Eigenheit verantwortlich ist. Die Stoffursache bezeichnet das ‚Woraus', das sinnlich wahrnehmbare Material. Die Wirkursache meint das ‚Woher' oder das ‚Bewirkende' (sie entspricht der heutigen Auffassung einer Kausalursache) und die Zielursache das ‚Wozu', den Zweck oder das ‚Ziel' (Abb. 23).

Aristoteles sah Zielursachen auch in der Natur wirksam: *„Daher sind manche ratlos, ob mit dem Geist oder etwas anderem die Spinnen ihr Werk vollbringen und die Ameisen und solche Tiere. Geht man noch ein wenig weiter, so wird deutlich, dass auch in den Pflanzen dem Ziel Zuträgliches entsteht, z. B. die Blätter zum Schutz der Frucht. Wenn denn von Natur aus und um eines Ziels willen die Schwalbe ihr Nest baut, die Spinne ihr Spinnennetz, sowohl die Pflanze ihre Blätter um der Früchte willen hat als auch die Wurzeln nicht nach oben, sondern der Nahrung wegen nach unten, so*

---

man nur begreifen wollte, dass Ideen nicht unabhängig vom denkenden Bewusstsein, ‚objekthaft' in der Welt herumschwirren (und irgendwie in den sinnlichen Erscheinungen wirken), sondern innerhalb desselben erscheinen und wirksam sind, könnte man alles Irrtümliche und transzendental Unfassbare einer geistigen Weltanschauung überwinden. (Allerdings sind Ideen hier nicht ihrem abstrakten, schattenhaften Vorstellungsgehalt nach gemeint, sondern ihrer einheitstiftenden *Kraft*.)

[114] Aristoteles: Physik II, 3, 194 b.

[115] Aristoteles: Physik II, 3, 194 b, 23–35.

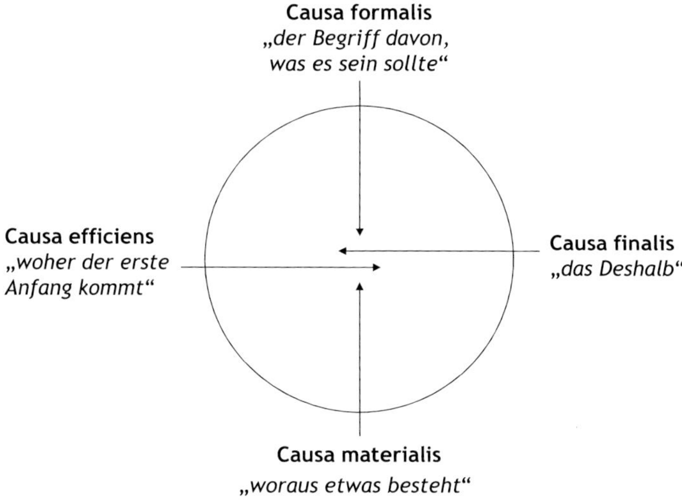

Abb. 23. Die vier Ursachen des Aristoteles im ZEITKREUZ.

ist offenbar, dass es eine solche Ursache [nämlich eine Zielursache] gibt in den von Natur aus werdenden und existierenden Wesen.“[116]

Die Zielursache wurde im Verlauf der Wissenschaftsgeschichte oft kritisiert, bis sich die moderne Naturwissenschaft radikal von allen teleologischen Erklärungsmustern verabschiedete. Paradigmatisch formulierte Francis Bacon (1561–1626, auch bekannt als Baco von Verulam), Begründer der Methodik der empirischen Naturwissenschaft, diese Kritik in seinem ‚Novum Organum' (1620), mit dem er sich bewusst gegen Aristoteles stellte: „ *...nicht übel ist die Aufstellung von vier Ursachen: Materie, Form, das Wirkende und der Zweck. Von ihnen ist nun die Zweckursache nicht nur nutzlos, sondern für die Wissenschaften geradezu schädlich; sie gilt nur für das menschliche Handeln. An der Entdeckung der Form ist man verzweifelt; ... In der Natur ... existiert nichts wahrhaft außer den einzelnen Körpern mit ihrer besonderen, reinen, gesetzmäßig hervorgebrachten Wirksamkeit; in den Wissenschaften ist eben dieses Gesetz, seine Erforschung, Auffindung und Erklärung die Grundlage des Wissens wie des Wirkens.*“[117]

Bacon vertritt einen radikal empiristischen Standpunkt, er fokussiert ganz auf das, was ich oben (Kap. 3.2) das gegenständliche Erkennen genannt habe. Für die inneren Anteile des Erkennens hat er kein Bewusstsein und kein Verständnis, sie werden nur noch als hinderlich für eine Naturerkenntnis empfunden, die auf mechanistisches Verständnis und technische Verwertbarkeit abzielt. ‚Wissen ist Macht [über die Natur]', dieser Bacon

[116] Aristoteles, Physik II, 8, 199 b, 21–30.
[117] Bacon (1620), S. 73.

zugeschriebene Satz fasst zusammen, was seit dem 17. Jahrhundert mit der neuen Denkweise zur Grundlage der naturwissenschaftlich-technischen Kultur geworden ist.

Doch auch bei Bacon, so stellte ich überrascht fest, begegnet man den ‚vier Ursachen', wenn auch in anderer Form. Da der Mensch die Natur nur dann beherrschen könne, wenn er sie kenne, müsse er sich verschiedener *Vorurteile* entledigen, die seine Erkenntnis trübten und der Selbsttäuschung Vorschub leisteten. Bacon nennt diese Vorurteile *Idole* und findet ihrer – vier! Da sind zunächst solche Vorurteile, die mit den allgemeinen Unzulänglichkeiten des menschlichen Erkenntnisvermögens zusammenhängen (*idola tribus*, ‚Vorurteile der Gattung'. *„Die Vorurteile der Gattung haben ihren Grund in der menschlichen Natur … selbst. Denn es ist unrichtig, dass der menschliche Sinn das Maß der Dinge sei; vielmehr geschehen alle Auffassungen der Sinne und des Verstandes nach der Natur des Menschen, nicht nach der Natur des Weltalls. Der menschliche Verstand gleicht einem Spiegel mit unebener Fläche für die Strahlen der Gegenstände, welcher seine Natur mit der der letzteren vermengt, sie entstellt und verunreinigt.*"[118]). Dann Vorurteile ‚des Theaters' (*idola theatri*), die auf falschem Glauben an Autoritäten beruhen. (*„Es gibt Vorurteile, welche in die Seele der Menschen aus den mancherlei Lehrsätzen der Philosophie und auch aus verkehrten Regeln der Beweise eingedrungen sind, und die ich die Vorurteile des Theaters nenne, … welche aus der Welt eine Dichtung und eine Schaubühne gemacht haben. … Ich beziehe das nicht bloß auf die allgemeine Philosophie, sondern auch auf manche Prinzipien und Lehrsätze der besonderen Wissenschaften, die durch Herkommen, Leichtgläubigkeit und Nachlässigkeit Geltung erlangt haben.*") Dann die durch die Sprache bedingten Vorurteile ‚des Marktes' (*idola fori*), die mit den Bezeichnungen der Dinge und der Abhängigkeit von den Meinungen Anderer einhergehen. (*„Es gibt auch Vorurteile …, welche ich wegen des Verkehrs … der Menschen die Vorurteile des Marktes nenne. Die Menschen gesellen sich zu einander vermittelst der Rede; aber die Worte werden den Dingen nach der Auffassung der Menge beigelegt; deshalb behindert die schlechte und törichte Beilegung der Namen den Geist in merkwürdiger Weise.*") Schließlich Vorurteile ‚der Höhle' (*idola specus*), die bewirken, dass der Mensch die Dinge nicht an und für sich, sondern allzu leicht verfälscht betrachtet, das heißt also Vorurteile durch ungenaue Beobachtung. (*„Die Vorurteile der Höhle sind die Vorurteile des einzelnen Menschen. Denn jeder Einzelne hat neben den Verirrungen der menschlichen Natur im Allgemeinen eine besondere Höhle oder Grotte, welche das natürliche Licht bricht und verdirbt … in Folge des Unterschiedes der Eindrücke bei einer voreingenommenen und vorurteils-*

---

[118] Bacon (1620), 2. Buch, Aphorismus 2. Dieses und die folgenden Zitate: ebd., 1. Buch, Aphorismus 41–44.

vollen Sinnesart gegen eine ruhige und gleichmäßige Stimmung ....") – Es ist nun geradezu verblüffend, wie Bacon die Erkenntnisstruktur dadurch implizit beschreibt, dass er ihre Abirrungen charakterisiert, und dabei zu der gleichen Viergliedrigkeit kommt, die wir hier ins Auge fassen. Denn die Vorurteile der Gattung hängen mit dem gattungsmäßig Vererbten, mit dem Zeitstrom aus der Vergangenheit zusammen; diejenigen der Sprache und des Marktes als soziale Vorurteile mit dem künftig zu Erwartenden (‚Was werden die anderen sagen? Wie sage ich's ihnen?'). Der falsche Glaube an geistige Autoritäten trübt die unmittelbare Evidenzerfahrung, die intuitive Erkenntnis der Begriffe (oben im ZEITKREUZ); während die ungenaue Beobachtung verzerrend auf die Eindrücke der Sinne wirkt (unten).[119]

Aristoteles empfand die viergliedrige Erkenntnisstruktur ‚draußen in der Natur' in Form ontologisch realer Ursachen wirksam. Man kann vermuten, dass er noch etwas von den lebendigen Gestaltungskräften erlebte, die Subjekt und Objekt in der Welterkenntnis verbinden. Baco konnte das nicht mehr und blickte nur noch auf eine verobjektivierte, veräußerlichte und in diesem Sinne tote Natur. Die Bewusstseinsstruktur des ZEITKREUZES implizierte er aber durch seine Analyse menschlicher Irrtumsmöglichkeiten. Rudolf Steiner machte schließlich den Eigenanteil des Menschen am Zustandekommen der Weltwirklichkeit durch Selbstbeobachtung des Erkennens bewusst und zeigte damit, dass wahre Naturerkenntnis zugleich Geisterkenntnis ist.

4.6 Mensch und Natur – zusammen ein Ganzes

Wir können jetzt die vier Richtungen des ZEITKREUZES mit vier Bezeichnungen belegen, die in der Anthroposophie dafür üblich sind, und die Rudolf Steiner bei der Darstellung dieses Kreuzes in dem oben zitierten Vortrag gebrauchte.[120] Es sind Grundbegriffe der Anthroposophie. Rudolf Steiner bezeichnete den Strom im menschlichen Bewusstsein, der aus der Vergangenheit kommt (seelisch betrachtet der Strom der Erinnerung, organisch

[119] Verblüffenderweise lehrte auch Bacons Namensvetter Roger Bacon (1214–1294, Franziskaner, einer der ersten Vertreter des Empirismus in der Naturforschung und Bruder Williams Lehrer in Umberto Ecos Roman ‚Der Name der Rose') schon 400 Jahre früher vier Hindernisse *(offendicula)*, die dem Menschen den Weg zur wahren Naturerkenntnis versperren: 1. Respekt vor Autoritäten, 2. Gewohnheit, 3. Abhängigkeit von den marktgängigen Meinungen der Menge und 4. Unbelehrbarkeit unserer natürlichen Sinne. (Siehe: de.wikipedia.org/wiki/Roger_Bacon.) Bei Roger Bacon ist der Zusammenhang der vier Hindernisse mit der Struktur des ZEITKREUZES noch deutlicher zu erkennen als bei Francis Bacon. Es wäre interessant zu untersuchen, ob dem späteren Bacon die Quelle des früheren bekannt war.

[120] Steiner (1910a).

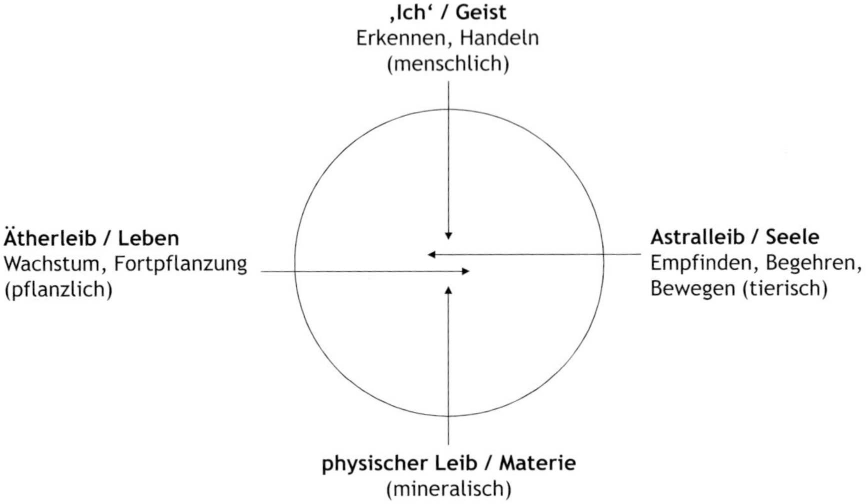

Abb. 24. Das ZEITKREUZ als Zusammenspiel der Wesensglieder des Menschen (nach Rudolf Steiner).

betrachtet der Strom des lebendigen Werdens) mit dem Begriff des ‚*Ätherleibes*' (man kann hier auch allgemein von ‚Leben' sprechen). Den Strom der Erwartung und des organischen Entwicklungspotentials, der aus der Zukunft kommt, nannte er ‚*Astralleib*' (‚Seele'). Den Strom von unten, der die Sinneswahrnehmung darstellt, bezeichnete er als ‚*physischen Leib*' (‚materieller Körper') und den senkrechten Einschlag von oben als ‚*Ich*' (‚Geist').

Diese vier ‚Wesensglieder' des menschlichen Bewusstseins und der organischen Entwicklung entsprechen auch den vier Reichen der Natur: Stein, Pflanze, Tier und Mensch. Ein Stein hat einen physischen Leib, aber keinen eigenen Ätherleib, Astralleib und Ich. Eine Pflanze hat einen physischen Leib (dasjenige, was von ihr der gegenwärtigen Sinneswahrnehmung erscheint) und auch einen ätherischen Leib (ihr Leben). Sie hat kein Empfinden und Begehren, also keinen Astralleib in dem Sinne, wie er im Tier anwesend ist. Und dennoch: Auch für eine Pflanze gilt das ZEITKREUZ – sie hat zukünftige, gestaltbildende Entwicklungsziele, und sie hat ebenso auch ein geistiges ‚Wesen', die Art. Nur kommen das Seelische und Geistige in ihr nicht *als solche* zur Erscheinung, sondern ‚umschweben' sie gleichsam wie von außen. Die Pflanze ‚weiß' nichts von ihrer Zukunft, sie erstrebt sie nicht. Dennoch hat sie eine ‚vegetative Seele' (ein Ausdruck des Aristoteles[121]), die – eben weil Seelisches immer auch Zukunft umfasst – die künftige Entwicklung der Pflanze ‚kennt'. Und sie ist ein geistiges Wesen, das zwar in der Pflanze nicht zum Selbstbewusstsein erwacht, aber doch als artspezifische, autonome Bildungskraft in ihr wirkt. Im Tier *erscheint* dann das Seelische

[121] Aristoteles: De anima, II, 3, 414 b.

(als Sensitivität, Begehren und Verhalten) und im Menschen das Geistige im Gedankenleben und freien Handeln des sich selbst erfassenden Ich.

Fragen wir noch einmal: Wie erkennt man das Zukünftige der Organismen, ihre teleonomische Zielgerichtetheit? Wo findet man sie? Die Antwort ist: Wir erleben sie in uns! Als Erkennende ergänzen wir immer diejenigen Aspekte des ZEITKREUZES, die den Naturwesen fehlen. Auch ein Stein hat Geschichte und Zukunft – doch liegen die Kräfte, die seine vergangenen und kommenden Schicksale bewirken, in seiner Umgebung und nicht in ihm selbst. Als Erkennende fügen wir sie zu dem, was uns von ihm als Sinneseindruck erscheint, hinzu. Bei der Pflanze sehen wir die Werdekraft in dem Wesen verwirklicht, wir sehen Gewachsenes, aus dessen gestalthaftem Anblick unmittelbar deutlich ist, dass es sich aus eigener Kraft bildete. Man könnte Pflanzen deshalb auch als *verkörperte Erinnerungen* bezeichnen. Dagegen erscheint ihr künftiges Werdepotential nicht in der gegenwärtigen Gestalt. Hier sind es wieder wir als Betrachter, die ihre weitere Entwicklung erwarten. (Man kann an sprossenden Keimlingen, an austreibenden Blättern und Blütenknospen sehr schön beobachten, wie ihr Anblick gleichsam von einer Aura der Erwartung ihrer weiteren Entwicklung umspielt wird.) Im Tier erscheint dann auch die Fähigkeit der Zukunftserwartung, die seelisch-intentionale Ausrichtung auf ein Kommendes innerhalb seiner physischen Erscheinung verwirklicht. Das Tier empfindet und verhält sich, strebt triebhaft nach Befriedigung seiner Bedürfnisse. In diesem Sinne sind Tiere *lebendig verkörperte Intentionen oder Begehrungen*. Ihr geistiges Wesen,

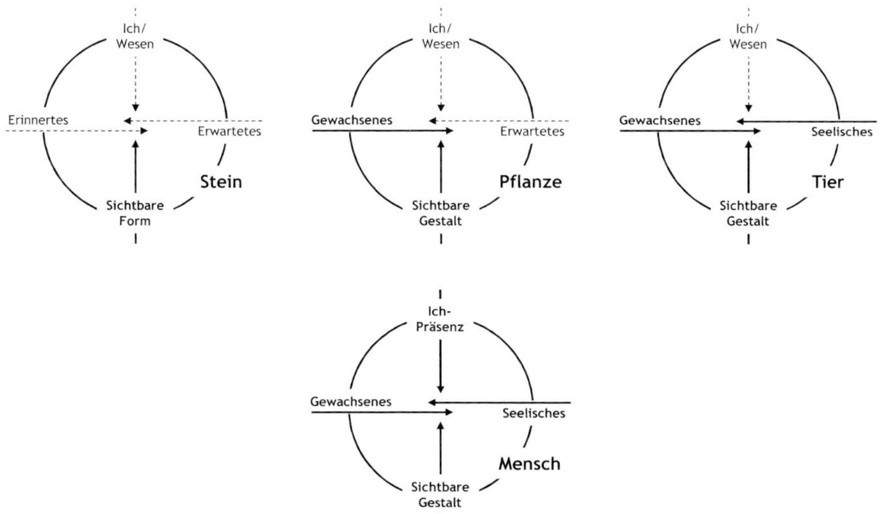

Abb. 25. Das ZEITKREUZ und der Zusammenhang des menschlichen Erkennens mit den Reichen der Natur. Die durchgezogenen Linien bedeuten die tatsächlich erscheinenden, ‚verkörperten' Aspekte, die gebrochenen Linien diejenigen Aspekte, die der Mensch im Erkenntnisakt zu den Erscheinungen hinzufügt.

die Art, sehen wir nicht, sondern ergänzen sie wiederum in unserem Erkennen. – Beim Menschen schließlich kommen die Art, wie er sich äußerlich darlebt, und die innere Erkenntnisstruktur vollständig zur Deckung: Der Mensch ist ein Abbild seines erkennenden, seelisch-geistigen Wesens. In ihm ist auch ein geistiges Wesen als sich selbst bestimmendes, autonom wirksames ‚Ich' individuell ‚verkörpert'. Erst aus dem Erkennenden und dem Erkannten zusammen ergibt sich das Ganze (Abb. 25, S. 87).

Immer verständlicher wird so die Welt. Nehmen wir z.B. die Tatsache, dass die vegetative Gestalt der Pflanze offen ist und potentiell immer weiter wächst, während sich das Tier in einer fertigen Gestalt nach außen abschließt.[122] In der Pflanze verkörpert sich die Zukunftserwartung noch nicht gestaltbildend, sie liegt im Betrachter, während sich die Intentionalität im Tier in die lebendigen Bildungsvorgänge herein schiebt und das physische Wesen mitgestaltet. Im Menschen schließlich wird die Intentionalität, überhaupt das Seelische in den Bereich des ‚Ich' gezogen und bleibt damit frei beweglich, während es im Tier verkörpert und artspezifisch festgelegt erscheint.[123]

Man muss bei alldem berücksichtigen, dass das ZEITKREUZ die *lebendige Zusammenschau* von vier unterschiedlichen, im Erkennen zusammenwirkenden Weltschichten und Erlebnisweisen meint. Es birgt die Gefahr des Schemas und sollte deshalb immer wieder auf die ihm zugrunde liegenden Erfahrungen bezogen werden, indem man das räumlich Dargestellte in seinem eigentlichen, nämlich zeitlichen Sinne auffasst.

4.7 Einige Bemerkungen über Materie und Zeit

Was also ist die Zeit? Das heute übliche Verständnis wird durch den Takt der Uhren bestimmt und drückt Isaac Newtons Definition aus: *„Die absolute, wahre und mathematische Zeit verfließt an sich und vermöge ihrer Natur gleichförmig, und ohne Beziehung auf irgend einen äußeren Gegenstand."*[124]

---

[122] Vgl. Kunze (1982).

[123] Aristoteles unterschied dreierlei Weisen, in denen die ‚Seele' als das Lebensprinzip im Körper wirksam werden kann: Als die ‚Nähr- oder ‚Vitalseele' *(psyche threptike),* die den Pflanzen zukommt, und die für das Nährvermögen, für Wachstum und Fortpflanzung steht; als ‚Sinnenseele' *(psyche aisthetike),* die für das Wahrnehmungs- und Empfindungsvermögen steht und die Bewegung der Tiere motiviert; und die vernünftige Seele *(psyche logike),* das Denkvermögen als das Prinzip des menschlichen Lebens. Aristoteles: De anima. II, 3, 414bff. Vgl. Köchy (2003), S. 305f. Ich möchte vermuten, dass Aristoteles mit dem Ausdruck ‚Seele' keine abstrakte Einheit, kein metaphysisches Konstrukt meinte, sondern dasjenige, was er auch in sich selbst durch Innenerleben erfahren konnte.

[124] Newton (1687).

Doch können an einer Uhr überhaupt nur räumliche Veränderungen wahrgenommen werden. Ein Zeitabschnitt, der innerhalb der Änderung der Stellung des ‚Minutenzeigers' um, sagen wir 45° vergeht, kann für das Erleben ganz verschieden schnell verfließen. Zeit existiert nicht wirklich innerhalb der sinnlich wahrnehmbaren Welt. Weil durch die Sinne immer nur Gegenwärtiges wahrgenommen werden kann, muss man, um die Veränderungen der Dinge zu bemerken, sich an ihre vergangenen Zustände erinnern und ihre zukünftigen erwarten: Zeit ist nur seelisch real. Der newtonsche Zeitbegriff verabstrahiert nur die zugrunde liegende Erfahrung.

Man mache sich einmal ganz klar, dass durch die Sinne immer nur Gegenwärtiges wahrgenommen werden kann. Was gerade *war,* kann ich nicht mehr sehen (hören, riechen, tasten usw.), und das, was gleich *sein wird,* auch nicht. Wo ist das hin, wo kommt das her? Wenn ich mir die Dinge als vergangene ebenfalls so materiell vorstelle, wie sie mir in der Gegenwart erscheinen, dann ist das in Wahrheit nur eine Erinnerungsvorstellung, ein seelisches Phänomen, das als solches eben *nicht mehr* materiell ist. Lebt man sich einmal in diesen Gedanken ein, so erscheint die physische Gegenwart plötzlich wie ein dünner Grat, auf dem man zwar steht, doch links und rechts geht es in Abgründe hinunter ... – Man kann bemerken, wie man sich die physisch-gegenständliche Materie wirklich immerzu als das Dauernde im Wechsel der Erscheinungen vorstellt. Steht der Stuhl, auf dem ich gerade sitze, ebenso als materieller Gegenstand da, wenn ich das Haus verlasse? Die Antwort lautet zunächst selbstverständlich: ‚Ja'. Sie muss aber lauten: ‚Nein'! Nicht, dass der ‚Stuhl' verschwände, nein, aber seine physische Erscheinung. Was von ihm erhalten bleibt, ist sein Wesen, seine geistige Gesetzmäßigkeit, und zwar diejenige dieses ganz konkreten Stuhls hier an meinem Schreibtisch. Trete ich ihm erneut gegenüber, so *erscheint* sein Wesen wieder als Sinneswahrnehmung.[125] Nicht die (‚materielle') Erscheinung der Dinge ist das in allem Wechsel Beharrende, sondern ihr geistiges Wesen.

In einem frühen, grundlegenden Aufsatz[126] schrieb Rudolf Steiner: *„Die wahrgenommene Welt ist nichts anderes als eine Summe von metamorphosierten Wahrnehmungen. ... Man wird uns nun entgegnen: mit dieser unserer Schlussweise schaffen wir alles Dauernde im fortlaufenden Weltprozesse hinweg, wir machen wie Heraklit den Fluss der Dinge, in dem nichts bestehen bleibt, zum alleinigen Weltprinzipe. Es müsse hinter den*

---

[125] Wie dieser Vorgang des Erscheinens für die Sinne genau zu verstehen ist, kann hier nicht erläutert werden. Es handelt sich um komplexe menschenkundliche Prozesse, die allerdings im Licht der inneren Erfahrung detailliert beobachtbar und beschreibbar werden können. Für weitere Gesichtspunkte zu dieser Frage sei auf verschiedene Darstellungen Rudolf Steiners verwiesen: Steiner (1911 a), Steiner (1919), S. 37 ff., Steiner (1923 b).

[126] Steiner (1883–1897), Kap. Das Urphänomen.

Erscheinungen ein ‚Ding an sich', hinter der Welt der Veränderungen eine ‚dauernde Materie' geben." Doch *„nur einer ganz verfehlten Auffassung des Zeitbegriffes verdankt der Begriff der Materie seine Entstehung. Man glaubt die Welt zum wesenlosen Schein zu verflüchtigen, wenn man der veränderlichen Summe der Geschehnisse nicht ein in der Zeit Beharrendes, ein Unveränderliches untergelegt dächte, das bleibt, während seine Bestimmungen wechseln. ... [Doch] nur, wer [den] Rückgang von der Erscheinung zum Wesen ... nicht vollziehen kann, ... braucht ... ein Dasein, welches die Veränderungen überdauert. Als solches fasst er die unzerstörbare Materie auf. Damit hat er sich ein Ding geschaffen, dem die Zeit nichts anhaben soll, ein in allem Wechsel Beharrendes. Eigentlich aber hat er nur sein Unvermögen gezeigt, von der zeitlichen Erscheinung der Tatsachen zu ihrem Wesen vorzudringen, das mit der Zeit nichts zu tun hat."* – Angenommen, man würde das Wesen der Dinge, das in der Intuition erfasst wird (vgl. Kap. 3.2), als *wirklich* erleben, dann würde sich die ‚unzerstörbare Materie' als eine Hilfsvorstellung entpuppen, die das ‚Ich' braucht, um sich daran stützen und festhalten zu können. Um das Wesen zu erleben, muss man aber aktiv werden, während die Materievorstellung Passivität erlaubt.[127]

Geht man streng phänomenologisch vor und bleibt im partizipierenden Schauplatzbewusstsein, so erscheint die physische Welt immer deutlicher als das, was sie in Wahrheit (nur) ist: Inhalt vielfältigster, sich ständig wandelnder Sinneswahrnehmungen. *„Die wahrgenommene Welt ist die Summe sich metamorphosierender Wahrnehmungen ohne eine zugrunde liegende Materie."*[128] Die Vorstellung einer vom erkennenden Ich unabhängig existierenden Materie *ist falsch*! Solange man diese fundamentale Erkenntnis nicht gewinnen kann, gibt es keine Möglichkeit, Leben, Seele und Geist wirklich zu verstehen.[129]

---

[127] Rudolf Steiner schrieb, dass *„der Glaube an die Materie nur ein Vorstadium ist für die Erkenntnis, dass auch im Raume nicht Materie spukt, sondern Geist waltet. Und die Vorstellung ‚Materie' ist nur eine provisorische, die so lange ihre Berechtigung hat, als ihr Geistcharakter nicht durchschaut ist. Man muss aber doch von dieser ‚Berechtigung' sprechen. Denn die Annahme der Materie ist begründet, solange man mit den Sinnen wahrnehmend der Welt gegenübersteht. Wer in dieser Lage den Versuch macht, irgend welche geistige Wesenheit hinter den Sinneswahrnehmungen statt der Materie anzunehmen, der phantasiert von einer Geisteswelt. Wer erst im inneren Erleben zum Geiste vordringt, dem verwandelt sich nicht träumerisch, sondern exakt anschaulich das, was hinter den Sinneseindrücken zuerst als Materie ‚spukt', in eine Form der Geisteswelt, der er selbst mit dem Ewigen seines Wesens angehört."* Steiner (1923b).

[128] Steiner (1883–1897), Kap. Das Urphänomen.

[129] Dieser Gedanke muss in dieser Schärfe gefasst werden, wenn der Dualismus zwischen Geist und Materie, zwischen der descartschen *res cogitans* und *res extensa* überwunden werden soll. Der Dualismus wird niemals zeigen können, wie eine Wechselwirkung oder ein Übergang zwischen beiden Seinsarten stattfinden kann. Wer zu einem

Monismus kommen will, muss entweder alles als Materie ansehen, oder alles als Geist. Die hier vorliegende Auseinandersetzung will zeigen, dass der monistische Materialismus nicht konsistent ist, weil er Leben und Erkennen voraussetzt, aber übersieht. Nein, es ist nicht alles Materie, sondern Geist. ‚Materie' ist Erscheinung für die Sinne, ist Geist in sinnlicher Form. Dies hat Rudolf Steiner bereits in seinem berühmten frühen Aufsatz zur ‚Einzig möglichen Kritik atomistischer Begriffe' dargestellt, den er an den Tübinger Ästhetiker Friedrich Theodor Vischer sandte (und in dem er schon eine Revision des gewöhnlichen Zeitbegriffs forderte): *„Im [sinnlichen] Erkennen eines räumlich-zeitlichen Objektes ist uns also nichts anderes als ein Begriff oder Gesetz auf sinnenfällige Weise gegeben. ... Man muss dem Begriffe seine Ursprünglichkeit, seine eigene auf sich selbst gebaute Daseinsform lassen und ihn in dem sinnenfälligen Gegenstande nur in anderer Form wiedererkennen."* Steiner (1882). Genauso schrieb er am Ende seines Lebens: *„Ich suchte in [meiner ‚Philosophie der Freiheit'] darzulegen, dass nicht hinter der Sinneswelt ein Unbekanntes liegt, sondern in ihr die geistige Welt. Und von der menschlichen Ideenwelt suchte ich zu zeigen, dass sie in dieser geistigen Welt ihren Bestand hat. Es ist also dem menschlichen Bewusstsein das Wesenhafte der Sinneswelt nur so lange verborgen, als die Seele nur durch die Sinne wahrnimmt. Wenn zu den Sinneswahrnehmungen die Ideen hinzuerlebt werden, dann wird die Sinneswelt in ihrer objektiven Wesenhaftigkeit von dem Bewusstsein erlebt. Erkennen ist nicht ein Abbilden eines Wesenhaften, sondern ein Sich-hinein-Leben der Seele in dieses Wesenhafte. Innerhalb des Bewusstseins vollzieht sich das Fortschreiten von der noch unwesenhaften Sinnenwelt zu dem Wesenhaften derselben. So ist die Sinnenwelt nur so lange Erscheinung (Phänomen), als das Bewusstsein mit ihr noch nicht fertig geworden ist. In Wahrheit ist die Sinneswelt also geistige Welt; und mit dieser erkannten geistigen Welt lebt die Seele zusammen, indem sie das Bewusstsein über sie ausdehnt. Das Ziel des Erkenntnisvorganges ist das bewusste Erleben der geistigen Welt, vor deren Anblick sich alles in Geist auflöst."* Steiner (1923–25), Kapitel XVII, S. 245 f. Man fühlt sich an das Wort des Paulus erinnert: *„Noch erkennen wir die Welt durch einen zerbrochenen Spiegel, aber einstmals werden wir Gott schauen von Angesicht zu Angesicht."* (1. Kor. 13:12). – Das wichtigste Problem ist, dass man sehr gründlich daran *gewöhnt* ist, nur die äußere, sinnlich wahrnehmbare Welt für wirklich zu halten. Das wird anders, wenn man beginnt, auch das Denken als in sich bestehende Wirklichkeit zu *erleben*. Deswegen ist die Anthroposophie im ersten Schritt Gedankenschulung, d. h. inhaltliche Differenzierung, logische Verfeinerung und erlebnismäßige Intensivierung des Denkens. *„Das Wesentliche dabei ist, dass man so gewahr wird, wie die Gedankenwelt inneres Leben hat, wie man sich, indem man wirklich denkt, im Bereiche einer übersinnlichen lebendigen Welt schon befindet. Man sagt sich: Es ist etwas in mir, was einen Gedanken-Organismus ausbildet; aber ich bin doch eines mit diesem ‚Etwas'. Man erlebt so in der Hingabe an sinnlichkeitsfreies Denken, dass etwas Wesenhaftes besteht, was einfließt in unser Innenleben, wie die Eigenschaften der Sinnendinge durch unsere physischen Organe in uns einfließen, wenn wir sinnlich beobachten. Da draußen im Raume – so sagt sich der Beobachter der Sinnenwelt – ist eine Rose; sie ist mir nicht fremd, denn sie kündigt sich mir durch ihre Farbe und ihren Geruch an. Man braucht nun nur genug vorurteilslos zu sein, um sich dann, wenn das sinnlichkeitsfreie Denken in einem arbeitet, ganz entsprechend zu sagen: es kündigt sich mir ein Wesenhaftes an, welches in mir Gedanken an Gedanken bindet, welches einen Gedankenorganismus formt. Es besteht aber ein Unterschied in den Empfindungen gegenüber dem, was der Beobachter der äußeren Sinnenwelt im Auge hat, und dem, was sich wesenhaft in dem sinnlichkeitsfreien Denken ankündigt. Der erste Beobachter fühlt sich der Rose gegenüber außenstehend, derjenige, welcher dem sinnlichkeitsfreien Denken hingegeben ist, fühlt das in ihm sich ankündigende*

In dem genannten Aufsatz ging Rudolf Steiner noch genauer auf das Wesen der Zeit ein: *„Die Zeit ist ja nicht ein Gefäß, in dem die Veränderungen sich abspielen; sie ist nicht* vor *den Dingen und* außerhalb *derselben da. Die Zeit ist der sinnenfällige Ausdruck für den Umstand, dass die Tatsachen ihrem Inhalte nach voneinander in einer Folge abhängig sind. ... Die Zeit [tritt] erst da auf, wo das Wesen einer Sache in die Erscheinung tritt. Die Zeit gehört der Erscheinungswelt an. Sie hat mit dem Wesen selbst noch nichts zu tun. Dieses Wesen ist nur ideell zu erfassen. Nur wer diesen Rückgang von der Erscheinung zum Wesen in seinen Gedankengängen nicht vollziehen kann, der hypostasiert die Zeit als ein den Tatsachen Vorhergehendes. ... Kann ich denn von dem Wesen einer Tatsache sagen: es entsteht oder vergeht? Ich kann nur sagen, dass ihr Inhalt einen andern bedingt, und dass dann diese Bedingung als Zeitenfolge erscheint. Das Wesen einer Sache kann nicht zerstört werden; denn es ist außer aller Zeit und bedingt selbst die letztere."*[130]

Das Wesen einer Sache *bedinge* die Zeit? Im ZEITKREUZ steht das ‚Wesen' oben, unten seine sinnlich wahrnehmbaren Erscheinungsformen. Jede einzelne von ihnen (z. B. ein Keim, ein Sprössling, eine Blüte, eine Frucht usw.) ist ‚Pflanze'. Der Begriff enthält mehr, als die einzelne Erscheinung zeigen kann, einen *Überschuss*. In ihm ist, wie Goethe sagte, *„Simultanes und Sukzessives innigst verbunden"*.[131] Er gibt mir außer dem Inhalt der gegenwärtigen Erscheinung zugleich ihre Vergangenheit und Zukunft. *Das Hinzufügen des Begriffs zu einer sinnlichen Erscheinung ist also die Bedingung dafür, dass überhaupt ihre Zeitlichkeit erfasst werden kann.* Ohne Begriffe könnte ich die Dinge nur anstarren – jetzt, und jetzt, und wiederum jetzt ... Begriffe sind das Fließende zwischen den zu Gegenständen geronnenen Wahrnehmungen der Sinneswelt, die alles überspannenden und verwebenden Zusammenhänge. Was im Begriff enthalten ist, das Wesen einer Sache,

---

Wesenhafte wie in sich, er fühlt sich mit ihm eins [vgl. hierzu das in Kap. 3.2, S. 48 ff. Dargestellte]. *Wer mehr oder weniger bewusst nur das als wesenhaft gelten lassen will, was ihm wie ein äußerer Gegenstand gegenübertritt, der wird allerdings nicht das Gefühl erhalten können: was ein Wesenhaftes für sich ist, das kann sich mir auch dadurch ankündigen, dass ich mit ihm wie in eins vereinigt bin. Um in dieser Beziehung richtig zu sehen, muss man folgendes innere Erlebnis haben können. Man muss unterscheiden lernen zwischen den Gedankenverbindungen, die man durch eigene Willkür schafft, und denjenigen, welche man in sich erlebt, wenn man solche eigene Willkür in sich schweigen lässt. In dem letzteren Falle kann man dann sagen: Ich bleibe in mir ganz still; ich führe keine Gedankenverbindungen herbei; ich gebe mich dem hin, was ‚in mir denkt'. Dann ist es vollberechtigt, zu sagen: in mir wirkt ein für sich Wesenhaftes, wie es berechtigt ist zu sagen: auf mich wirkt die Rose, wenn ich ein bestimmtes Rot sehe, einen bestimmten Geruch wahrnehme."* Steiner (1910), S. 342 ff.

[130] Steiner (1883–1897), Kap. Das Urphänomen.

[131] Goethe (1820), S. 31; vgl. Basfeld (1998), S. 86.

bedingt die *Zeitförmigkeit* ihrer Erscheinung. Deshalb konnte Viktor von Weizsäcker sagen, *„dass das Leben nicht in der Zeit ist, sondern die Zeit im Leben ist oder genauer durch dessen Selbstsetzung wird“*.[132] Damit gibt es aber auch je nach Erscheinungszusammenhang verschieden gegliederte Zeiten, ja man könnte sagen, ein jegliches Ding habe *seine* Zeit. Für das ZEITKREUZ ergibt sich eine erweiterte Perspektive (Abb. 26). – All dieses wird lebendig erlebbar, wenn man den ‚Rückgang von der Erscheinung zum Wesen‘ vollzieht, wenn die Intuition immer mehr als wirklich erlebt wird.

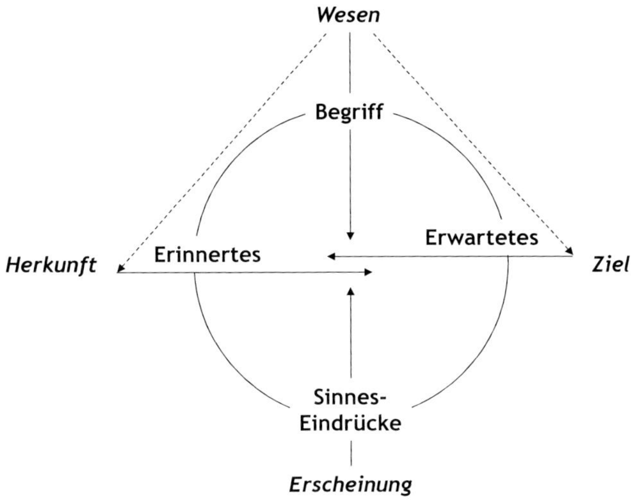

Abb. 26. Der Ursprung ihrer zeitlichen Erscheinungen liegt in dem Wesen einer Sache begründet.

* * *

Zum Schluss dieses ersten Teils sei noch auf ein interessantes Bewusstseinsphänomen hingewiesen. Haben Sie sich schon einmal gefragt, wie lange eigentlich die Gegenwart dauert? Wann ist der gegenwärtige Augenblick vorbei, wann beginnt ein neuer? Der Münchner Hirnforscher Ernst Pöppel hat sich mit dieser Frage beschäftigt. Seine Untersuchungen ergaben, dass erwachsene Menschen einen gegenwärtigen Moment als zwei bis drei Sekunden lang bestimmen. Was innerhalb dieser Zeit geschieht, wird als

---

[132] Weizsäcker, V. v. (1942), S. 19. Es ist dies derselbe Gedanke, den Goethe aussprach, als er zu Schiller sagte, dass man *„die Natur nicht gesondert und vereinzelt vornehmen, sondern sie wirkend und lebendig, aus dem Ganzen in die Teile strebend darstellen“* solle, und den Kant meinte, als er schrieb, dass *„die Teile [eines Organismus] ihrem Dasein und der Form nach nur durch ihre Beziehung auf das Ganze möglich sind“* Kant (1790), S. 320.

zusammengehöriger Augenblick erlebt. Gedichte, ja Sprachen überhaupt sind in diesem Zeitmaß gegliedert. „*Was wir jeweils als ‚gegenwärtig' erleben, ist nicht ein ausdehnungsloser Punkt auf der Zeit-Achse der klassischen Physik, sondern es sind zu Gestalten integrierte Ereignisse mit Bedeutung. … Dieser zeitliche Rahmen ist die Grundlage unserer Bewusstseinstätigkeit; jeweils für einen kurzen Zeitabschnitt ‚konzentriert' sich das Bewusstsein auf einen Sachverhalt und automatisch ‚zwingt' das Gehirn die Konzentration nach wenigen Sekunden zum nächsten Inhalt.*"[133] Ich vermute, dass die Länge des Gegenwartserlebens in erster Linie auf der Dauer *eines Atemzugs* beruht. Eine subtile Beobachtung kann durchaus unterscheiden, wie man beim Einatmen den jeweiligen Inhalt des Bewusstseins konturierter erfasst und beim Ausatmen gleichsam wieder davongleiten lässt, ihn dann in neuer Form wieder fasst, wieder lässt, wieder fasst, lässt, usw. Es ist wie ein feines Aufwachen und Einschlafen, das uns von einem Gegenwartsmoment in den nächsten gleiten lässt. (Am deutlichsten kann man das erleben, wenn man sich bei geschlossenen Augen eine Figur bildlich vorstellt – nach ca. einem Atemzug muss man das Bild neu aufbauen.) Das Zeiterleben ist also nicht kontinuierlich, sondern in sich rhythmisch gegliedert.[134]

Damit deutet sich schon an, was im zweiten Teil dieses Buches wichtig wird: Die Einbeziehung nicht nur des menschlichen Bewusstseins, sondern auch des menschlichen Körpers als biologisch-physiologische Grundlage seines Erkennens. Es wird sich zeigen, dass sich die bisher durch Innenbeobachtung erschlossene Erkenntnisstruktur in der Gestalt und den Funktionen des menschlichen Leibes ausdrückt, und dass sie ebenso auf der Gestalt und den Funktionen dieses Leibes beruht. Der Bau und schließlich auch die Evolution der menschlichen Gestalt werden so aus inneren Prinzipien immer verständlicher werden.

---

[133] Pöppel (1984), S. 135 ff.

[134] Zu den physiologischen Grundlagen des Zusammenspiels von Atmung und Bewusstsein vgl. auch Husemann (2010).

TEIL II:

Entwicklungsbiologie, Genetik und Evolution im Licht der inneren Erfahrung

5 ‚Wie mich geheimnisvoll die Form entzückte' – Seelisches als Gestaltungsprinzip

Wie mich geheimnisvoll die Form entzückte,
die gottgedachte Spur, die sich erhalten,
und mich an jenes Meer entrückte,
das flutend strömt, gesteigerte Gestalten.[135]
(Goethe)

Im ersten Teil dieses Buches wurde gezeigt, dass sich ein Verständnis des Lebendigen eröffnet, wenn man neben den biologischen Phänomenen das erkennende Bewusstsein mit berücksichtigt und es nicht als Zuschauer, sondern als Schauplatz des Weltgeschehens begreift. Im zweiten Teil soll nun der Frage nach der menschlichen Gestalt und ihrer Evolution genauer nachgegangen werden. Gibt es eine Möglichkeit, die Evolution weder als zufälliges Geschehen noch als das Ausrollen eines vorab gefassten, göttlichen Plans zu begreifen? Gibt es einen dritten Weg außer Darwinismus und Kreationismus? Wie begreift man die Gestalten der vielen verschiedenen Tiergruppen, die dem Erscheinen des Menschen in der Evolution vorangingen? Und welche Rolle spielen die Gene und überhaupt das molekularbiologische Geschehen? – Fragen wir zunächst, wie man organische Gestaltbildung mit den bisher gewonnenen Prinzipien konkret verstehen kann.

5.1 Metamerie und Gestalt

Eines der einfachsten Bildungsprinzipien organischer Gestalten ist die Wiederholung gleicher oder ähnlicher Teile. Von der Zellteilung bis zur Fortpflanzung erweist sich dieses Prinzip als elementar für alles Lebendige. Einfache Tiere zeigen eine sich wiederholende Gliederung in mehr oder weniger gleichförmige Segmente (*Metamere*). Adolf Portmann hat die metamere Gliederung als ein Grundmuster der tierischen Bildung beschrieben: „*Die reihenweise Wiederholung gleichartiger Teile ist für große Kreise verwandter Tiere kennzeichnend. Die Körperabschnitte eines Regenwurms oder einer Raupe, die Ordnung der Rumpfmuskeln bei einem Fisch, einem Salamander sind vertraute Beispiele.*"[136] (Abb. 27, nächste Seite).

Metamere Gestaltungen finden sich insbesondere auch in der embryonalen Entwicklung. Portmann schrieb: „*Besonders auffällig ist die Reihung gleichwertiger Glieder in frühen Entwicklungsstadien der Wirbeltiere oder Gliedertiere, auch bei Arten, in denen der erwachsene Körper äußerlich*

[135] Goethe (1826), S. 366.
[136] Portmann (1965), S. 37 ff.

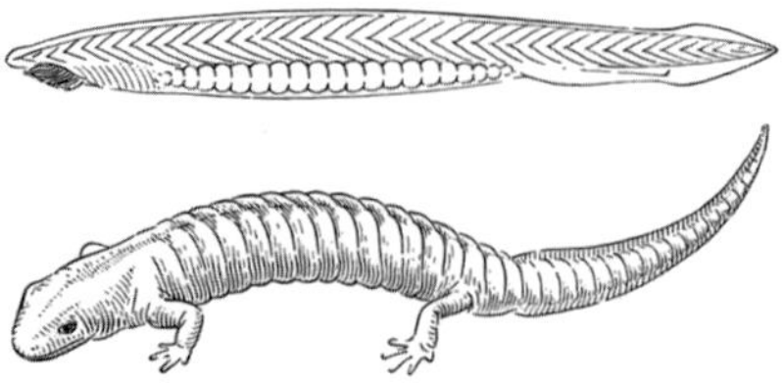

Abb. 27. Metamere Körpergliederung beim Lanzettfischchen und einem Erd-Salamander (aus Portmann).

nichts mehr davon erkennen lässt. Die reihenweise Anordnung der Organanlagen erscheint also zunächst als ein Bauprinzip, als eine Möglichkeit, das Baumaterial in einfacher Weise für die Bildung komplizierterer Körperformen bereitzustellen. ... Auf diesen frühen Entwicklungsstadien gleichen sich die Embryonen von Fischen, Vögeln und Menschen in vielen allgemeinen Zügen des Bauplans; auch die von Spinnen, Insekten und Krebsen sind einander erstaunlich ähnlich.“

Portmann findet nun, dass *„für manche Tiere der Weg von der embryonalen Bildung zum fertigen Körper verhältnismäßig einfach und direkt [ist], indem viele Organe auch im ausgeformten Leib die anfängliche Reihung ihrer Glieder beibehalten. Bei anderen erscheint der Entwicklungsweg komplizierter, und die spätere Ausbildung führt zu beträchtlichen Unterschieden gegenüber den frühen Gestaltstufen. Der Fisch bleibt dem Grundbauplan der Anlage in vielem recht nahe, der Vogel dagegen verliert sehr rasch jede äußere Ähnlichkeit mit den für beide Formen gemeinsamen Frühstadien. ... Diese verschiedenen Entwicklungswege geben uns nun eine Möglichkeit, um die Gestalten zu ordnen; sie sind eine der wichtigen Grundlagen der Sonderung in niedere und höhere Tiertypen.“*[137] Man kann daher in erster Näherung sagen: Je einfacher ein Tier organisiert ist, desto ähnlicher bleibt es seiner metamer gegliederten Embryonalform, je höher entwickelt es ist, desto mehr entfernt es sich von ihr. Auch Goethe hatte dieses morphologische Prinzip klar erkannt: *„Je unvollkommener das Geschöpf ist, desto mehr sind diese Teile einander gleich oder ähnlich, und desto mehr gleichen sie dem Ganzen. Je vollkommner das Geschöpf wird, desto unähnlicher werden die Teile einander. In jenem Falle ist das Ganze den Teilen mehr oder weniger gleich, in diesem das Ganze den Teilen unähnlich. Je ähnlicher die Teile einander sind, desto weniger sind sie einander subordiniert. Die Subordination der Teile deutet auf ein vollkommneres Geschöpf.“*[138]

---

[137] Portmann (1965), S. 40 ff.
[138] Goethe (1817 a), S. 56.

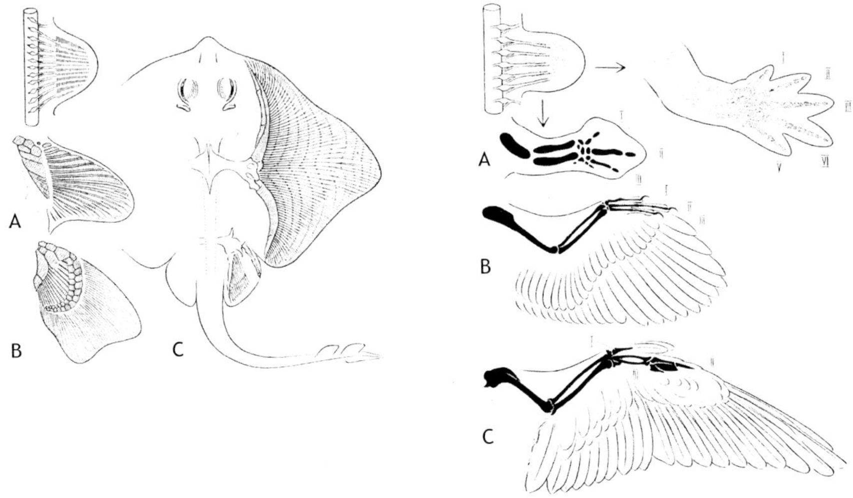

Abb. 28. Metamerie und Entwicklungshöhe. *Links*: In den Flossen primitiver Fische bleibt die embryonale metamere Anordnung der Bauelemente (Nerven, Muskel, Skelett) weitgehend erhalten. Oben links embryonale Flossenanlage. A: Brustflosse eines devonischen Knorpelfisches; B: Brustflosse eines modernen Hais; C: Flosse eines Rochen. *Rechts*: Die embryonale Anlage der Gliedmaßen der Landwirbeltiere ist ähnlich einer Fischflosse. Aus ihr entsteht meist eine Extremität mit fünfstrahligem Endglied (oben rechts). Beim Vogel findet man embryonal noch deutliche Spuren dieser Hand (A), bei den ältesten Vögeln der Jurazeit sieht man auch noch drei bekrallte Finger (B). Das Skelett des heutigen Vogels entsteht durch sekundäre Umbildungen (C) (aus Portmann[139]).

Deutlich erkennt man die frühe metamere Körperstruktur auch in der berühmten Embryonentafel Ernst Haeckels (Abb. 29, nächste Seite). Die Tafel zeigt anschaulich die Gliederung der Embryonalstadien der Wirbeltiere, sichtbar vor allem an der Anlage zur Wirbelsäule und an den Schlundtaschen unterhalb der Augen.[140]

---

[139] Portmann (1965).

[140] Um diese Darstellung Ernst Haeckels hat es viel Streit gegeben. Besonders von kreationistischer Seite wurden Haeckel Vereinfachung und sogar Fälschung vorgeworfen. Und tatsächlich sind die verschiedenen Frühstadien der Wirbeltiere teilweise unähnlicher als von Haeckel gezeichnet. Aber das spielt für das hier gemeinte Prinzip keine wesentliche Rolle, denn die metamere Gliederung des Körpers ist *doch* bei allen Wirbeltieren gegeben. Dies zeigt auch die Molekulargenetik, die die metamere Gliederung aller Wirbeltiere anhand der segmentalen Aktivität unterschiedlicher Gene gleichsam neu entdeckte. – Ob auch dem Kopf eine metamere Bildung zugrunde liegt oder nicht, ist ein altes Problem der Biologie, das hier nicht weiter erörtert werden kann. Immerhin zeigt sich zunächst eine metamere Gliederung des Gewebes in der embryonalen Gehirnentwicklung, die später von unsegmentierten Strukturen überwachsen wird.

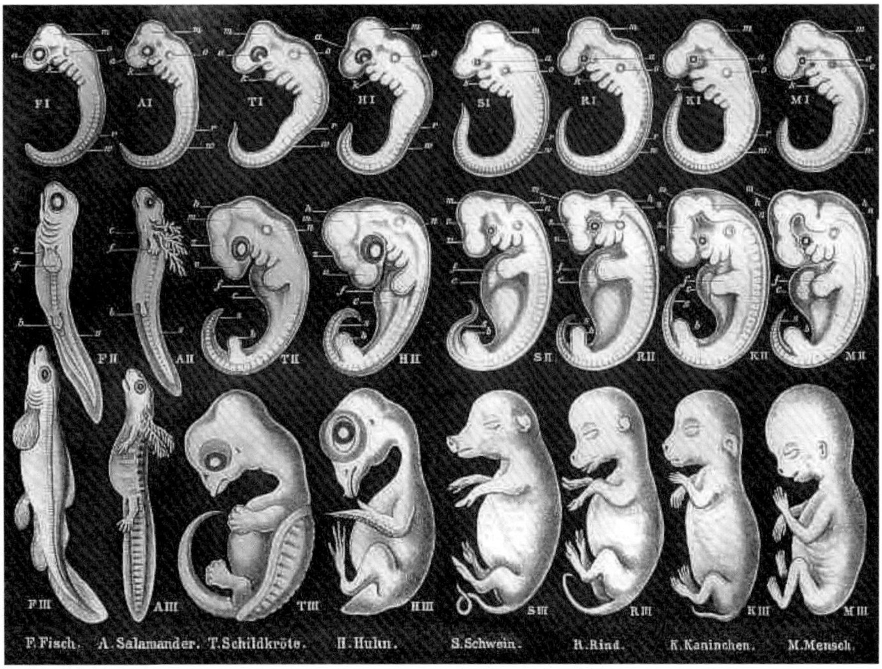

Abb. 29. Metamerie und Gestaltbildung: Die berühmte embryologische Tafel Ernst Haeckels.

Bei höheren Organismen wird die metamere Gliederung im Verlauf der Ontogenese vom Gestaltungsprinzip des Gesamtorganismus überformt. Und auch die Phylogenese führt von den einfacheren, noch rhythmisch-metameren Formen der Fische zu den differenzierten Gestalten der Vögel und Säugetiere. Sowohl in der Ontogenese als auch in der Phylogenese zeigt sich eine zunehmende gestaltliche Integration metamerer Ausgangsformen.

Die Überformung metamerer Strukturen liegt schließlich auch vielen anderen biologischen Gestaltbildungsvorgängen zugrunde, wie der Bildung der fünfstrahligen Hand der Landwirbeltiere aus vielen ähnlichen knorpeligen Elementen urzeitlicher Fische, oder der Bildung des Säugergebisses aus den homodonten Zahnreihen urzeitlicher Reptilien. Immer werden zunächst einander ähnliche Elemente differenziert, spezialisiert, in ihrer Anzahl oftmals reduziert und als Teile unter das Ganze einer übergeordneten Gestalt integriert, ein Zusammenhang, der auch als Willistons Gesetz bekannt ist.[141] Abb. 30 zeigt verschiedene Beispiele.

Auch die segmental unterschiedliche Genaktivität in der Gehirnbildung deutet auf eine der Kopfbildung zugrunde liegende Metamerie. Vgl. Schad (2007); Benton (2007), S. 23f.

[141] Der Paläontologe Samuel Williston schrieb 1918: „*Es ist ein Gesetz der Evolution,*

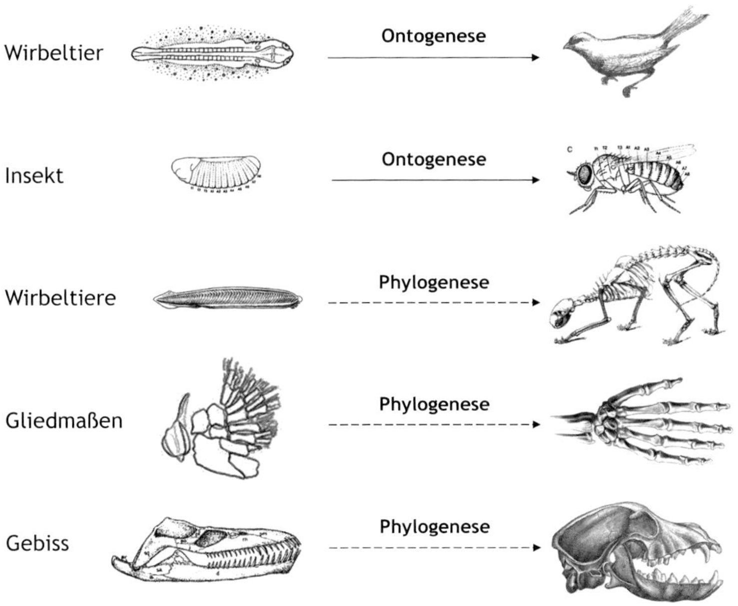

Abb. 30. Beispiele für gestaltliche Differenzierung und Integration metamerer Strukturen im Verlauf der organischen Entwicklung (nicht maßstabsgetreu). Für Wirbeltier und Insekt sind links metamere Embryonalstadien gezeigt, rechts ausgewachsene Organismen. Die drei unteren Abbildungen zeigen Differenzierungen von phylogenetisch älteren, metameren Ausgangsformen zu späteren integrierten Gestalten. Wirbeltiere: vom Lanzettfischchen (links) zum Säugerskelett; Gliedmaßen: von der Flosse eines Urfisches (*Sauripterus*) zur Hand des Menschen; Gebiss: von den homodonten Zahnreihen urzeitlicher Reptilien zum Säugergebiss.

Die frühesten komplexen Organismen der so genannten *Ediacara-* und *Burgess-Shale-Fauna*, die sich lange vor den heute vorhandenen Tierstämmen entwickelten, zeigen als primitivste Formen ebenfalls erstaunliche Metamerien (Abb. 31, nächste Seite).

5.2 Die Tiergestalt im Licht der inneren Erfahrung

Betrachten wir nun die Vorgänge der metameren Gliederung und der gestaltlichen Integration im Licht der inneren Erfahrung. Was erlebt man, wenn man sich in die Anschauung metamerer Wiederholungen vertieft im Gegensatz zu dem Erleben, das sich an ganzheitlich integrierten Gestalten entzündet?

---

dass sich die Anzahl der Teile eines Organismus häufig verringert, wobei dann diese selteneren Teile funktionell spezialisiert sind." Zitiert nach Carroll (2008), S. 39.

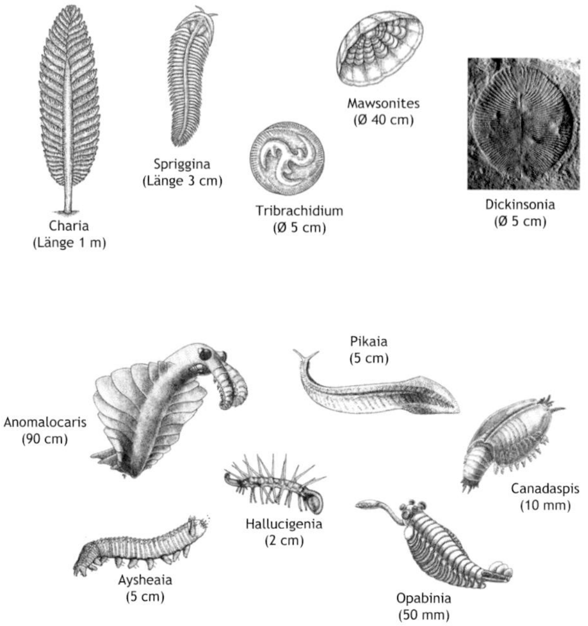

Abb. 31. Metamere Gestaltungen von Organismen der 600 bis 500 Mio. Jahre[142] alten Ediacara-Fauna (oben). Es handelt sich um weichkörperige Organismen, deren Abdrücke (rechts oben) im Sedimentgestein der südaustralischen Edicara-Hügel gefunden wurden. Unten: Tiere aus dem kanadischen Burgess-Schiefer, die teilweise schon verhärtete Außenhäute bildeten.

Metamerie bedeutet *Wiederholung des Ähnlichen.* Durch ihre Gleichförmigkeit werden metamere Wiederholungen in gewissem Sinne als dumpf empfunden. Man wird auf die *Lebensprozesse* gewiesen, aus denen die einzelnen Elemente in rhythmischer Weise hervorgegangen sind. Bei den integrierten Gestalten liegt das (viel wachere) Augenmerk dagegen sowohl auf den Einzelheiten als auch auf der *ganzen* Gestalt, die unmittelbar als eine in sich geschlossene Einheit erlebt wird. Und diese Einheit drückt etwas *Seelisches* aus. Während die metameren Gliederungen pflanzlichen Wachstumsmustern ähneln, bringen die integrierten Gestalten deutlich das Element tierischen Erlebens und Verhaltens zum Ausdruck. Wie reaktionsschnell und ‚aufgeweckt' erscheint eine Fliege, während ihre Larve noch in dumpfen Lebensprozessen brütet (die Raupe bildet den entsprechenden Übergang). Wie seelisch differenziert erscheint ein Säugetier im Vergleich zu

[142] Nach heute üblicher Zeitangabe aus geologischer Datierung. Man kann über die absolute Bedeutung dieser Zahlen unterschiedlicher Meinung sein (vgl. Bosse, 2002; Bockemühl, 1999). Hier sind sie durchgängig *relativ* gemeint als Marker geologischer Entfernungsverhältnisse. Die Frage nach den absoluten Altersangaben in der Geologie und Paläontologie kann hier nicht weiter behandelt werden.

einem Reptil, und welch seelisch-geistige Sublimierung drückt die Hand des Menschen gegenüber der Flosse eines Urfisches aus! Man betrachte auch die zunehmende seelische Differenzierung, die zunehmende ‚Reichhaltigkeit des Weltbezugs' (Adolf Portmann), die sich in der Reihe vom Fisch über die Amphibien, Reptilien, Vögel und Säuger und schließlich beim Menschen zeigt (siehe Abb. 32).

Abb. 32. Die tierische Gestalt als Ausdruck des Seelischen (nach Portmann). Je höher ein Tier organisiert ist, desto reichhaltiger und unmittelbarer drückt die Gestalt das Seelenleben aus.

Muss man nun nicht das Seelische (Empfinden und Verhalten), das sich in diesen Gestalten ausdrückt, *als ebenso wirklich* wie die physischen Erscheinungen selbst ansehen? Die Wissenschaft kann das Seelenleben der Tiere nicht überzeugend erklären. Sie spricht von Reizen, Reaktionen und Regelkreisen, als ob die Wesen, an denen sie auftreten, auch Maschinen sein könnten. Noch weniger kann sie das Hervorgehen des Seelischen aus dem organischen Körper begreifen. Wie kann es sein, dass elektrische Impulse in den Gehirnnerven *Innenleben* erzeugen? Seelisches ist etwas qualitativ anderes als raum-zeitliche Gehirnprozesse.

Nehmen wir aber das Seelenwesen der Tiere ernst, dann beginnen sie, zu uns zu sprechen, und man erkennt im Pferd, in der Maus, in der Taube, im Salamander, im Fisch usw. unterschiedliche *Seelengestalten.* Man vergleiche zum Beispiel Pferd und Esel. Jenes ein impulsiv-nervöses, temperamentvolles, hochbewegliches Tier, harmonisch proportioniert, mit glänzendem Fell, wehender Mähne und Schweif, weit raumgreifenden Bewegungen, etc.; dieser ein gutmütig-sturer, struppiger, immer etwas schmutziger, leicht unförmiger, trippelnder Genosse. Hier Wiehern, dort I-A-Schreien, hier Hysterie, dort Bockigkeit; ein Pferd muss man zügeln, einen Esel antreiben, usw. Welche (seelischen) Gegensätze in (biologisch gesehen) so nahe verwandten Formen! Oder man achte einmal auf das feine seelische Erlebnis, das man beim Anblick von Fischen im Aquarium hat. In einem Winkel der eigenen Seele lebt man sozusagen mit den Gestalten und dem Seelenwesen der Fische mit – mit dem Flimmern der Hautschuppen, das dem Flimmern des Lichts korrespondiert, dem rhythmischen Öffnen und Schließen des Mauls, dem stillen Im-Wasser-Schweben und den plötzlichen, schnellen Bewegungen. Man fühlt die Fische als Wasserwesen und erlebt, was Goethe sagte: *„Der Fisch ist in dem Wasser und durch das Wasser da; ... die Existenz eines Geschöpfes, das wir Fisch nennen, [ist] nur unter der Bedingung eines Elementes, das wir Wasser nennen, möglich, nicht allein, um darin zu sein, sondern auch um darin zu werden.*"[143] – Ein anderes schönes Beispiel zur Selbstbeobachtung des seelischen Miterlebens ist der flappend-tänzelnde Flug der Schmetterlinge über einer Blumenwiese im Sommerwind, usw. – Besonders Kinder sind dem Seelenwesen der Tiere viel näher, erleben sie viel seelischer, als Erwachsene dies oft tun, denn sie haben ein gefühlsmäßigeres, weniger distanziertes Verhältnis zur Welt.

In der Selbstbeobachtung fühlt man die Verwandtschaft des Tier-Seelischen mit dem eigenen seelischen Erleben. Eine ältere Zeit sprach noch vom Mut des Löwen, der Schläue des Fuchses, der Angst des Hasen, etc. Hier ist nicht eine allegorische Betrachtungsart gemeint, sondern ein unmittelbares Mitfühlen mit den Seelenbewegungen der Tiere. Die Grenze zwischen Subjekt und Objekt besteht hier nicht so wie im gegenständlichen Anschauen; wir leben mit den Tieren in einem gemeinsamen Seelenraum (Abb. 33).

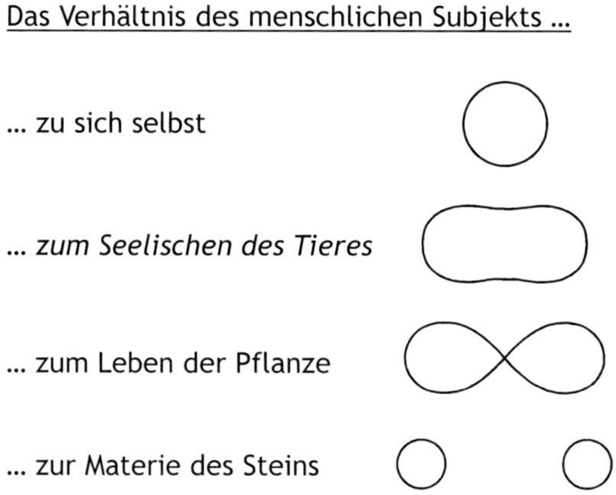

Abb. 33. Die Verhältnisse von Subjekt und Objekt im Verhältnis des erkennenden Subjekts zu den vier Reichen der Natur.

Damit ist die Sache nun genau zu fassen. *In* die Seele der Tiere kann man selbstverständlich nicht hineinschauen. Aber man beobachtet sie und erlebt an ihren Gestalten und an ihrem Verhalten bestimmte *Anmutungen.*

[143] Goethe (1790 a), S. 228 f.

Man erlebt Seelisches, das in den Tieren *verkörpert*, mit ihrer körperlichen Erscheinung verschmolzen ist.[144]

Oben im Kap. 3.3, S. 55 ff. hatte ich dargestellt, wie die Gestaltmotive der Organismen durch ein fühlendes Miterleben erfasst werden können. Dasselbe Miterleben haben wir mit dem seelischen Gestaltausdruck der Tiere, nur, dass die Gestalt einer Eiche fixiert ist, während die Tiergestalten beweglich und eben als ein unmittelbarer Ausdruck lebendigen seelischen Lebens erscheinen. Beginnt man auf den Gestaltausdruck der Tiere zu achten, so erlebt man auch immer intensiver das Verwachsensein, die Zusammengehörigkeit der Tiere mit ihrem jeweiligen Lebensraum: des Fisches mit dem Wasser, des Schmetterlings mit Blumenblüten, Luft und Licht, des Pferdes mit der Steppe, des Hirsches mit dem Bergwald, der Fledermaus mit der Abenddämmerung, usw. Im Licht der inneren Erfahrung wird die physisch-gegenständliche Erscheinung der Tiere und ihrer Lebenswelten transparent für eine darinnen lebendige Seelenwelt.[145]

Aus der Perspektive der inneren Erfahrung erscheint Seelisches verkörpert und umgebungsverwachsen in den Tieren, im Menschen dagegen umweltunabhängig und frei. Der Mensch kann sich in seinem seelischen Erleben von seiner Leiblichkeit und seinen äußeren Lebensbedingungen ‚abkoppeln'[146], er kann heute dieses, morgen jenes denken, fühlen und wollen. In Bezug auf die Evolution bedeutet das, dass sich in ihrem Verlauf eine Organisation entwickelt, auf deren Grundlage schließlich ein Wesen erscheint, in dem das Seelische von der Verkörperung *zurückgehalten* wird und innerlich frei beweglich werden kann.

5.3 Der Doppelstrom der Zeit als Schlüssel zur Evolution

Die gestaltliche Integration drückt Seelisches aus. Seelisches lebt, das hatten wir oben gezeigt, als Erwartung und Begehren (Intentionalität) im Zeitstrom aus der Zukunft. Die Gestaltungen der Tiere fließen aus der Zukunft. Sie treffen auf den Zeitstrom aus der Vergangenheit, in dem sich durch

---

144 Schöne Arbeiten über den Aussagewert der tierischen Gestalten findet man z. B. bei Suchantke, 1983. Vgl. auch die ausführliche erkenntniswissenschaftliche Begründung in Heusser, 2011, S. 135 ff.

145 In diesem Sinne schrieb der oben schon zitierte Karl Snell: *„Jedes lebendige Naturwesen scheint in seiner Eigenthümlichkeit durch ein psychisches Prinzip bestimmt zu sein, welches im genauesten Zusammenhange mit der Außenwelt des Thieres steht, ja welches dasselbe ist, das auch diese bestimmte Außenwelt des Thieres in der Seele des Menschen aufzuregen im Stande ist; ein Geschöpf erscheint als ein Abdruck des Geistes, der diejenige Natursphäre durchwohnt, in welcher es seine ihm angewiesene Außenwelt hat."* Snell (1847), S. 149.

146 *„Das Tier kennt keine Langeweile"*, bemerkte Rudolf Steiner einmal. Steiner (1910a).

Wiederholung von schon Dagewesenem das metamere Ausgangsmaterial bildet, das dann von Seelischem überformt wird. Lebendige Wiederholung des Ähnlichen und seelenhafte Überformung zu ganzheitlich integrierten Gestalten bilden die beiden Grundprinzipien organischer Entwicklung. Die Wiederholung bedeutet einen ununterbrochenen Lebens- und Erneuerungsstrom (zu dem auch die Fortpflanzung gehört), während die seelische Ausgestaltung mit individuellem Altern und Tod verbunden ist. Im Verlauf der Evolution werden die Gestalten mehr und mehr seelisch überformt, obwohl sie sich immer von einfachen, metamer gegliederten Grundstadien aus entwickeln. Damit liefert der Doppelstrom der Zeit einen Schlüssel zur Evolution. *Evolutive Prozesse können verstanden werden, wenn man sie als Ausdruck des Aufeinandertreffens zweier Zeitströme begreift, von denen der eine, aus der Vergangenheit kommende, die kontinuierliche Wiederholung des Ähnlichen bedeutet, die sich immer und immer wiederholende Fortpflanzung des Lebendigen. Der andere, aus der Zukunft kommende Strom integriert dieses lebendige Material in diskontinuierlicher Weise zu komplex differenzierten Gestalten, die Verkörperungen eines sich nach Arten und ihren spezifischen Lebenswelten differenzierenden seelischen Lebens sind.*[147]

Dasselbe Prinzip zeigt sich auch in der Ontogenese. Ausgehend von einem sich metamer gliedernden Embryonalzustand vollzieht sich im Verlauf der individuellen Entwicklung eine Gestaltdifferenzierung und -integration, in der sich das seelische Leben des Tieres zum Ausdruck bringt. Aus der Vergangenheit entwickeln sich durch lebendige Wiederholung die Metamere, aus der Zukunft schiebt sich das Seelische in diesen Lebensstrom gestaltend hinein. Ontogenese und Phylogenese folgen in diesem Sinne einem gemeinsamen Prinzip. (Abb. 34. In Haeckels Embryonentafel, Abb. 29, S. 100

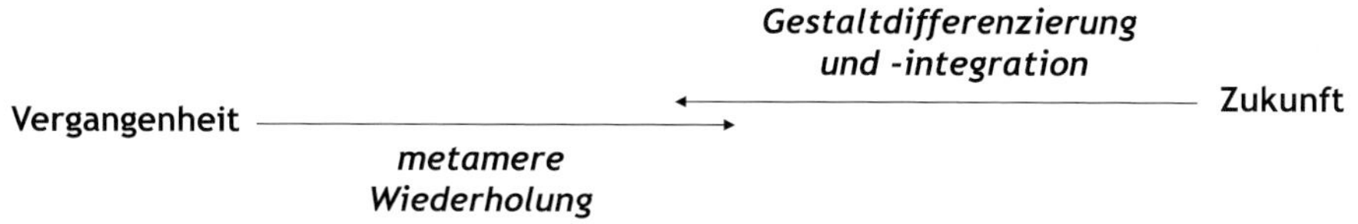

Abb. 34. Gestaltbildung in Onto- und Phylogenese aus dem Zusammenspiel von Metamerie und Gestaltung im Doppelstrom der Zeit.

[147] In der Anthroposophie wird das in den Tieren verkörperte, d. h. nach außen in einer lebendigen Gestalt erscheinende Seelische mit dem Fachterminus *Astralleib* bezeichnet. Wird es rein innerlich erlebt, kann man es auch allgemein als *Astrales* bezeichnen. Das Lebendige, also die Fähigkeit der Organismen zu Selbsterhalt und Selbstreproduktion, zur Wiederholung ihresgleichen, bezeichnet die Anthroposophie mit dem Fachterminus des *Ätherischen*. In anthroposophischer Terminologie wäre die Evolution also als das sich Begegnen und gegenseitige Durchdringen ätherischer Lebensprozesse und astraler Gestaltungsimpulse im doppelten Zeitstrom zu verstehen.

wäre dann die Gestaltintegration in der Ontogenese von oben nach unten, in der Phylogenese von links nach rechts zu sehen.) Es handelt sich in beiden Fällen um eine dynamische Verschiebung auf dieser Doppelachse. Embryonale und frühe evolutive Formen sind weit ‚links' anzusiedeln, während sich ihr Ort im Verlauf der Onto- und Phylogenese, die mit immer stärkerem Eindringen des Seelischen verbunden sind, weiter nach ‚rechts' verschiebt. Damit gliedert sich die Evolution als Entwicklungsgeschehen organisch mit den anderen, oben erwähnten Entwicklungs- und Bewusstseinsphänomenen zusammen.[148]

5.4 Evolution der dreigliedrigen Organisation

Das seelische Leben des Menschen gliedert sich nach Vorstellen, Fühlen und Wollen. Das Vorstellen (genauer: das Vorgestellte) wird wachbewusst erlebt. Das Fühlen dagegen wogt an der Grenze zwischen Bewusstem und Unbewusstem auf und ab, im Vergleich zum wachen Vorstellen hat es einen traumverwandten Charakter. Das Wollen schließlich taucht ganz in die unbewussten Tiefen der menschlichen Organisation hinab, um dort in den Bewegungen des Leibes und seiner Gliedmaßen wirksam zu werden (oder es taucht aus diesen Tiefen auf, wenn es – wie oben dargestellt – Vorstellungen und Gedankenbewegungen hervorbringt).[149]

Es war eine der bahnbrechenden Entdeckungen Rudolf Steiners, dass diese drei Seelenfähigkeiten ihre physiologische Grundlage in drei großen, körperlichen Funktionssystemen haben:

- das Vorstellen im Nerven-Sinnes-System,
- das Fühlen in der Atmung und im Kreislauf (dem so genannten rhythmischen System) und
- das Wollen im Stoffwechsel- und Gliedmaßen-System.[150]

Wie die drei Seelenfähigkeiten, so sind diese drei Systeme deutlich voneinander unterscheidbar und durchdringen sich doch gegenseitig. Das Nerven-

---

[148] Hier sind noch zwei Aussagen Rudolf Steiners erhellend: *„Das elementarste Prinzip des Ätherleibes ist die Wiederholung."* Steiner (1908 c), und: *„Der Astralleib zählt, aber er zählt differenzierend, zählt den Ätherleib. Er gestaltet ihn zählend."* Steiner (1921).

[149] Denken bzw. Vorstellen, Fühlen und Wollen stehen nicht *nebeneinander*, sondern durchdringen sich. Jede einzelne Seelenfähigkeit enthält immer beide anderen, wenn auch in abgeschwächtem Maße. So wirken im Untergrund des vorstellenden Bewusstseins das Fühlen und Wollen konstituierend mit, wie es oben (Kap. 3. 2) ausführlich dargestellt wurde.

[150] Steiner (1917).

Sinnes-System mit seinem Zentrum im *Kopf*, Atmung und Kreislauf mit ihrem Zentrum in der *Brust*, das Stoffwechsel-Gliedmaßen-System, zentriert im *unteren Rumpfbereich* und in den *Gliedern*. Das Vorstellen ist eindeutig an das Nerven-Sinnes-System gebunden. Das Wollen dagegen lebt sich unmittelbar in den Bewegungen der Gliedmaßen aus, die durch den Stoffwechsel ‚befeuert' werden. Das Fühlen schließlich hängt mit Herzschlag und Atem zusammen; es wird nicht nur dort erlebt, sondern wirkt sich auch unmittelbar auf die Rhythmik der Atmung und des Kreislaufs aus.[151]

Rudolf Steiner sah die drei seelischen Funktionen also nicht nur im Zusammenhang mit dem Gehirn, wie es die heutige Wissenschaft tut, sondern mit der gesamten körperlichen Organisation. Unter diesem Gesichtspunkt wird der Wille dort lokalisiert, wo er auch erlebt wird, nämlich in den Bewegungen der Glieder bzw. der gesamten willkürlichen Muskulatur. Nicht die Vorstellung dessen, was ich will, ist Wille, sondern das faktische Tun. Die Vorstellung gehört nicht den Gliedmaßen, sondern dem Kopf (Gehirn) an, der lediglich der Bewusstwerdung der Willensimpulse dient. Ähnliches gilt für das Fühlen: Gefühle werden zwar im Kopf bewusst, aber erlebt werden sie im Zusammenhang mit Herzschlag und Atmung. *Der ganze Körper kann unter diesem Gesichtspunkt als ein Ausdruck des Seelischen, des Vorstellens, Fühlens und Wollens angesehen werden.*

Physiologisch kann man die drei Funktionen als Sensorik und Informationsverarbeitung (entsprechend dem Nerven-Sinnes-System), Motorik und Metabolismus (Stoffwechsel-Gliedmaßen-System) sowie als rhythmische Prozesse bezeichnen. Sie werden bereits in den einfachsten Organismen, ja in jeder Zelle gefunden.[152] Doch haben sich die drei Funktionssysteme erst allmählich im Verlauf der Evolution voneinander differenziert. Abb. 35 zeigt dies für die Evolution der Wirbeltiere. Deutlich ist zu erkennen, wie bei einem primitiven Chordaten (dem Lanzettfischchen), allgemein bei den *Fischen* noch keine klare Trennung der drei Systeme vorhanden ist. Der Kopf geht ohne Einschnitt in den Rumpf über; gestaltlich erscheint er wie das bloße Vorderende des Rumpfes, und kann auch nicht unabhängig vom Rumpf bewegt werden. Die Gehirnkapsel ist, falls schon vorhanden, noch zur Leibeshöhle hin offen. Das für die Orientierung des Fisches wichtige Seitenlinienorgan, aus dem sich später in der Evolution das Innenohr (das Gehör und der Gleichgewichtssinn) entwickelt, ist über den ganzen Körper ausgebreitet. Das mittlere, rhythmische System schließt sich ebenfalls noch nicht in einem ‚Brustkasten' ab, ja bei primitiven Fischen gibt es noch keine Rippen (Gräten). Gliedmaßen mit einem Innenskelett fehlen, der ganze

---

[151] Diese Dreigliederung ist oft und ausführlich dargestellt worden und wird hier daher nur in den allergröbsten Umrissen skizziert. Vgl. z. B. Kolisko (1921), Grohmann (1961), Schad (1971), Vogel (1992), Rohen (2000), Endres (2002).

[152] Rohen (2000).

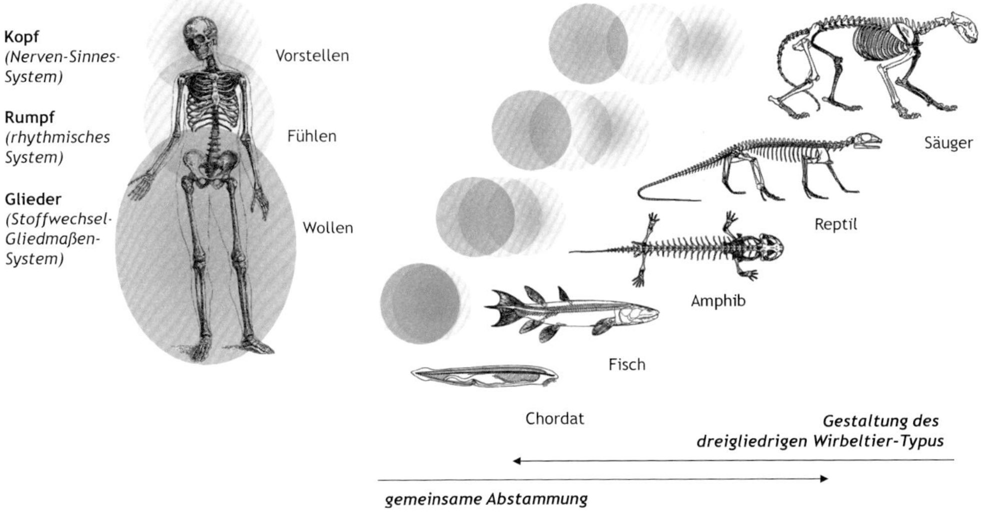

Abb. 35. Die Dreigliederung des Menschen (links) und die Evolution des dreigliedrigen Organismus (rechts). Die Abbildung stellt repräsentative Typen der jeweiligen Evolutionsstufen dar (nicht maßstabsgetreu).

Rumpf dient als Fortbewegungsorgan. Die drei Funktionssysteme sind noch wie in eines zusammengeschoben.

Bei den *Amphibien* zeigt sich dann bereits eine eigenständige Kopf- und Gliedmaßenbildung. Die Fortbewegung erinnert allerdings noch an das Schlängeln der Fische; die Glieder sind noch nicht wie bei den Reptilien unter den Rumpf gebracht, ihre Hebelwirkung noch wenig effizient. Der Kopf geht ohne äußerlich sichtbaren Hals in den Rumpf über. Die Atmungsfunktion ist ebenfalls noch nicht im Brustbereich konzentriert, sondern zusätzlich zur Lungenatmung über die Körperoberfläche ausgebreitet. Die *Reptilien* zeigen dann zunehmende Selbständigkeit des Kopfes und der Gliedmaßen, die sich jeweils vom Rumpf differenzieren. Der gesamte Rumpf bleibt aber noch vom rhythmischen Element der Rippen- und Wirbelbildung dominiert. Erst bei den *Säugern* differenzieren sich dann auch die Systeme der Leibeshöhle (durch das erst jetzt auftretende Zwerchfell) in den Brustkorb mit den Zentralorganen des rhythmischen Systems und die Bauchhöhle mit den zentralen Stoffwechselorganen. Erst die Säuger bilden die Dreigliederung vollständig aus. Im Verlauf der Wirbeltierevolution ‚entmischen' sich die drei Systeme also allmählich, und damit *kommt der dreigegliederte Typus der Wirbeltiere immer deutlicher zur Ausprägung.*[153]

Das menschliche Seelenwesen kann in seiner Art nur in einer leiblich dreigliedrigen Organisation erscheinen. Man kann vermuten und im Licht

[153] Kipp (1948), Kranich (1989).

der inneren Erfahrung untersuchen, dass in der leiblichen Organisation eines Fisches kein voneinander unabhängiges Vorstellen, Fühlen und Wollen möglich wäre. Erfasst man den Zusammenhang der Seelenfähigkeiten mit den drei Organsystemen in innerer Selbstbeobachtung, erlebt man also, wie das Vorstellen mit dem Kopf, das Fühlen mit Puls und Atmung, die Willensenergie aber mit der Muskulatur der Glieder und der Kraft des Stoffwechsels zusammenhängen, dann wird klar, dass erst durch die Trennung der Organsysteme relativ unabhängige Seelenfähigkeiten entstehen können. Und nur durch die Differenzierung seiner Seelenfähigkeiten kann der Mensch sein, was er ist. Nur so kann er etwas vorstellen, ohne damit zugleich ein Verhalten auszulösen; nur so kann er sein Handeln vorstellend begleiten, bewerten und verändern; und nur so kann er sich im Fühlen vom äußeren Weltprozess unterscheiden. Die Trennung von Vorstellen, Fühlen und Handeln sind die Voraussetzung für die Entfaltung des menschlichen Selbstbewusstseins, des frei zwischen Selbst- und Welterleben schwingenden Gefühls und der eigenverantworteten Selbstwirksamkeit.

Man kann also für die Dreigliederung wiederum von einer seelischen Differenzierung sprechen, die im Verlauf der Evolution aus der Zukunft gestaltbildend wirkt und sich in den aus der gemeinsamen Abstammung hervorgehenden Formen immer mehr ausprägt.

5.5 Die Evolution der Hand

Wir hatten schon öfter die Gliedmaßen der Wirbeltiere erwähnt, und sie sollen auch hier noch als ein Beispiel dienen. Warum haben sie sich in drei Abschnitte, Oberarm, Unterarm und Hand, und nicht in zwei oder vier gegliedert? Warum hat die Hand fünf Finger und nicht vier oder sechs?[154]

Hat man es mit gestaltlichen Merkmalen zu tun, für die keine offensicht-

---

[154] Die Evolutionsbiologie hat keine schlüssigen Antworten auf diese Fragen. Als heute übliche Antworten findet man etwa Folgendes: „*Wahrscheinlich hatte schon der gemeinsame Vorfahre aller Landwirbeltiere, der vor etwa 365 Millionen Jahren das Land eroberte, fünf Finger und fünf Zehen. Dass es gerade fünf gewesen sind, war vermutlich Zufall. In der Natur herrscht das Prinzip: Es muss nicht perfekt sein, Hauptsache es funktioniert. Neue Merkmale entstehen zunächst immer durch zufällige Veränderungen im Erbgut. Wenn die Neuerung ‚funktioniert' und sich ihre Träger erfolgreich fortpflanzen können, bleibt sie erhalten. Für die ersten Landwirbeltiere waren fünf Zehen und fünf Finger also offenbar gut zum Überleben geeignet. Aber auch eine andere Anzahl wäre vielleicht geeignet gewesen. Im Laufe der Jahrmillionen haben sich verschiedene Arten von Landwirbeltieren entwickelt, von denen einige die Anzahl ihrer Zehen und Finger im Zuge der Anpassung an neue Lebensräume und Lebensweisen reduziert haben. Beispielsweise blieb bei den Pferden nur noch der dritte Finger bzw. Zeh erhalten. Die Vorfahren des Menschen kamen dagegen mit*

liche funktionelle Erklärung parat liegt, tut sich der Darwinismus schwer. Auf die Frage, warum sich eine *bestimmte* Gestalt bildet, verweisen Evolutionsbiologen auf die Ontogenese: Weil sich diese Gestalt eben so entwickele. Stellt man einem Entwicklungsbiologen dieselbe Frage, so verweist er auf die Evolution: Weil sie sich eben so bewährt habe. Es ist ein merkwürdiger intellektueller Nebel um diesen Gedankenkreislauf, in dem zuletzt verschwindet, was eigentlich in der Biologie das Erste ist: Die lebendige Gestalt.

Schauen wir uns die Entwicklung der fünfstrahligen Extremität im Verlauf der Evolution einmal an (Abb. 36, nächste Seite). Viele ähnliche Elemente verwandeln sich in eine aus wenigeren, nun deutlich unterschiedlichen Elementen bestehende, gestaltlich differenzierte und funktionell integrierte Ganzheit. Dabei treten Zwischenstufen der Fingerzahl auf (wobei nicht klar ist, ob es sich tatsächlich um Zwischenstufen oder um evolutionäre Seitenzweige handelt). –

Als Menschen haben wir die Möglichkeit, nicht nur von außen auf die Gestalten zu blicken, sondern uns selbst von innen, im Selbsterleben unseres Körpers zu beobachten. Wir können so die Gestaltungen der Tiere *an unserem eigenen leiblichen Selbsterleben* messen und begreifen. Und wir tun das auch. Wenn wir das Sprungbein eines Frosches, eine Löwentatze oder einen Elefantenfuß betrachten, dann versetzen wir uns in einer unbewussten, willenshaft-identifikatorischen Geste in diese Gestaltungen hinein und ahmen unbemerkt die Bewegungen nach, die das jeweilige Glied ausführen kann. *Dadurch* erleben wir sie, und dieses Erleben bildet die Grundlage des Begreifens.

Betrachten wir also die menschliche Extremität zunächst in ihrem Aufbau und fragen dann, was sich der inneren Beobachtung ergibt, wenn man sie im Selbsterleben erfasst. Zunächst fällt auf, wie sich die Extremität nach außen hin ‚auffächert': *Ein* Knochen im Oberarm, *zwei* im Unterarm, *drei*,

---

ihren fünfstrahligen Händen und Füßen gut zurecht, sodass auch wir noch heute so ausgestattet sind." Herlyn (2010). Oder ähnlich: „*Alle Landwirbeltiere haben höchstens fünf Finger. Manchmal verlieren sie nachträglich wieder einige ..., aber sie haben nie mehr als fünf. Dies ist keine besondere Adaptation, sondern einem entwicklungsbiologisch eingefrorenen Zufall zu verdanken. Denn im Devon, als ... das Land von ursprünglichen Fischen besiedelt wurde, hatten die Fische fünf Finger. Von ihnen, und nicht von zur gleichen Zeit lebenden anderen Fischgruppen mit sieben, acht oder zwölf Fingern, stammen alle Amphibien, Reptilien, Vögel und Säugetiere ab. Es hätte durchaus anders kommen können. Durch die Art und Weise, wie diese fünf Finger entwicklungsbiologisch entstehen, ist die denkbare Variation und Formenvielfalt der Evolution auf diese Zahl eingeschränkt worden.*" Meyer (2008). Auch Stephen J. Gould schrieb in seinem schönen Aufsatz ‚Eight little piggies': „*Die Zahl Fünf war nicht vorhergesehen, sondern passierte einfach. ... Sie war keine Notwendigkeit, sondern ein Zufall (happenstance).*" Gould (1993), S. 76.

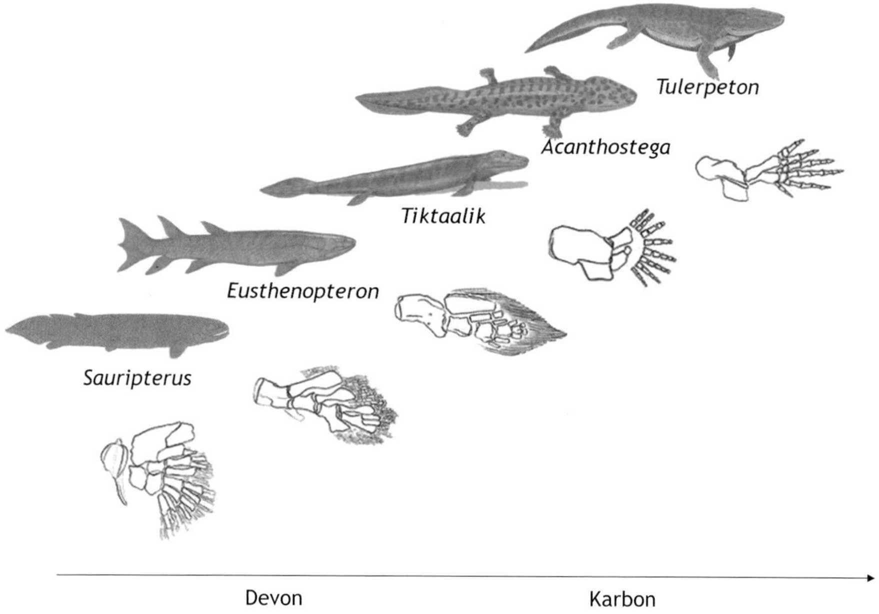

Abb. 36. Die Entwicklung der Extremität beim Übergang vom Wasser- zum Landleben. Die Fische und Amphibien sind als Rekonstruktionen, die Skelette der vorderen Gliedmaße nach paläontologischen Funden gezeichnet (Skelettzeichnungen nach Shubin[155]).

dann *vier* in der Handwurzel, *fünf* Knochen in der Mittelhand und dann jeweils fünf Finger bzw. Zehen.[156] Wenn die Fünfzahl (in der Mittelhand) erreicht ist, wird sie noch einmal wiederholt, jetzt aber mit der Unterteilung jedes Strahls in drei (beim Daumen zwei) Fingerglieder. Durch diese ‚Auffächerung' der Skelettelemente werden die Bewegungsmöglichkeiten nach außen immer feiner und vielfältiger. Der Oberarm kann rotieren, aber kaum gewendet werden; der Unterarm fügt die Möglichkeit der Umwendung nach oben und unten hinzu. Die Hand kann noch einmal für sich im Handgelenk kreisen, die Finger schließlich ermöglichen zusätzlich ein differenziertes Tasten und Greifen in den unterschiedlichsten gegenseitigen Konstellationen. Geometrisch gesehen wandern wir von der *Linie* (bzw. dem Radius) des Oberarms über das zu diesem hinzukommende *flächenhafte* Oben-Unten des Unterarmes in die *räumliche* Dreidimensionalität der Bewegungsmöglichkeiten der Hand. Ein bewegliches Wunderwerk!

[155] Shubin et al. (2006).

[156] Das vierte Knochenelement der proximalen Handwurzel, das Erbsenbein, ist eine Verknöcherung der Sehne (Sesamoid) und gehört damit nicht zum skelettären Grundbauplan der Hand.

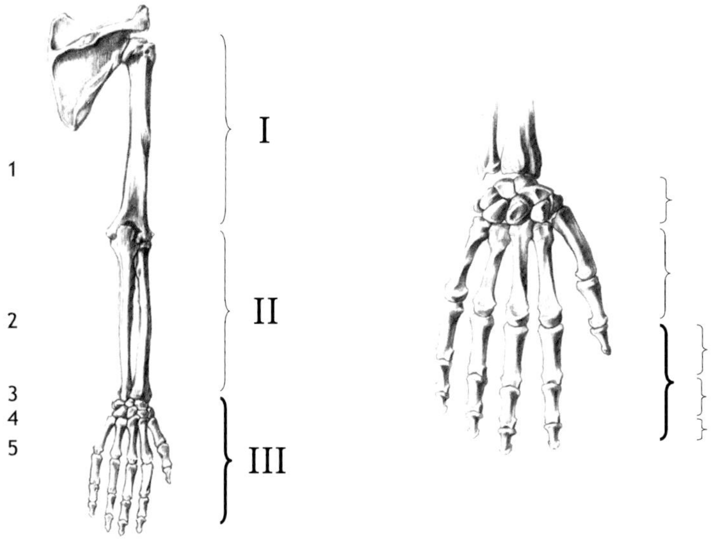

Abb. 37. Zunahme der Knochenelemente und dreifache Dreigliederung – der systematische Aufbau von Arm und Hand (Erläuterungen im Text).

Zugleich fällt die Dreigliedrigkeit ins Auge: Oberarm, Unterarm, Hand. Für unseren Zusammenhang ist nun von Bedeutung, dass in den drei Gliedern des menschlichen Organismus, dem Nerven-Sinnes-System, dem rhythmischen System und dem Stoffwechsel-Gliedmaßen-System, unterschiedliche *Grade der Bewusstheit* herrschen: Wachheit im Sinnes- und Vorstellungsleben des Kopfes, träumendes Fühlen im rhythmischen System und tief unbewusstes, ‚schlafendes' Willensleben im Stoffwechsel und in den Bewegungen der Glieder. Eine ähnliche Dreigliedrigkeit der Bewusstheit findet man im Aufbau von Arm und Hand. Fragt man sich, wo in ihnen die höhere Bewusstheit herrscht, in den körpernahen oder -fernen Partien, so ist das eindeutig in der Hand. Die Wahrnehmung ist hier wach und nach Tast-, Wärme- und Bewegungseindrücken vielfach differenziert, während die Bewegungen des Oberarms normalerweise geradezu unbewusst verlaufen. Der Unterarm nimmt, das ist in der Selbstwahrnehmung gut zu beobachten, eine träumend-fühlende Mittelstellung ein. Und in der Hand finden wir diese Dreigliedrigkeit noch einmal wieder: Wie ‚wach' werden die Bewegungen und Sinneseindrücke der Finger erlebt im Vergleich zu dem niedrigen Grad an Bewusstheit, der normalerweise die Bewegungen des Handgelenks begleitet. ‚Träumend' wiederum treten die Wahrnehmungen der Mittelhand (z. B. beim Händedruck) ins Bewusstsein. – Und noch ein drittes Mal gliedert sich die Extremität in dreifacher Weise: Auch die Finger sind in ihren äußersten Spitzen am wachsten, relativ ‚schlafend' dagegen innen und ‚träumend' im mittleren Segment. – Drei mal drei Gliederungsebenen, drei mal drei sich überlappende Bewusstseinsgrade. (Für Bein und Fuß gilt Ähnliches, nur werden diese – entsprechend ihrer stärkeren Willensbetonung – insgesamt weniger bewusst erlebt als Arm und Hand.)

Zusammen genommen ergeben die genannten Prinzipien so etwas wie eine seelisch-geistige Matrix, die nach inneren Gesichtspunkten den Aufbau von Arm und Hand gleichsam vorzeichnet, sodass die Extremität als äußerer Ausdruck derselben erscheint: Die schrittweise Vermehrung der strahligen Elemente von einem auf fünf sowie die dreifach gegliederte Dreigliedrigkeit, die von innen nach außen eine immer wachere und feiner differenzierte Bewegung ermöglicht. Der Sinn und Zweck der ganzen ‚Apparatur' erscheint als die Möglichkeit einer vom Gröbsten bis ins Feinste gehenden Auseinandersetzung des Menschen mit der räumlich-materiellen Welt. In der Form lebt ein inneres Seelisch-Geistiges, und aus dem Seelisch-Geistigen ergibt sich die Form. – Wie ‚sprechend' werden dann auch weitere Merkmale des ganzen Baues! Der Oberarm lang und mit kräftiger Muskulatur versehen, auf hohe Kraftentfaltung ausgerichtet – ein ‚Willenskonstrukt'. Dagegen die Hand: gestaut (je weiter außen, desto kürzer die Knochen), vielfach gegliedert und differenziert, mit höchster Sensibilität und Beweglichkeit – der ‚Kopf' des Armes. Schließlich der Daumen, der im Greifen mehr der fühlend-wollenden Kraftentfaltung als der tastenden Sensitivität dient, und dem daher das äußerste Glied fehlt, usw.[157]

Wir haben damit nun zwar immer noch keine ‚griffige' Erklärung für die Fünfzahl, aber zumindest erscheint sie wie ein Ausdruck der besonders engen Verflechtung und Durchdringung geistiger und räumlich-materieller Aspekte, wie sie in der Hand, im *Begreifen* und im *Handeln* des Menschen gegeben sind.

Ist das nicht auch sonst der Fall, wo die Fünfzahl als dominierendes Gestaltungsprinzip in der Natur auftritt? In den Rosengewächsen beispielsweise mit ihrer das Seelische in besonderem Maße ansprechenden Blüte, und ihrer gleichzeitigen Verhärtung und Verholzung im Stängel- und Wurzelbereich? In den fünfstrahligen Stachelhäutern (Seeigeln und Seesternen, siehe unten, Kap. 7.1.5)? Oder in der Gestalt des Menschen, in Kopf, Armen und Beinen, die in gestrecktem Zustand ein Pentagramm ergeben? – Es soll hier allerdings keiner Zahlenmystik das Wort geredet werden. Vielmehr geht es um ein neues ‚Lesen im Buch der Natur', um eine immer mehr zu entdeckende Sprache, die die Welterscheinungen nicht nur als zufällig, sondern als sinnvoll geordnet begreifbar macht.

Die ‚Uridee' der fünfstrahligen Extremität tritt früh in der Evolution, gleich beim Übergang vom Wasser- zum Landleben, auf. Sie findet ihren

[157] Vgl. die schöne Darstellung der musikalischen Gestik des Gebens und Nehmens in der Morphologie von Arm und Hand in Husemann (2003). Zur Proportionalität von Arm und Hand vgl. Fußnote 285, S. 203.

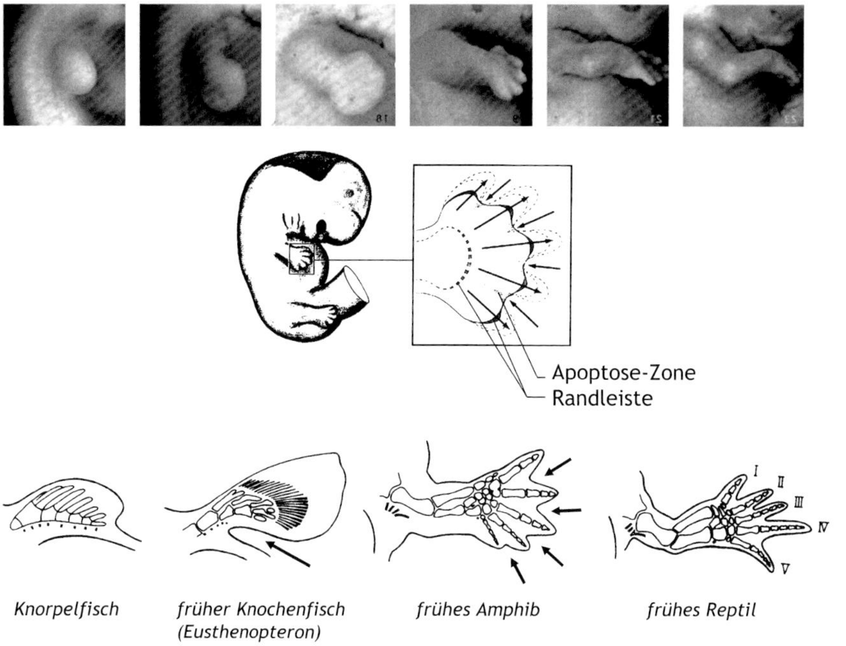

Abb. 38. Embryonalentwicklung (oben) und Evolution der Hand (unten). Mitte: Wachstum und programmierter Zelltod (Apoptose) in der embryonalen Handknospe. Weitere Erläuterungen im Text. (Nach Rohen, Bolk, verändert.[158])

vollkommenen Ausdruck aber erst in der Hand des Menschen, die durch die Aufrichte von allen spezialisierten Stütz- und Fortbewegungsfunktionen frei geworden ist. Man fühlt sich an Richard Owens Formulierung von der ‚archetypischen Idee' erinnert, die *„sich schon in den verschiedensten Modifikationen auf diesem Planeten [verkörperte] lange bevor die Tierarten bestanden, in denen sie gegenwärtig erscheint"*. Die Natur sei dann fortgeschritten, *„geführt vom archetypischen Licht, bis hin zum Erscheinen dieser Idee im herrlichen Gewande der menschlichen Form"*.[159]

* * *

Die Hand bildet sich embryonal aus einer zunächst tellerartigen Anlage (Abb. 38). Die Aufgliederung dieses Gebildes in einzelne Finger geschieht dann durch *Absterben* (so genannten programmierten Zelltod, Apoptose) des zunächst noch zwischen den Fingern vorhandenen Zellgewebes – ein Zusammenspiel lebendigen, raumfüllenden Zellwachstums mit gliederndem, differenzierendem Absterben. Die gleiche Bildungsbewegung sehen

[158] Rohen (2002), S. 51; Bolk et al. (1938), S. 64.
[159] Owen (1849) (vgl. Kap. 1.2).

wir im Übergang von den Flossen der Fische zu den Extremitäten der Landwirbeltiere. Damit haben wir ein allgemeines Prinzip der Gestaltbildung: *Organische Gestalt entsteht, indem lebendiges Wachstum durch begrenzende Todesprozesse in unterschiedliche Glieder differenziert wird.* Außerdem differenzieren sich die körperfernen Anteile der Extremität (Hand und Finger) *vor* den körpernahen (Unterarm, dann Oberarm, vgl. Abb. 38); man spricht von ‚distoproximalem' Wachstum (das sowohl in der Embryo- als auch in der Phylogenese deutlich ist).[160] Was zeitlich aus der Zukunft stammt, kommt räumlich ‚von außen'.

Zusammenfassend entsteht eine organische Gestalt also durch das Wechselspiel von vier Aspekten:

(i) Lebendiges Wachsen und Werden, das tendenziell eine Wiederholung (und Vermehrung) des Ähnlichen bedeutet (aus der Vergangenheit). Dies sowohl als Herkunft eines Organismus aus einem Ei oder eines Organs aus seiner Anlage als auch als Abstammung von den Urlebewesen der Evolution.
(ii) Gliederndes Gestalten und Differenzieren, verbunden mit partiellem Sterben (aus der Zukunft).
(iii) Die alle zeitlichen Veränderungen überstrahlende Idee (das geistige Wesen oder die ‚Form' im Sinne des Aristoteles, s. o.).
(iv) Die (immer nur) gegenwärtige, stoffliche Erscheinung in ihrer Einbettung in eine physische Umgebung.

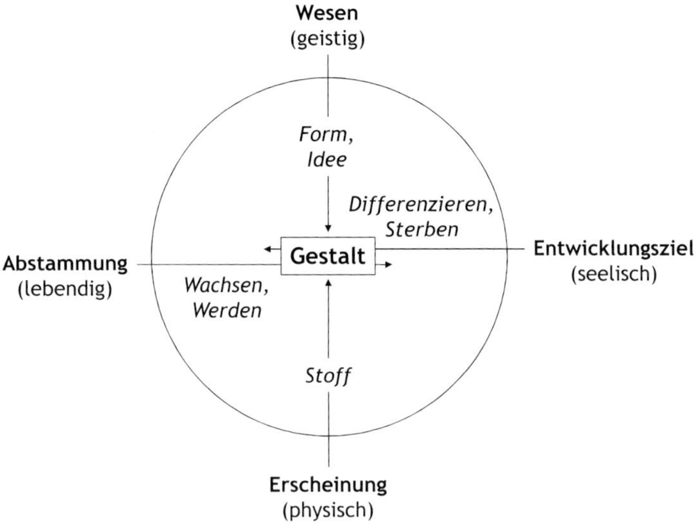

Abb. 39. Das ZEITKREUZ als allgemeine Theorie der organischen Gestalt.

---

[160] Vgl. Rohen (2002), Verhulst (1999).

6 ‚Es interessiert mich höchlich …' – Molekulargenetik im Doppelstrom der Zeit

Wir müssen den Begriff des Wirklichen entwickeln,
nicht bloß den Begriff des Logischen. …
Wirklichkeitsgemäßes Denken muss überall ein Gefühl dafür
entwickeln, was man einschließen muss in die Vorstellung.[161]
(Rudolf Steiner)

Wie verhalten sich die oben dargestellten Gedanken über das Wesen des Lebens und der Gestaltentwicklung zu den Forschungsergebnissen der Molekulargenetik? Hier scheint ein unüberbrückbarer Widerspruch zu klaffen. Die molekulare Biologie sucht die Ursachen der Lebenserscheinungen in dem Aufbau und der Wechselwirkung biologischer Moleküle, die phänomenologisch-anthroposophisch orientierte Betrachtung dagegen in einer nicht sinnlich wahrnehmbaren Kräfteorganisation. Man könnte sagen: Während die molekulare Biologie das Lebendige ‚von unten' her zu begreifen versucht, sucht der phänomenologisch arbeitende Naturwissenschaftler die Welt des Organischen ‚von oben' her zu erfassen. Ein wesentlicher methodischer Unterschied besteht auch darin, dass der materialistisch denkende Naturwissenschaftler bestrebt ist, die Lebenserscheinungen aus dem molekularen Geschehen *abzuleiten*, während der phänomenologisch denkende die übersinnliche Kräfteorganisation in den sinnlichen Erscheinungen des Organischen *schaut*.

Für einen phänomenologisch *und* naturwissenschaftlich Denkenden muss nun allerdings durch die Kluft zwischen beiden Auffassungen das Bedürfnis und die Aufforderung entstehen, sie miteinander zu versöhnen. Denn die Wirklichkeit kann ja nur eine einheitliche sein. Nur in unserer nicht vollständig geklärten Auffassung können Widersprüche, Brüche und Klüfte existieren, nicht im Sein und Wesen der Natur. Dabei hilft es nicht, die eine oder andere Seite, die materielle oder die geistige, als die einzig wirkliche anzusehen und die andere zu leugnen oder ihr den Realitätscharakter abzusprechen. Nein, wer (wie der Autor) die molekulare Biologie nicht nur aus dem Lehrbuch, sondern aus jahrelanger Laborerfahrung kennen und beurteilen gelernt hat (wer also hier bloße Modellvorstellungen von solchen Vorstellungen, die die reale Wirksamkeit der molekularen Vorgänge erfassen, unterscheiden kann), und wer andererseits die Erklärungsmächtigkeit der phänomenologisch-anthroposophisch orientierten Naturanschauung kennt und die Wirklichkeit übersinnlicher Bildungsgesetze in den sich verwandelnden Zeitgestalten des Organischen erlebend erfasst, für den

[161] Steiner (1916a), S. 99f.

müssen sich trotz aller Widersprüche beide Welten miteinander verbinden lassen.[162]

6.1 *Gene und Gestaltbildung*

Auch das molekularbiologische Geschehen, auch die Gene und Proteine sind Teile des Lebendigen. Schon Goethe interessierte sich für diese Seite der Organismen. Wenige Wochen vor seinem Tod schrieb er an den Chemiker Heinrich Wilhelm Ferdinand Wackenroder: *„Es interessiert mich höchlich, inwiefern es möglich sei, der organisch-chemischen Operation des Lebens beizukommen, durch welche die Metamorphose der Pflanzen nach einem und demselben Gesetz auf die mannigfaltigste Weise bewirkt wird.“*[163] Goethe wollte das von ihm geistig angeschaute Metamorphoseprinzip bis in die stofflichen Einzelheiten hinein verfolgen. Es verblüfft, wie exakt er nach demjenigen fragte, was rund 120 Jahre später als die Struktur und Funktion der DNA durch Francis Crick, James Watson, Maurice Wilkins und andere entdeckt werden sollte.

Doch hat die – an sich großartige – Entdeckung der DNA einer vollkommen falschen Ansicht des Lebendigen Vorschub geleistet als einer kausal determinierten, komplizierten biochemischen Maschinerie, die sich als Summe einzelner Komponenten ergebe. Gene lieferten, so die Auffassung, den ‚Plan‘ oder die ‚Information‘ für die Konstruktion von Eiweißstoffen (Proteine), die bestimmte biochemische Reaktionen ermöglichen, und aus der Summe dieser Reaktionen und der dabei auf- und abgebauten Stoffe entstehe der Organismus. Die Ursache der ansonsten unerklärlichen Eigenschaften des Lebens (vgl. Kap. 2) sei der genetische ‚Bauplan‘, nach dem Zellen, Organe und Organismen sich selbst konstruierten. Man partikularisiert die organische Ganzheit in Einzelmerkmale und meint, Gene ‚für‘ Hautfarbe, ‚für‘ Gehirngröße, ‚für‘ Sprachfähigkeit oder gar ‚für‘ Intelligenz etc. finden zu können. Aber so viel man einerseits durch die Genetik gelernt hat, so erfolglos blieben bisher die Versuche, die lebendige Gestalt und Ganzheit aus ihren genetischen ‚Ursachen‘ zu erklären.[164]

Die Genetik zeigt allerdings, wie stark der Einfluss der Gene auf die Erscheinungen des Lebendigen ist. Denn eine Veränderung in einem Gen (Mutation) führt oft zu einer deutlichen Veränderung der Merkmale des Organismus. Bekannte Beispiele sind Mutationen, die bei Krebs auftre-

---

[162] Die Gedanken dieses Kapitels sind Ergebnisse aus der 10-jährigen molekularbiologischen Forschungstätigkeit des Autors. Vgl. Hueck (1993), Hueck (2009).

[163] Zitiert nach Kuhn (1988).

[164] Das Experiment des amerikanischen Genforschers Craig Venter, mit dem er scheinbar lebende Zellen erzeugte, habe ich bereits oben in Fußnote 50, S. 34 kommentiert.

ten, die im Zusammenhang mit zystischer Fibrose (Mukoviszidose), mit Muskeldystrophie oder mit Farbenblindheit beobachtet werden, und viele andere mehr. (Aktuell sind ca. 4000 gesicherte und weitere 2000 vermutete monogenetische, also mit der Veränderung eines einzelnen Gens zusammenhängende Erbkrankheiten bekannt.[165])

Die Gene haben eine bestimmte Struktur, die lineare und spezifische Anordnung ihrer Bausteine (Basen), die in die Struktur der Eiweiße (Proteine) übersetzt wird.[166] Die Proteine wirken als Katalysatoren (‚Ermöglicher') der stofflichen Umsetzungen in einem Organismus. Proteine katalysieren den Abbau der Nahrung und den Wiederaufbau körpereigener Substanzen, sie wirken als Poren und Schleusen, durch die Stoffe in und aus den Zellen transportiert werden, als Sensoren, die hormonelle und andere Signale detektieren und an Zellen vermitteln, als Regulatoren, die die Aktivität einzelner Gene in Reaktion auf solche Signale steuern, usw. Für alle diese verschiedenen Aktivitäten sind jeweils bestimmte Proteine notwendig, und jede dieser verschiedenen Proteinsorten wird von einem anderen Gen codiert.

Nun enthält jede einzelne teilungsfähige Körperzelle die Gesamtheit aller Gene des Organismus, das so genannte Genom. Die Zellen unterscheiden sich aber dadurch, dass in ihnen verschiedene Gene aktiviert oder in ihrer Aktivität gehemmt werden, in einer Leberzelle andere als in einer Zelle der Augennetzhaut oder des Knochenmarks. Diese Steuerung der genetischen Aktivität wird durch regulatorische Proteine bewirkt.

An der Gestaltbildung sind Proteine insofern beteiligt, als sie einerseits die biochemische Synthese gestaltbildender Substanzen wie Kollagen, Muskeleiweiße oder Calciumphosphat katalysieren, andererseits Gene steuern, die die Gestaltbildung über solche oder weitere Proteine beeinflussen. Vor allem diese regulatorischen Proteine werden in der Entwicklungsbiologie intensiv untersucht.

An einem Beispiel, der embryonalen Entwicklung der Hand, sei die Bedeutung der Gene für die Gestaltbildung etwas ausführlicher beschrieben. – Es ist bekannt, dass es Menschen und Tiere gibt, die nicht nur fünf, sondern sechs oder mehr Finger haben.[167] Für Entwicklungsbiologen sind solche Missbildungen von besonderem Interesse, erlauben sie doch, Komponenten (z. B. bestimmte Gene) zu suchen, durch die sich das missgebildete

---

[165] Siehe de.wikipedia.org/wiki/Monogenetische_Erkrankung.

[166] Die übliche Verwendung des Begriffs der ‚genetischen Information' in diesem Zusammenhang ist problematisch, denn Information ist etwas Geistiges und kann als solches nicht in stofflichen Komponenten enthalten sein. Man muss sich klar sein, dass es sich bei diesem Begriff um die Bezeichnung für die *Strukturen* von DNA und Proteinen handelt.

[167] Die so genannte Polydaktylie tritt recht häufig, statistisch gesehen bei einem von 500 Neugeborenen, auf. Allerdings handelt es sich dabei um unterschiedliche Formen,

Organ vom normalen unterscheidet. Solche Komponenten werden dann auf ihre Bedeutung für die normale Bildung untersucht.

Es konnte nun nach langer Suche ein Gen identifiziert werden, dessen Aktivität in direktem Zusammenhang mit der Anzahl der an einer Hand gebildeten Finger steht. (Die Forscher nannten es *shh*, wobei der Name hier unwesentlich ist.) Durch ein spezifisches Färbeverfahren kann die Aktivität eines solchen Gens bzw. das Vorhandensein des von ihm codierten Proteins in einem embryonalen Organ experimentell sichtbar gemacht werden. (Selbstverständlich geschieht dies nicht an Menschen, sondern z. B. an den Embryonen von Mäusen.) In Abb. 40 ist ein Mausembryo gezeigt, an dem deutlich die Knospen der beginnenden Gliedmaßenentwicklung zu erkennen

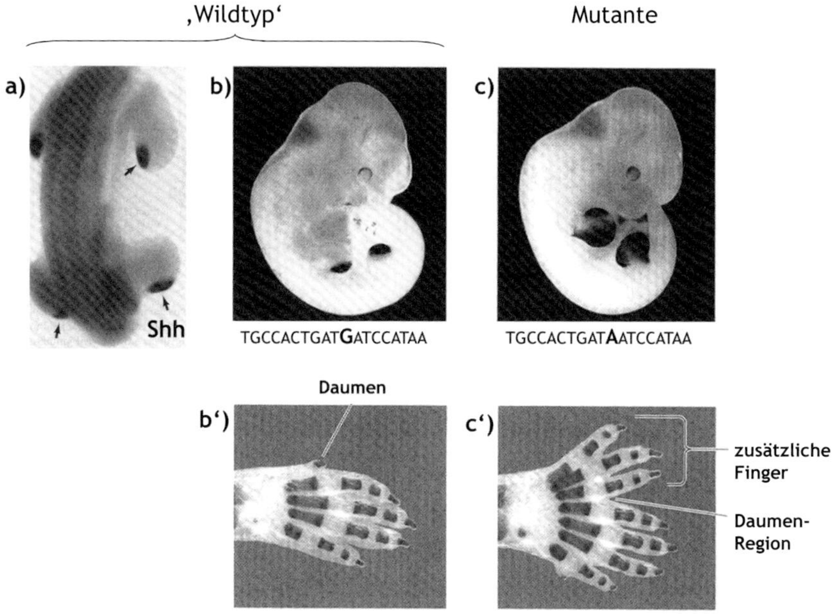

Abb. 40. Die Bedeutung des *shh*-Gens für die Entwicklung der fünfstrahligen Hand. a) und b): Das lokal begrenzte Vorkommen des Shh-Proteins (dunkel angefärbt an der Unterseite der Gliedmaßenknospen) in der normalen Gliedmaßenentwicklung einer Maus. b'): Fuß eines normalen Mausembryos mit angefärbten Knochenelementen. c): Vorkommen des Shh-Proteins (dunkel in den Gliedmaßenknospen) in einer Mutante, die 7 statt 5 Finger bildet (c'). In b) und c) ist unten ein Ausschnitt aus der DNA-Sequenz mit der die Fehlregulation bewirkenden einzelnen Mutation (fett) gezeigt, die die Regulation des *shh*-Gens vermittelt (nach Gilbert[168]).

---

in denen Teile von Fingern oder auch ganze Finger verdoppelt sein können. Es gibt sogar Familien, die Polydaktylie über viele Generationen vererben (siehe www.ncbi.nlm.nih.gov/omim/174500).

[168] Gilbert (2006).

sind. Das vom *shh*-Gen codierte Protein (Shh) ist zu diesem Zeitpunkt an den unteren Seiten der Gliedmaßenknospen gebildet. – Nun gibt es Mäuse, die nicht nur fünf, sondern sieben Finger bilden, und die diese Eigenschaft sogar auf ihre Nachkommen vererben. In solchen Tieren findet man, dass das Shh-Protein auch an der Oberseite der Gliedmaßenknospe vorhanden ist – ein drastischer Effekt, der mit der Fehlbildung einhergeht. Offensichtlich ist also in der Mutante die normale Regulation des Gens verändert. Die Ursache für dieses abweichende Auftreten von Shh liegt in diesem Fall in der Mutation nur *eines einzigen* Bausteins (von ca. 3 Milliarden!) der DNA. Die Stelle, an der die Änderung (von G nach A, vgl. Abb. 40) gefunden wurde, liegt in einer Region, die die Aktivität des *shh*-Gens beeinflusst.[169]

Das Shh-Protein ist selbst wiederum ein Regulator für über 100 andere Gene, die alle auf die eine oder andere Weise an der weiteren Entwicklung der Gliedmaßen beteiligt sind. Man könnte also meinen, dass das *shh*-Gen kausal die Bildung von fünf Fingern verursache. Aber das wäre zu kurz gedacht! Denn wer steuert *shh* und bewirkt die raum-zeitliche Beschränkung seiner Aktivität? Es ist – selbstverständlich – wiederum ein anderes Protein, von einem anderen Gen codiert, und dieses wird wieder von anderen Proteinen reguliert, und so weiter. Man kommt eben im Leben nirgends an einen allerersten Anfang, an eine ‚Ur'-Sache, durch die die Lebensvorgänge bewirkt würden. Im Hintergrund der einzelnen genetischen Regulation steht immer der ganze lebendige Organismus.[170]

Man sieht hier, wie dramatisch eine Mutation die Gestaltbildung beeinflussen kann. Gene sind eben *auch* ein wirkender Bestandteil des Lebendigen. Aber warum werden dennoch (obwohl solche Mutationen sogar relativ häufig auftreten) in der Regel fünf und nicht sechs oder mehr Finger gebildet? Warum hat sich die Fünfzahl in der Evolution stabilisiert? Sind etwa fünf Finger und Zehen tauglicher als sechs? Aus welchen Gründen bilden sich gerade diejenigen Gestalten, die wir sehen, und nicht ganz andere? – Es scheint damit wiederum ein Hinweis gegeben zu sein, dass die Fünfgliedrigkeit der Hand (und des Fußes) neben ihrer genetischen ‚Grundlage' auch einem inneren Gestaltbildungsgesetz folgt, wie es oben entwickelt wurde.

---

169 Maas und Fallon (2005).

170 So schrieb auch der ansonsten mechanistisch denkende Evolutionsbiologe Ernst Mayr, dass *„die Entwicklung des Phänotyps nicht streng, ausschließlich und direkt von Genen gesteuert wird, sondern von einer Wechselwirkung zwischen dem Genotyp der sich entwickelnden Zellen und ihrer zellulären Umgebung. In jedem Stadium der Ontogenese wird das nächste Entwicklungsstadium sowohl vom genetischen Programm des Genotyps als auch von einem ‚somatischen Programm' gesteuert, das aus dem Embryo in diesem Stadium besteht.*" Mayr (1997), S. 229. Im Zeitalter der Epigenetik ist diese Auffassung allerdings schon fast zum Allgemeinplatz geworden.

6.2 Ein physiologischer Zusammenhang zwischen Sehen und Gestaltbildung

Das *shh*-Gen (bzw. das von ihm codierte Protein) reguliert viele Gene, die an der Gliedmaßenentwicklung beteiligt sind, und es wird selbst von anderen Proteinen reguliert. Das ganze Netzwerk steht nun unter dem Einfluss einer zentral wirkenden ‚morphogenen' Substanz, von deren lokaler Konzentration die normale Gestaltbildung des sich entwickelnden Embryos abhängt. Es ist ein vom Embryo selbst produzierter Abkömmling des Vitamin A, der als *Retinolsäure* bezeichnet wird. Retinolsäure reguliert beispielsweise die Bildung von Shh an der Unterseite der Gliedmaßenknospe. Die experimentelle Gabe dieser Substanz hat tiefgreifende morphologische Veränderungen in der embryonalen Gestaltbildung zur Folge. Beispielsweise wurden merkwürdige Fehlbildungen des Flügelskeletts von Hühnchenembryonen durch die Injektion von Retinolsäure in die Gliedmaßenknospen induziert (Abb. 41). Retinolsäure beeinflusst auch die Entwicklung der ganzen Körpergestalt in ihrer Gliederung in vorne, hinten, rechts und links sowie die

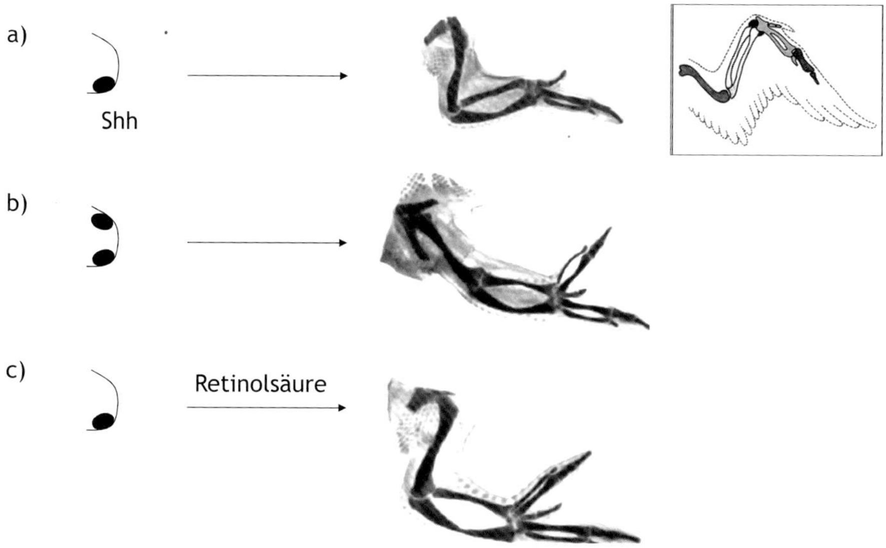

Abb. 41. Bildung zusätzlicher Fingerstrahlen im Hühnchenembryo durch die experimentelle Gabe von Retinolsäure. Links: schematische Darstellung der Gliedmaßenknospe; rechts: Röntgenbilder des Armskeletts eines Hühnchens. Man sieht den Oberarmknochen, Elle und Speiche sowie das Handskelett mit den beim Vogel reduzierten Fingerstrahlen. Kasten: Lage des Skeletts im Flügel. a) Normale Entwicklung mit Bildung von Shh an der Unterseite der Gliedmaßenknospe. b) Wird Shh zusätzlich an der Oberseite der Knospe gebildet, entsteht eine Fehlbildung mit spiegelbildlicher Verdopplung des Handskeletts. c) Die gleiche Fehlbildung wird durch die experimentelle Gabe von Retinolsäure induziert.

Entwicklung vieler innerer Organe.[171] Man sieht hier einmal mehr den Grad der Abhängigkeit der Gestaltbildung von molekularen Prozessen.

Als morphogener Regulator könnte Retinolsäure auch eine bedeutsame Rolle in der Evolution der Wirbeltiere gespielt haben. Darauf verweisen Experimente der Arbeitsgruppe des amerikanischen Evolutionsbiologen Neil Shubin.[172] Knorpelfische (in diesem Falle Rochen) bilden ein Flossenskelett mit besonders auffälligem metameren Aufbau (vgl. Abb. 28, S. 99). Man geht davon aus, dass die evolutionären Vorläufer der Landwirbeltiere solche Skelette besaßen. Behandelt man nun Rochenembryonen in einem frühen Entwicklungsstadium mit Retinolsäure, so entwickelt sich ein Flossenskelett, in dem die metameren Elemente gestaltlich voneinander differenziert werden. Erstaunlicherweise entspricht diese Bildung recht genau dem Skelett, das bei dem devonischen Fisch *Eusthenopteron* gefunden wird, und das gerade den evolutionären Übergang zur Extremität der Landwirbeltiere repräsentiert (vgl. auch Abb. 38, S. 115).

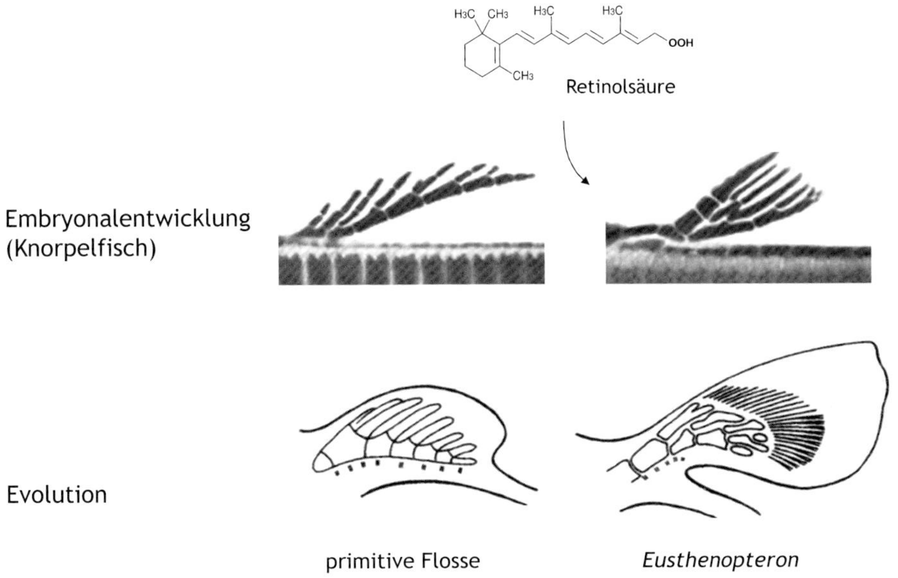

Abb. 42. Retinolsäure und Evolution. Die experimentelle Gabe von Retinolsäure führt in der Embryonalentwicklung eines Rochen zu einer Umbildung des Flossenskeletts, die der evolutionären Umbildung von einem Urfisch zum Vorläufer der Landwirbeltiere, *Eusthenopteron*, entspricht.[173]

---

[171] Das Trinken von Alkohol während der Schwangerschaft kann deshalb zu Fehlbildungen des Embryos führen, weil Alkohol die Retinolsäurebildung im Embryo durch Kompetition um das Enzym, das Retinolsäure aus Vitamin A synthetisiert, stört.

[172] Dahn et al. (2007).

[173] Nach Dahn et al. (2007), verändert.

Man hat es also bei der Retinolsäure mit einer Substanz zu tun, die *Gestaltdifferenzierung* induziert. Sie steht damit dem Seelischen nahe (vgl. oben, Kap. 5). Verblüffenderweise zeigt sich das auch daran, dass sie eine zentrale Rolle im *Sehprozess* einnimmt. Denn Retinal (das Aldehyd der Retinolsäure) stellt den lichtempfindlichen Bestandteil des Wirbeltierauges dar. An das Protein Opsin gebunden, ändert es bei Lichteinfall seine molekulare Konformation, der Komplex aus Retinal und Opsin zerfällt, wodurch die Signalübertragung zum Sehnerv ausgelöst wird. Fällt die Reizung weg, wird das Retinal wieder in die ursprüngliche Konformation zurückverwandelt und erneut mit Opsin verbunden. Sehen entspricht einem physiologischen Wechsel von Abbau und Wiederaufbau in der Netzhaut. Im Kap. 5.5 hatten wir biologische Gestaltbildung ebenfalls als Wechselspiel von organischem Auf- und gestaltbildendem Abbau charakterisiert. Es findet auch beim (Gestalt-)sehen im Auge statt; und es wird in beiden Fällen durch dieselbe Substanz vermittelt. – Zufall?

6.3 Das Zeitkreuz der Genetik und die Dreigliederung der Zelle

Die DNA ist ein Makromolekül aus hintereinander gereihten Bausteinen, den so genannten Basen. Die Sequenz der DNA-Bausteine wird von Zelle zu Zelle weitergegeben und von den Vorfahren auf die Nachkommen vererbt. Dieser Vorgang involviert die jeweilige sequenzidentische Verdopplung der DNA (Replikation). Einzelne Sequenzabschnitte dieses Makromoleküls stellen funktionelle Einheiten dar, die Gene. Die genetische ‚Information' *ruht* in der DNA. Nur bei aktuellem Bedarf wird sie aktiviert (ein Vorgang, der als Genexpression bezeichnet wird). Dann werden diejenigen Gensequenzen in Proteinsequenzen ‚übersetzt', die gerade *jetzt* (in diesem physiologischen oder entwicklungsbiologischen Zeitpunkt) und *hier* (in dieser Zelle) vom Organismus benötigt werden. Bei der Genexpression wird die DNA-Sequenz eines Gens im Zellkern zunächst spiegelbildlich in die Sequenz eines ‚Boten'-Moleküls, der so genannten mRNA, ‚umgeschrie-

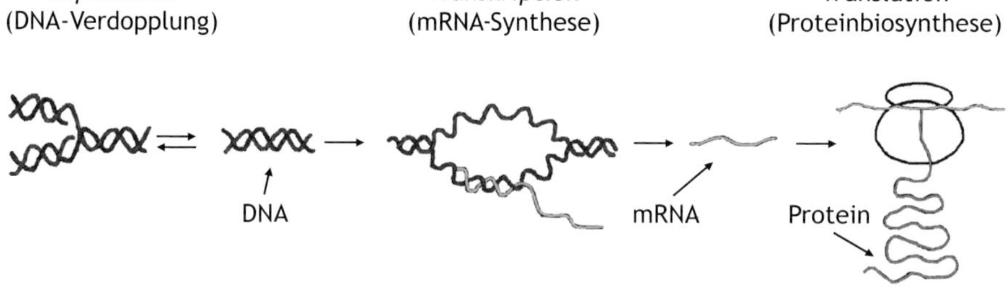

Abb. 43. Ein (stark vereinfachtes) Grundschema der an der Genexpression beteiligten Komponenten.

ben' (Transkription). Die mRNA wandert aus dem Kern ins Zellplasma, wo ‚Überträger'-Moleküle, die tRNAs, die Sequenz der mRNA ‚ablesen' und ihre ‚Übersetzung' in die Reihenfolge der Aminosäuren der Proteine vermitteln (Translation).

Interessanterweise ist die DNA ein durch und durch passives Molekül: Sie *wird* verdoppelt, abgelesen, aktiviert, gehemmt, von Zelle zu Zelle weitergegeben, usw. All diese Aktivitäten werden durch Proteine bewirkt, die überhaupt die aktiven Komponenten des molekularen Geschehens darstellen.

Wie verhalten sich DNA und Proteine zur Zeit?[174] – Als Molekül der Vererbung wirkt die DNA eindeutig aus der Vergangenheit in die Gegenwart hinein. Ihre Sequenz hat sich in der Vergangenheit ausgebildet, und sie bewahrt sie für die Gegenwart und Zukunft. Man könnte auch sagen: Die DNA hält die Vergangenheit eines Organismus gegenwärtig; sie ist konservativ.

Dagegen stehen die katalytisch wirksamen Proteine in einem besonderen Verhältnis zur Zukunft. Sie sind die progressiven Ermöglicher allen biochemischen und molekularbiologischen Geschehens. Katalyse heißt ja gerade Ermöglichung von Reaktionen, die unter natürlichen Bedingungen nur so langsam ablaufen würden, dass sie für das Leben keine Bedeutung mehr haben könnten. Die Proteine holen also im wahrsten Sinne des Wortes zukünftige Möglichkeiten in die Gegenwart herein. Dadurch ermöglichen sie zugleich die Weiterentwicklung des organischen Geschehens in die Zukunft hinein (vgl. auch oben, Kap. 2.2). *Die DNA vermittelt die Anwesenheit der biologischen Vergangenheit, die Proteine diejenige der biologischen Zukunft im gegenwärtigen molekularbiologischen Geschehen.*

Die dritte Molekülklasse, die in der Proteinbiosynthese zwischen DNA und Proteinen vermittelt, sind verschiedene Sorten von RNA. Sie wirken zwischen der DNA-Struktur und Protein-Funktion, indem sie Teile der in der Zeit quasi dahinströmenden DNA-‚Information' bei Bedarf aktualisieren und an der Verwirklichung dieser ‚Information' in Form von funktionalen Proteinen beteiligt sind.[175] Dieser Bedarf wird den Genen über Signale (mit Hilfe regulierender Proteine) vermittelt. Durch solche Signale wirken die Zelle, das umliegende Gewebe, die Organe, ja der ganze Organismus auf die Aktivierung und Hemmung einzelner Gene ein.[176]

---

174 Für eine ausführliche Diskussion der hier dargestellten Gedanken siehe Hueck (2009).

175 Zur Verwendung des Begriffs der ‚genetischen Information' vgl. Fußnote 166, S. 119.

176 Joachim Bauer hat in seinem lesenswerten Buch ‚Das kooperative Gen' an einer Fülle von Beispielen dargestellt, wie nicht nur die Gene den Organismus, sondern ebenso der Organismus seine Gene ‚steuert'. Bauer (2008).

Wir können das ZEITKREUZ der Genetik darstellen (Abb. 44). In einem doppelten Zeitstrom treffen die Funktion der Gene (Vererbung) und der Proteine (Katalyse, Stoffwechsel) aufeinander. In der Proteinbiosynthese durchdringen sich diese Zeitrichtungen, ‚schlagen übereinander'. Ihre Wechselwirkung wird über die RNAs vermittelt und durch Signale gesteuert, die den Vorgang im Sinne des ganzen Organismus regulieren.

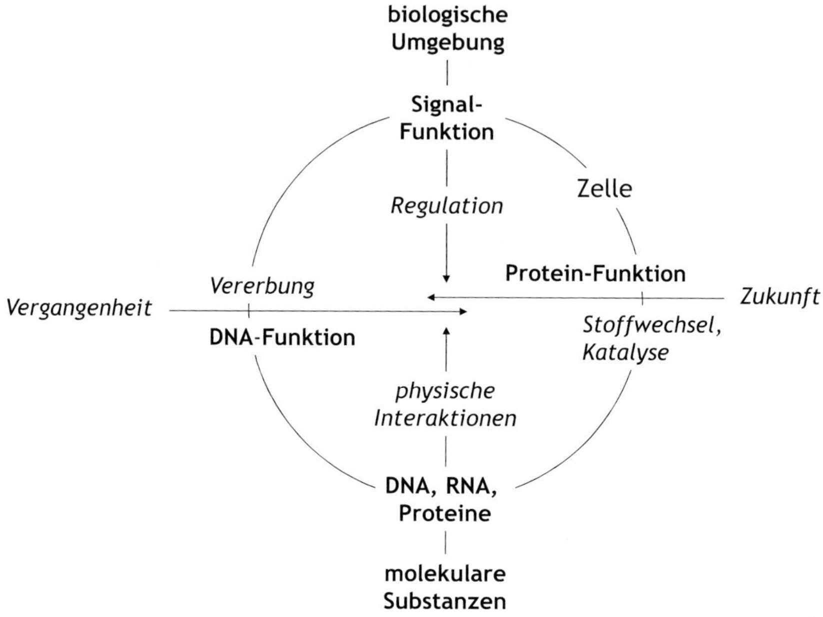

Abb. 44. Das ZEITKREUZ der Genetik. Weitere Erläuterungen im Text.

Bei Vererbung und Stoffwechsel/Katalyse wie auch bei der Regulation der Gene durch Signale aus dem Kontext des Organismus handelt es sich um Funktionen, die über die materiellen Wechselwirkungen zwischen den Molekülen hinausgehen. Denn die Vererbungsfunktion der DNA ist nur möglich, wenn ein lebender Vorfahre da gewesen ist, der sich vererbt, und Stoffwechsel setzt ebenfalls einen Organismus voraus, in dem die Stoffe wechseln. So sind die Funktionen von DNA und Proteinen mehr als Physik und Chemie, obwohl sie *in concreto* als physikalisch-chemische Wechselwirkungen zwischen molekularen Substanzen auftreten. Die stoffliche Erscheinung der Moleküle und ihre physikalisch-chemischen Eigenschaften entsprechen damit dem ‚materiellen' Aspekt der Sinneswahrnehmung der physischen Welt im ZEITKREUZ, d. h. dem Pfeil von unten.

Die DNA kann als das die Vergangenheit bewahrende molekulare *Gedächtnis* der Zelle bezeichnet werden, aus dem bei aktuellem Anlass einzelne ‚Informationen' durch Genexpression gleichsam *erinnert* werden.

Der genetische Strom der Vererbung entspricht damit genau dem Strom der Vorstellungen im ZEITKREUZ *des Bewusstseins. Vorstellen und Vererben sind verwandte Vorgänge.* Wie in einem bestimmten Augenblick jeweils nur ein Teil der genetischen ‚Information' für die Synthese von Proteinen realisiert wird, so ist uns in jedem Augenblick nur ein Teil aus der Summe der Vorstellungen bewusst, die wir in uns tragen.

Im Gegensatz zur linearen DNA, in der (wie im diskursiven Denken) eine ‚Informationseinheit' auf die andere folgt, sind Proteine räumliche Gebilde, und ihre Funktionalität beruht auf ihrer Dreidimensionalität. Durch strukturierte Oberflächen und Innenräume, Vertiefungen und Taschen werden Proteine erst biochemisch aktiv. Proteine sind dynamische Moleküle. Sie wirken wie aktive Werkzeuge, wie Hände, die einen Stoff ergreifen, ihn umgestalten und wieder loslassen können.

Wir verstehen Proteine, indem wir ihre Wirkungsweise mit unserem eigenen, willentlichen Handeln vergleichen. Unser Handeln ist aktiv, wir bewegen unsere Gliedmaßen dynamisch im dreidimensionalen Raum, ergreifen, verändern und entlassen die Objekte unseres Tuns. Schließlich liegt die Verbindung zwischen Handeln und Proteinen auch darin, dass die Ausübung unseres Willens einen aktiven, durch Proteine katalysierten Stoffwechsel voraussetzt. *Proteine stellen den die Zukunft ermöglichenden Willenspol der Zelle dar.*

Die Entsprechungen zwischen DNA-Funktion und Vorstellen, Protein-Funktion und Wollen reichen bis in die Mikrostrukturen der Moleküle hinein. Beide, DNA und Proteine, haben ein molekulares Rückgrat, an dem ihre jeweiligen Bausteine angeordnet sind. Bei der DNA ist es ein Rückgrat aus Zucker-Phosphaten, bei den Proteinen sind es die Stickstoff-haltigen Peptidbindungen der Aminosäuren. Während nun die Basen der DNA vom Rückgrat hin nach *innen* orientiert sind (‚Kopfprinzip'), stehen die Seitenketten der Proteine nach *außen*, vom Rückgrat weg (‚Gliedmaßenprinzip'). Ohne die Innenorientierung der Basen wäre das Spiegelprinzip der DNA Replikation und Transkription nicht möglich, und die nach außen gestreckten Seitenketten der Aminosäuren bedingen die räumlichen Strukturen und die Funktionalität der Proteine (Abb. 45, nächste Seite).[177, 178]

---

177 Die RNA nimmt funktionell und strukturell eine Mittelstellung ein. Sie trägt Sequenz-‚Information', aber als ribosomale RNA bildet sie eine Protein-ähnliche, dreidimensionale Struktur. Sie faltet sich in der Regel zu zweidimensionalen, blattähnlichen Strukturen auf. Als Ribozym kann sie sogar katalytische Aktivität entfalten.
178 Die Verwandtschaft der DNA mit dem Vorstellen / Erinnern, diejenige der Proteine mit dem Wollen ist auch für den erfahrenen Experimentator anschaulich. Die (funktionell lineare) DNA ist ein ‚totes' Molekül, die sich in ihrer Struktur und Funktion leicht mit relativ einfachen, toten Begriffen verstehen lässt. Es ist ja auch charakteristisch, dass die Entdecker der DNA-Doppelhelix, James Watson und Francis Crick, das strukturelle Grundprinzip der Basenpaarung durch bloßes Probieren am Modell

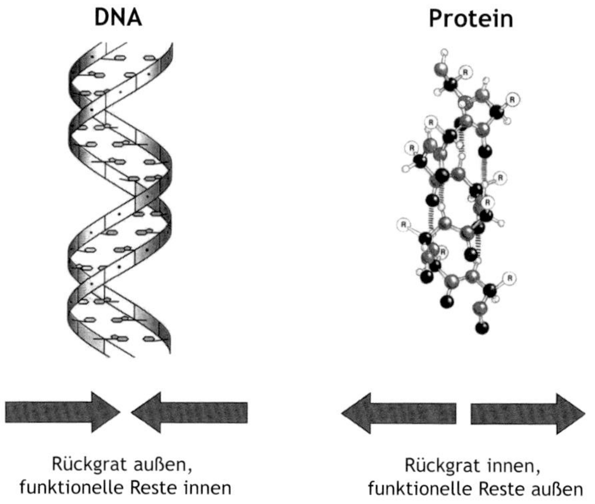

Abb. 45. Polarer molekularer Aufbau von DNA und Protein.

* * *

Nicht nur die Moleküle, auch die ganze Zelle ist dreigliedrig gestaltet. Die DNA befindet sich im (sphärischen) Zellkern, dem ,*Kopf*' der Zelle. Das Zellplasma, in dem Proteine die zellulären Stoffwechsel- und Bewegungsvorgänge katalysieren, repräsentiert den *Stoffwechsel-Gliedmaßen-Pol*, während die Kernmembran und die den Austausch zwischen beiden vermittelnden RNAs das *rhythmische System* der Zelle repräsentieren (Abb. 46).[179] – Am Kopf des Menschen spiegeln sich erstorbene Bilder der Vergangenheit, durch Stoffwechsel und Gliedmaßen gebiert er Keime zukünftigen Werdens. Diese polaren Vorgänge werden in der Brust in einem gegenwärtigen Geschehen rhythmisch integriert. – Die Funktionen der Gene und Proteine sind also in eine Zeitstruktur eingebettet, die der Zeitstruktur des Lebens und des Bewusstseins entspricht.

---

entwickeln konnten. Im Gegensatz dazu sind die geheimnisvollen, beweglichen (dreidimensionalen) Proteine komplex, verwirrend und oft nur in Näherungen zu erfassen. Kristalle der DNA erhält man sehr leicht, während man oft jahrelang kämpfen muss, um ein bestimmtes Protein in den kristallinen Zustand zu zwingen, etc. Die RNA entspricht dem in der Gegenwart zwischen Vorstellungen und Willensimpulsen webenden Fühlen.

[179] In etwas anderer Weise rechnet Johannes Rohen zum Stoffwechselsystem der Zelle u. a. das Endoplasmatische Retikulum, die Mitochondrien sowie Phagosomen und Lysosomen. Das rhythmische System der Zelle charakterisiert er als Transport- und Verteilungssystem (Filamente, Mikrotubuli, Transportvesikel und den Golgi-Apparat). Zum Informationssystem rechnet er DNA, RNAs und die Rezeptoren der Kernmembran. Rohen (1981, 2000).

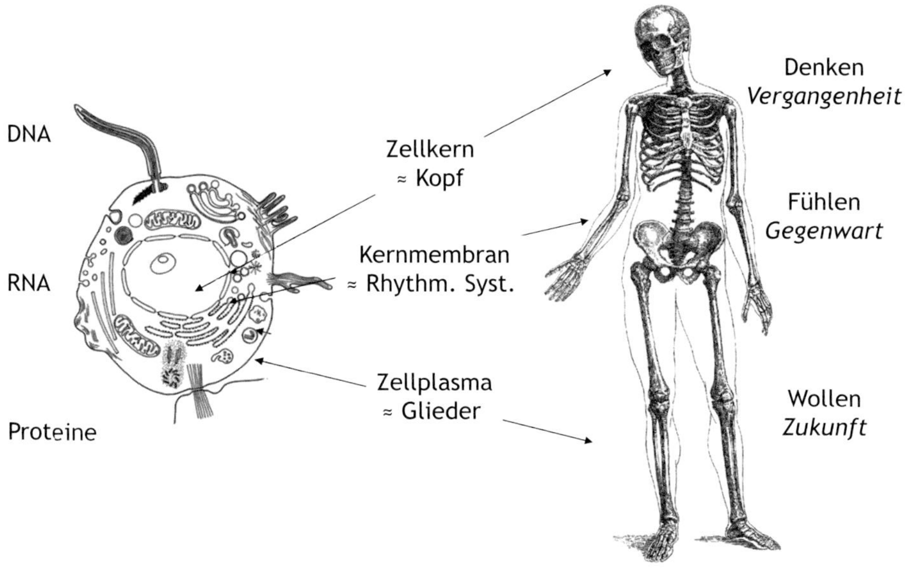

Abb. 46. Die Dreigliederung der Zelle und der Molekülklassen, die maßgeblich an der Genexpression beteiligt sind.

Eine mittlere Ebene zwischen Zellen und Molekülen einerseits und den Seelenfähigkeiten des Denkens und Wollens andererseits bilden die leiblichen Grundlagen dieser Seelenfähigkeiten, die für das Denken im Nervensystem, für das Wollen (nach Rudolf Steiner) im Blutsystem liegen.[180] Gerade *Nervenzellen* und *rote Blutkörperchen* erscheinen unter dem Gesichtspunkt des Doppelstroms der Zeit besonders interessant, denn für beide ist die Einbettung in den doppelten Zeitstrom in eigenartiger Weise unterbrochen. Nerven sind abgeschlossene, fertige Bildungen. Nervengewebe hat, einmal gebildet, zwar noch eine geringfügige, periphere Wachstums-, aber kaum Vermehrungs- und Regenerationsfähigkeit mehr. Nerven sind aus der Vergangenheit bestimmt, ihre Verbindung zur biologischen Zukunft ist gleichsam abgeschnitten.

Im Gegensatz zu Nervenzellen, die einen Kern mit genetischer Information enthalten, sind rote Blutkörperchen kernlos. Auch sie haben ihre Regenerationsfähigkeit verloren, aber aus einem gegenüber dem Nervengewebe entgegengesetzten Grund: Für die roten Blutkörperchen ist die Verbindung zur biologischen Vergangenheit gekappt, sie sind nicht mehr im lebendigen Entwicklungsstrom verankert. Blut wird immer neu gebildet, es ist in ständigem Werden begriffen. Mit dem Blut ist es wie mit den Proteinen: Es wird gebildet, erfüllt für einige Zeit seine Funktion (vor allem im Stoffwechsel)

[180] Steiner (1919).

und wird dann abgebaut. Nerv und Blut gliedern sich so zwischen Vorstellen und DNA bzw. Wollen und Proteinen ein.

Vergangenheit	*Gegenwart*	*Zukunft*
Gedächtnis	Aktualität	Potential
Vorstellen	Fühlen	Wollen
Kopf	Brust	Glieder
Nerv	Atmung / Kreislauf	Blut
Zellkern	Zelluläre Membranen	Zellplasma
DNA	RNA	Proteine

Tab. 2. Die Dreigliederung auf verschiedenen Ebenen des Organismus.

Wir haben damit ein Bild, das die Funktionen und den Zusammenhang von DNA, RNA und Proteinen im Organismus beschreibt. Es ist das Bild des Menschen. Es ist viel mehr als eine Analogie zwischen Bewusstsein und Molekularbiologie. In ihm drückt sich das Wesen der molekularen Prozesse aus, denn wir verstehen die Moleküle durch die entsprechenden Seelentätigkeiten. Wenn wir Proteine erkennen wollen, müssen wir ihre Dynamik in innerlichen Willensbewegungen nachvollziehen. Wir schlüpfen mit unserer inneren Aktivität in das Protein hinein und lassen es in unserer Vorstellung diejenigen Bewegungen vollziehen, die seine katalytische Aktivität erklären. Bei der DNA reichen dagegen ‚abgelähmte' Bildvorstellungen für ein grundlegendes Verständnis. Das Aufmerksamwerden auf diese innerseelischen Vorgänge, die sich bei jedem Naturerkennen vollziehen, öffnet den Weg zu einem ‚Lesen im Buch der Natur' und schließt den inneren Menschen mit der äußeren Natur in einer höheren Erfahrungs- und Erkenntniseinheit wieder zusammen.

6.4 *Was ist organische Materie?*

Für den Begriff einer organischen Substanz ist entscheidend, *dass ‚materielle' (d. h. sinnlich wahrnehmbare) Stoffe immer nur in der Gegenwart auftreten, nur gegenwärtig beobachtet und gehandhabt werden können* (vgl. oben, Kap. 4.7, S. 88 ff.). Durch chemische Analyse lässt sich ein Organismus in einzelne Stoffe mit bestimmten Eigenschaften auftrennen. Doch haben organische Stoffe nicht nur solche, direkt oder indirekt sinnlich wahrnehmbare Eigenschaften, sondern, solange sie im lebendigen Zusammenhang des Organismus stehen, immer auch eine nicht mehr sinnlich wahrnehmbare spezifische Vergangenheit und Zukunft. Der Begriff des biologischen Moleküls umfasst – ganz analog zum Begriff des Organismus – beides, Substantialität und Prozessualität. Wenn der Biochemiker von Proteinen im Organismus spricht, so meint er nicht nur eine materielle Struktur, sondern zugleich eine biochemische Funktion. Spricht der Genetiker von DNA, so impliziert er zusätzlich zur materiellen Struktur immer die Vererbungsfunktion. Die materiellen Substanzen, die man aus dem Lebensprozess isoliert, sind Produkte eines lebendigen, d. h. zeitlich sich wandelnden, in sich zusammenhängenden und strukturierten Ganzen. Als isolierte Stoffe sind sie gleichsam eingefrorene, festgehaltene Prozesse.[181] Das Materielle an einem Lebewesen ist ein Gewordenes und bereits Abgestorbenes. Das Werden, das Leben selbst bleibt unsichtbar. Weil aber das Bewusstsein, wie in Kap. 3.2 gezeigt, zunächst nur am Gegenständlichen voll erwachen kann, stellt sich die Illusion ein, Lebewesen seien materiell, und das Leben könne aus den Wechselwirkungen materieller Teilchen erklärt werden.

6.5 *Teil und Ganzes in der Biologie – vom Sinn zum Molekül*

Biologen beziehen das implizite Wissen, das sie vom lebendigen Organismus haben, immer mit ein. Ohne dieses Wissen könnten sie überhaupt kein Verständnis biologischer Phänomene entwickeln. Wenn man von ‚Genen' spricht, dann *weiß* man, dass Gene bestimmte Funktionen in Zellen haben; dass Zellen Teile eines Organs sind; dass Organe zu einem Organismus gehören; dass der Organismus ein Exemplar seiner Art ist, die in einer bestimmten Umwelt lebt; dass sich diese Art in der Evolution aus bestimmten Vorläuferformen entwickelt hat, usw. Vom Kleinsten bis zum Größten denkt man alles mit, wenn man ‚Gen' sagt. Und man impliziert die zeitliche Integration von Gewordensein und Werdepotential. Nur *so* kann man den Begriff ‚Gen' überhaupt denken. Er führt *durch sich selbst* über sich selbst hinaus.[182]

‚Man sieht nur, was man weiß' ist ein wichtiger Grundsatz, gerade für die Biologie. Aber man weiß eben nicht immer, *wie* man sieht. Niemand wäre auf die Idee gekommen, in Lebewesen nach einer Substanz zu suchen, die die Vererbung einzelner Merkmale vermittelt, wenn man nicht vorher den ganzen Organismus gedacht, ihn in einzelne Merkmale zerlegt und diese Merkmale als vererbbar erkannt hätte. Erst dieses Wissen hat den Weg zum Auffinden der Gene gewiesen. Die Auffassung des Ganzen geht der Bestimmung seiner Teile notwendig voraus. Und diese Tatsache beschreibt auch wieder einen Punkt, an dem eine objektive Eigenschaft der Organismen mit einer subjektiven Eigenschaft des Erkennens zusammenfällt: Wir müssen das Ganze zuerst denken, wenn wir seine Teile bestimmen wollen, aber dieses Ganze muss auch zuerst da sein, wenn seine Teile da sein sollen.

---

[181] Vgl. Rozumek (2003).
[182] Ausführlicher in Hueck (1993).

Das Licht des Lebensbegriffs muss die organischen Einzelheiten gleichsam wie aus dem Hintergrund beleuchten, sonst wären sie nicht zu sehen. Weil ich aber selbst in diesem Licht lebe, bemerke ich es nicht, sondern blicke nur auf die von ihm beleuchteten Erscheinungen. *„Das ist die eigentümliche Natur des Denkens, dass der Denkende das Denken vergisst, während er es ausübt. Nicht das Denken beschäftigt ihn, sondern der Gegenstand des Denkens, den er beobachtet. ... Während ich denke, sehe ich nicht auf mein Denken, das ich selbst hervorbringe, sondern auf das Objekt des Denkens, das ich nicht hervorbringe.“*[183] Das physische Licht sieht man nur durch die Gegenstände, die es beleuchtet. Das Licht, das die Lebenswelt beleuchtet, ist das organisch-lebendige Licht des erkennenden Geistes. Und es ist, wie wir oben (Kap. 4.1) gesehen haben, *von derselben Art* wie die Wachstumskräfte des lebendigen Organismus.

Im Kap. 3.1 wurde der Zusammenhang zwischen der vorstellenden *Tätigkeit* und einzelnen Vorstellungen charakterisiert. Die gleichen Verhältnisse wie zwischen dem intuitiv-willenshaft vorstellenden ‚Ich‘ und dem von ihm Vorgestellten gelten auch für den Organismus (Abb. 47). Er ist ein übersinnliches Wesen, das wir in unserem Erkennen erleben. Seine alle einzelnen Entwicklungsstadien und Organisationsebenen (Organe, Gewebe, Zellen und Moleküle) durchdringende *Lebenstätigkeit* kann nicht sinnlich wahrgenommen, sondern nur im tätigen Denken erlebt werden. Die vorstellende Denktätigkeit ist mit der organischen Lebenstätigkeit eng verwandt, ja, man könnte sagen, ein und dasselbe, nur einmal mehr von innen, das andere Mal mehr von außen betrachtet.

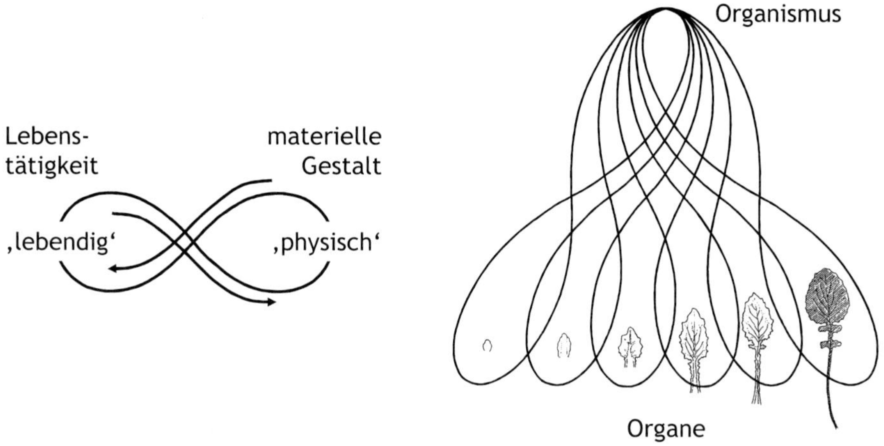

Abb. 47. Das Verhältnis zwischen dem geistigen Organismus und seinen einzelnen physisch-materiellen Entwicklungsstadien bzw. Organen (vgl. Abb. 9 und Abb. 10, S. 49 und 50).

---

[183] Steiner (1894), S. 42 f.

6.6 *Gene und Evolution – der unsichtbare Baum des Lebens*

Die Vergangenheit der Organismen bleibt in ihren Genen gegenwärtig (genau genommen gilt dies natürlich nur für die Vergangenheit der Gene selbst). Nun unterscheiden sich die DNA-Sequenzen zweier Organismen umso mehr, je weniger sie miteinander verwandt sind, je früher sich also ihre Vorfahren in der Evolution voneinander getrennt haben. Wenn man annimmt, dass sich bestimmte DNA-Sequenzen im Lauf der Generationen mit einer gewissen stetigen Regelmäßigkeit ändern, kann man aus dem Unterschied der DNA zweier Organismen den ungefähren Zeitrahmen errechnen, in dem ihr ‚letzter gemeinsamer Vorfahre' gelebt haben müsste. Aus den abgestuften Ähnlichkeiten der DNA-Sequenzen heute lebender Organismen lässt sich so ein Stammbaum ableiten, der als Ergänzung zur Untersuchung von Fossilien verwendet wird.[184]

Wir haben es mit zwei Formen des Aktualismus zu tun: Geologie und Paläontologie gehen davon aus, dass die gegenwärtig in den Gesteinen, in der Atmosphäre usw. zu beobachtenden Vorgänge und Gesetzmäßigkeiten in die Vergangenheit extrapoliert werden können. Die genetische Analyse setzt voraus, dass die Vererbungsmechanismen ebenfalls in die Vergangenheit zurückverfolgt werden können. Interessanterweise übersteigt allerdings das aus DNA-Analysen errechnete theoretische Alter das Alter fossiler Funde meist deutlich, und zwar umso mehr, je weiter man in die Vergangenheit zurückgeht.[185]

Aus genetischen Analysen ergibt sich, dass sich die Linien, die zum Menschen und zum Schimpansen führten, vor 5 bis 7 Millionen Jahren voneinander getrennt haben sollten, während beispielsweise der Wolf und der Mensch einen letzten gemeinsamen Vorfahren in einem Wirbeltier hatten, das vor ca. 100 Millionen Jahren (in der Kreidezeit) lebte. Der letzte gemeinsame Vorfahre des Menschen und der Reptilien lebte vor ca. 325

---

[184] Die ‚molekulare Altersbestimmung' beruht auf der Annahme gleichbleibender Mutationsraten von synonymen, d. h. ‚stillen', den Phänotyp nicht beeinflussenden Mutationen. Diese Annahme ist allerdings nicht unumstritten (siehe z. B. Ho et al. [2011], Subramanian und Lambert [2011]). Es ist nämlich durchaus möglich, dass sich auch die Rate ‚stiller' Mutationen mit der Generationszeit verändert, dass also Gene umso langsamer mutieren, je langsamer sich ein Organismus vermehrt. Dann würden sich – da sich die Generationszeit in der Regel mit der Organisationshöhe verlängert – die molekular bestimmten Zeiten, je weiter man in die Vergangenheit der Evolution zurückgeht, umso mehr verkürzen.

[185] Diese Tatsache wird zum Beispiel für die seit der ‚kambrischen Explosion' (vor ca. 550 Mio. Jahren) fossil auftretenden, aber nach genetischer Altersbestimmung schon viel früher vorhanden gewesenen mehrzelligen Organismen mit der möglichen Kleinheit und fehlenden Fossilisierbarkeit (Weichkörperigkeit) der frühen Stadien in Zusammenhang gebracht. Hedges (2001).

Millionen Jahren (im Karbon), des Menschen und der frühesten Fische vor ca. 550 Millionen Jahren (im Kambrium). Vergleicht man gar die DNA-Sequenzen des Menschen mit denen der einfachsten Lebewesen, der Bakterien und Archaebakterien, so kommt man bis zu den Anfängen des physischen Lebens auf der Erde zurück.[186]

Wir sind mit allen andern Lebewesen verwandt. Die Vielfalt der Lebensformen auf der Erde entsprang wahrscheinlich aus einer einzigen Quelle, wie der Organismus des Menschen aus einer einzigen Zelle hervorgeht.[187] Dabei ist verblüffend, dass der Mensch nicht sehr viel mehr Gene (ca. 23000) trägt als eine durchschnittliche Bakterien- oder Pilzart (4000 bis 6000). Die Mehrzahl unserer Gensequenzen finden sich auch in einzelligen Organismen und müssen daher bereits am Beginn des Lebens auf der Erde vorhanden gewesen sein.[188]

---

[186] Die hier gemachten Zeitangaben entsprechen der heute üblichen geologischen und radiometrischen Zeitbestimmung. Prinzipiell werden sie durch Extrapolation gegenwärtiger Naturprozesse und -gesetze in die Vergangenheit bestimmt (vgl. Fußnote 142, S. 102). Die konkreten Angaben stammen aus Hedges und Kumar (2009). Das Buch fasst eine Vielzahl einzelner Untersuchungen auf dem neuesten Stand der molekulargenetischen Evolutionsforschung zusammen. Eine entsprechende Internet-Plattform (www.timetree.org) erlaubt die Berechnung von Altersunterschieden nahezu beliebiger Spezies.

[187] Der Vergleich zwischen der ‚ersten Zelle' und einer Eizelle scheint zu hinken, denn Letztere entsteht und existiert nur in einem mütterlichen Organismus. Aber die ‚erste Zelle' kann nur in einer Umgebung entstanden sein, die dem Leben förderlich war. Es müssen auf der Erde bestimmte lokale Gegebenheiten wie chemische Zusammensetzung, Temperatur, Schutz vor UV-Einwirkung etc. geherrscht haben, die aber wiederum ohne eine bestimmte Verfassung des *ganzen Planeten* nicht vorhanden gewesen sein können. Außerdem müssen genügend organische Substanzen vorhanden gewesen sein, in denen sich die ersten Zellen bilden und von denen sie sich im Folgenden ernähren konnten. So kommt man zu dem Bild, dass *die ganze Erde wie ein mütterlicher Organismus für die Entstehung der ersten abgegrenzten Lebewesen gewesen sein muss.* – Nimmt man die Überlegungen aus Kap. 2.1 hinzu, dass Leben immer nur aus Leben, niemals aus Totem hervorgehen kann, so kommt man zu Ansichten, wie sie z. B. Klaus Frisch in seinem Aufsatz „Über den Ursprung des Lebens und die Entstehung der Zellen in der Frühzeit der Erdentwicklung", Frisch (1992), S. 376 ff., formuliert: *„Der Urozean als lebendiges Protoplasma, das sich erst später in Zellen zu untergliedern begann."* Der eigentliche Ursprung des Lebens liegt aber im Geistigen, doch kann dieser Zusammenhang hier nicht näher erläutert werden. Vgl. z. B. Steiner (1910).

[188] Eine vor kurzem publizierte Analyse ergab, dass mindestens 60 % der menschlichen Gene bis zu den einzelligen Organismen zurückverfolgt werden können! Domazet-Loso und Tautz (2008). Bedenkt man, dass es noch viele unentdeckte Einzeller geben könnte, so kann man vermuten, dass die allermeisten Gene des Menschen auch schon in den einzelligen Organismen vorhanden gewesen sind, die die Erde in der Urzeit belebten. Wie man aus der Untersuchung heutiger Bakterien weiß, herrschte wohl auch unter den Ureinzellern ein reger Austausch von Genen, der so genannte ‚horizontale

Wie zu erwarten, sind viele der ältesten Gene des Menschen, die er mit den heutigen Bakterien teilt, mit grundlegenden Stoffwechselvorgängen, mit der Zellteilung und der Proteinbiosynthese assoziiert. Zu diesen kommen dann solche hinzu, die wir mit allen vielzelligen Organismen teilen, und die zu einem großen Teil mit den Wechselwirkungen von Zelle zu Zelle zusammenhängen. Andere Gene haben wir mit allen zweiseitig-symmetrischen Tieren gemeinsam, wieder andere mit allen Chordaten, dann mit allen Wirbeltieren, Vierfüßlern, Amnioten, Säugetieren, und schließlich mit den Primaten. In den Genen des Menschen lebt also eine Art Abdruck der evolutiven Stufen, die seinem Erscheinen vorangegangen sind. Wir tragen alle früheren Entwicklungsstadien des Lebens wie eine Erinnerung in uns. Das bedeutet aber auch, dass alles, was heute in der belebten Natur um uns herum erscheint, auch in uns in sublimierter Weise lebt; wir erkennen uns selbst in der Natur wie in einem lebendigen Spiegel.

So gesehen erscheinen unsere Gene nicht als fremde Moleküle, sondern als Chiffren unserer lebendigen Vergangenheit und gegenwärtigen organischen Innerlichkeit. – Wie verwandt fühlt man sich (auch) durch solche Gedanken mit allem Leben auf der Erde!

Gen-Transfer‘, sodass am Beginn des irdischen Lebens ein Pool von Genen vorhanden gewesen sein dürfte, der zwischen den verschiedenen Organismen wie innerhalb eines lebendigen Meeres ausgetauscht wurde, und aus dem sich die Gen-Sequenzen höherer Organismen rekrutierten. – Für die Evolution höherer Organismen kommt wohl das Entstehen komplett neuer Gene kaum in Betracht. Viel wichtiger ist die Verdopplung von Gensequenzen, die dann so genannte Gen-Familien bilden, innerhalb derer wieder Diversifizierung stattfinden kann. Demuth und Hahn (2009).

7 ‚Geprägte Form, die lebend sich entwickelt' – die Evolution als Menschwerdung

Der Mensch verdankt seine Entstehung einer langen Reihe von Vorfahren. Hätte ein einziges Glied in dieser langen Kette gefehlt, so würde er nicht genau das geworden sein, was er jetzt ist.[189]
(Charles Darwin)

7.1 Höherentwicklung durch Absonderung

Die Welt der Lebewesen ist hierarchisch geordnet. Man kann die Organismen zu Gruppen mit gemeinsamen Eigenschaften zusammenfassen, die wieder Übergruppen angehören, usw. Der höchste Begriff, unter den alle Lebewesen fallen, ist das *Leben* selbst. Alles Lebendige lässt sich dann in drei große Domänen unterteilen, in die der *Bakterien*, der *Archaebakterien* und der *Eukaryonten*, das sind Organismen, deren Zellen einen echten Kern besitzen (vgl. Abb. 48). Die Eukaryonten gliedern sich in Organismen, die Photosynthese betreiben und Sauerstoff produzieren (einzellige Algen, Pflanzen) und solche, die sich von organischem Material ernähren und Sauerstoff veratmen. Letztere bilden zusammen das Reich der Tiere (*Animalia*). Die Tiere können einzellige oder mehrzellige Organismen (Unterreich *Metazoa*) sein. Die Metazoa lassen sich in die Schwämme und in solche Tiere teilen, die echte Gewebe ausbilden (*Eumetazoa*). Die Eumetazoa gliedern sich in radiärsymmetrisch gebaute Tiere (wie Polypen und Quallen) und solche mit zweiseitiger Körpersymmetrie (*Bilateria*). Die Bilateria lassen sich unterteilen in die Altmünder (*Protostomia*), denen u. a. die Weichtiere, Ringel- und andere Würmer, sowie die Gliedertiere (Krebse, Asseln, Spinnen, Insekten u. a.) angehören, und in den Stamm der Neumünder (*Deuterostomia*), jene Gruppe, die zu den Wirbeltieren führt. Zu den Neumündern gehören die Chordatiere (*Chordata*, gegenüber den Hemichordaten und Stachelhäutern wie Seelilien und Seesternen), zu diesen die schädeltragenden *Wirbeltiere* (*Vertebrata*, gegenüber den schädellosen Chordaten und Manteltieren), zu den Wirbeltieren die *Kiefermäuler* (*Gnathostomata*, gegenüber den Kieferlosen wie den Schleimaalen und Neunaugen), zu den Kiefermäulern die fleischflossigen Fische (*Sarcopterygii*, gegenüber den Strahlenflossern, die keine Gliedmaßen bilden), zu jenen die Landwirbeltiere (*Tetrapoda*, gegenüber den Lungenfischen), zu den Landwirbeltieren die *Amnioten*, deren Embryonen sich im Fruchtwasser entwickeln (gegenüber den Amphibien, deren Fortpflanzung vom Wasser abhängig bleibt), zu den Amnioten die Säugetiere (*Mammalia*, gegenüber den Reptilien und

[189] Darwin (1874), 6. Kapitel.

Vögeln), zu den Säugern die Plazentatiere (*Placentalia*, gegenüber den Beutel- und Kloakentieren), zu jenen die *Primaten*, dann die Trockennasenaffen (*Haplorrhini*), zu jenen die Altweltaffen (*Catharrhini*), zu den Altweltaffen die Menschenartigen (*Hominoidea*), zu den Menschenartigen die Menschenaffen (*Hominidae*), zu jenen die Gattung Mensch (*Homo*), und zum Menschen die *Art Homo sapiens*. – Wir teilen also mit allen Organismen die Eigenschaft, dass wir lebendig sind; wir haben mit einer etwas kleineren Gruppe von Lebewesen gemeinsam, dass unsere Zellen echte Kerne besitzen; mit einer wieder etwas kleineren Gruppe teilen wir den zweiseitig symmetrischen Körperbau; mit wieder einer kleineren Gruppe sind wir Neumünder; usw. usf. (Abb. 49, nächste Seite). Jede höherstehende Tiergruppe integriert die vorangegangenen Entwicklungsschritte.

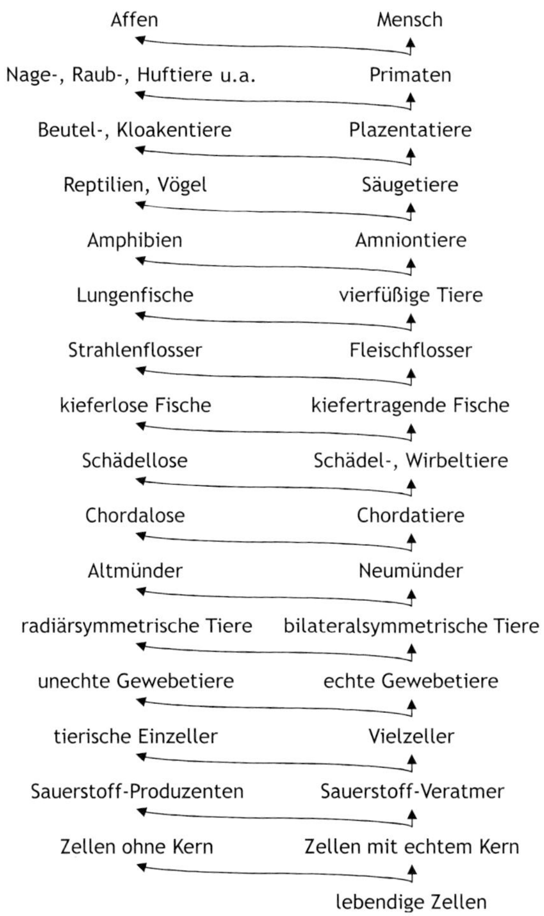

Abb. 48. Überblick über den systematischen Aufbau des Tierreichs. Zunehmende Höherentwicklung durch evolutionäre Innovation (rechts) sowie Tiergruppen, die die jeweiligen Innovationsschritte repräsentieren (links). Weitere Erläuterungen im Text.

Das allgemeine Leben (der Einzeller) war zuerst da, das individuellste (des Menschen) zuletzt. In diesem Individuellen leuchtet das Allgemeine auf einer höheren Stufe wieder auf – in Form von gedanklichen Fähigkeiten und innerer freier Beweglichkeit, durch die der Mensch alles andere (und sich selbst) erkennen, fühlen und handelnd verändern kann. Dem allgemeinen Leben liegt das ZEITKREUZ als biologische Zeitordnung zugrunde, wie dem individuellen des Menschen als seelisch-geistige.

Man kann die Evolution so ansehen, dass in ihrem Verlauf eine stufenweise Sonderung oder Aufzweigung eines ursprünglich alles umfassenden, aber noch undifferenzierten Lebens stattfand, und diese zunehmende Sonderung ging mit einer schrittweisen Höherentwicklung einher. Könnte die Höherentwicklung also nicht nur mit der Entstehung von Neuem, sondern auch mit der Absonderung von Altem zu tun haben? Kann man die Phylogenese nicht auch wie eine Art *Organismus höherer Ordnung* betrachten, in deren Verlauf sich der Mensch entwickelte, indem er sich aus einem lebendigen Umfeld, das heute noch in den verschiedenen Tierformen um ihn herum erscheint, schrittweise herausgliederte?[190]

Welche Aspekte differenzierten sich im Verlauf der Stammesgeschichte voneinander? Was ist das Charakteristische der einzelligen Lebewesen, der Mehrzeller, der Alt- und Neumünder, der Chorda- und Wirbeltiere, der Landtiere etc.? Blicken wir dazu auf die Bildungsprinzipien dieser Entwicklungsstufen, versuchen wir, sie im Licht der inneren Erfahrung zu ‚lesen'.

Abb. 49. Detaillierte Darstellung des systematischen Aufbaus des Tierreichs von den ersten Zellen bis zum Menschen. Waagerecht umrahmt sind die systematischen Kategorien, deren Reihe zum Menschen führt. Links sind die Gruppen gezeigt, die auf der jeweiligen Stufe der Entwicklung vom Strom der Menschwerdung ‚abzweigen'. Die Zahlen hinter den senkrecht geschriebenen Gruppen geben den Zeitpunkt ihrer ‚Abspaltung' an (in Mio. Jahren), errechnet aus DNA-Sequenzvergleichen für Gruppen, die heute noch lebende Vertreter haben[191], und fossil für ausgestorbene Gruppen (†). (Zu den Zeitangaben vergleiche Fußnote 142, S. 102 .) Über den Spalten sind Beispiele von Tierarten oder Gattungen der unter ihnen stehenden Gruppen angegeben. Rechts sind die ältesten, gegenwärtig bekannten Fossilien der entsprechenden Gruppen angegeben[192] sowie ihr fossiles Alter (in Mio. Jahren) und eine ungefähre Darstellung der geologischen Formation, in der die Fossilien gefunden werden. ►

[190] Dankmar Bosse ist in seiner monumentalen Zusammenschau der naturwissenschaftlichen und geisteswissenschaftlich-anthroposophischen Seite der Evolution ausführlich auf das Prinzip der Höherentwicklung durch Absonderung eingegangen und hat viele Gesichtspunkte dazu zusammengestellt. Bosse (2002).
[191] Nach www.timetree.org. Vgl. Fußnote 184, S. 133.
[192] Nach wikipedia.

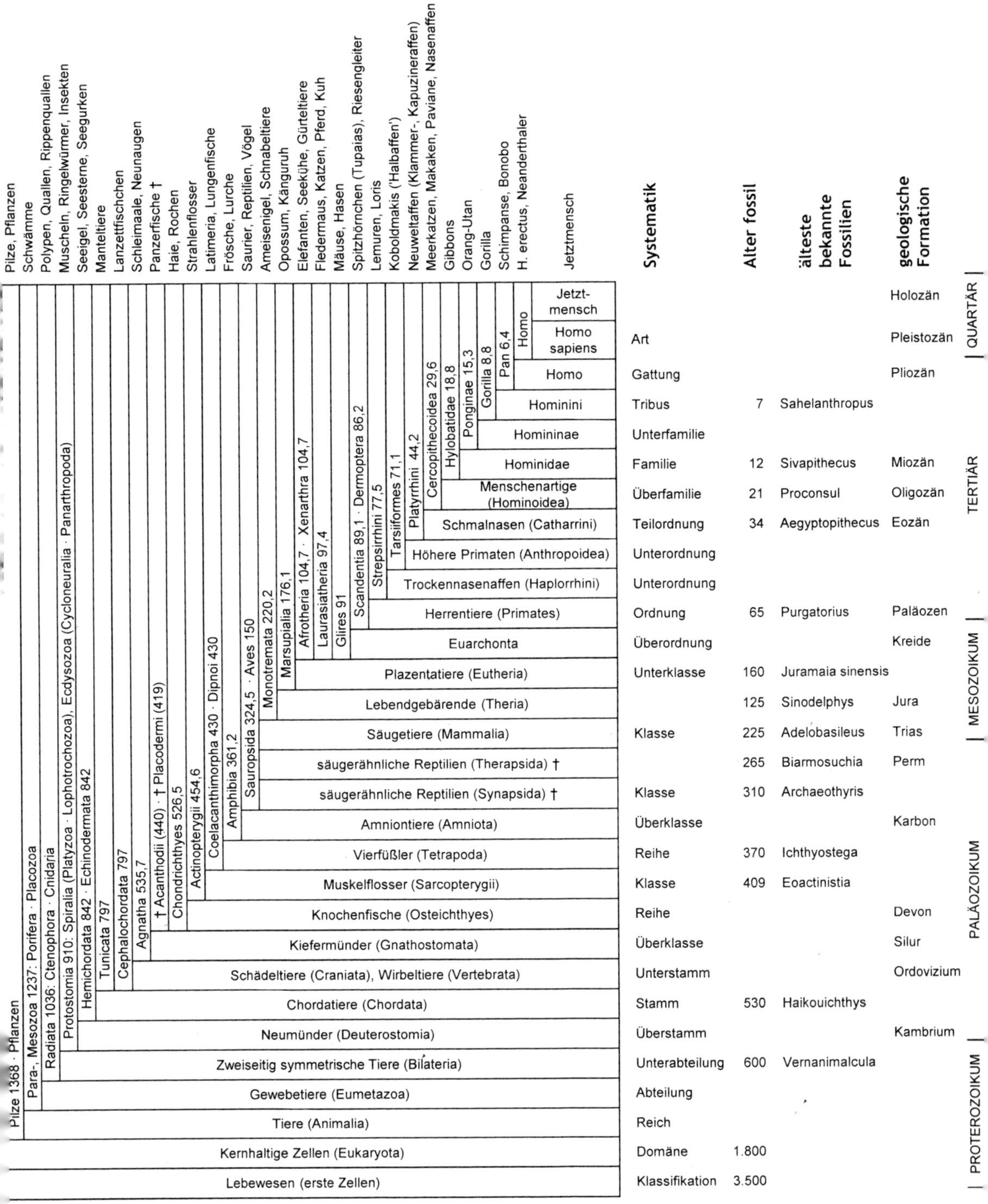

Pilze, Pflanzen
Schwämme
Polypen, Quallen, Rippenquallen
Muscheln, Ringelwürmer, Insekten
Seeigel, Seesterne, Seegurken
Manteltiere
Lanzettfischchen
Schleimaale, Neunaugen
Panzerfische †
Haie, Rochen
Strahlenflosser
Latimeria, Lungenfische
Frösche, Lurche
Saurier, Reptilien, Vögel
Ameisenigel, Schnabeltiere
Opossum, Känguruh
Elefanten, Seekühe, Gürteltiere
Fledermaus, Katzen, Pferd, Kuh
Mäuse, Hasen
Spitzhörnchen (Tupaias), Riesengleiter
Lemuren, Loris
Koboldmakis ('Halbaffen')
Neuweltaffen (Klammer-, Kapuzineraffen)
Meerkatzen, Makaken, Paviane, Nasenaffen
Gibbons
Orang-Utan
Gorilla
Schimpanse, Bonobo
H. erectus, Neanderthaler
Jetztmensch
Systematik
Alter fossil
älteste bekannte Fossilien
geologische Formation
Jetzt-mensch
Holozän
QUARTÄR
Homo
Homo sapiens
Art
Pleistozän
Pan 6,4
Homo
Gattung
Pliozän
Gorilla 8,8
Hominini
Tribus
7
Sahelanthropus
Ponginae 15,3
Homininae
Unterfamilie
Hylobatidae 18,8
Hominidae
Familie
12
Sivapithecus
Miozän
TERTIÄR
Cercopithecoidea 29,6
Menschenartige (Hominoidea)
Überfamilie
21
Proconsul
Oligozän
Platyrrhini 44,2
Schmalnasen (Catharrini)
Teilordnung
34
Aegyptopithecus
Eozän
Tarsiiformes 71,1
Höhere Primaten (Anthropoidea)
Unterordnung
Strepsirrhini 77,5
Trockennasenaffen (Haplorrhini)
Unterordnung
Scandentia 89,1 · Dermoptera 86,2
Herrentiere (Primates)
Ordnung
65
Purgatorius
Paläozen
Glires 91
Euarchonta
Überordnung
Kreide
MESOZOIKUM
Laurasiatheria 97,4
Afrotheria 104,7 · Xenarthra 104,7
Plazentatiere (Eutheria)
Unterklasse
160
Juramaia sinensis
Marsupialia 176,1
Lebendgebärende (Theria)
125
Sinodelphys
Jura
Monotremata 220,2
Säugetiere (Mammalia)
Klasse
225
Adelobasileus
Trias
Sauropsida 324,5 · Aves 150
säugerähnliche Reptilien (Therapsida) †
265
Biarmosuchia
Perm
säugerähnliche Reptilien (Synapsida) †
Klasse
310
Archaeothyris
Amphibia 361,2
Amniontiere (Amniota)
Überklasse
Karbon
Coelacanthimorpha 430 · Dipnoi 430
Vierfüßler (Tetrapoda)
Reihe
370
Ichthyostega
PALÄOZOIKUM
Actinopterygii 454,6
Muskelflosser (Sarcopterygii)
Klasse
409
Eoactinistia
Chondrichthyes 526,5
Knochenfische (Osteichthyes)
Reihe
Devon
† Acanthodii (440) · † Placodermi (419)
Kiefermünder (Gnathostomata)
Überklasse
Silur
Agnatha 535,7
Schädeltiere (Craniata), Wirbeltiere (Vertebrata)
Unterstamm
Ordovizium
Cephalochordata 797
Tunicata 797
Chordatiere (Chordata)
Stamm
530
Haikouichthys
Hemichordata 842 · Echinodermata 842
Neumünder (Deuterostomia)
Überstamm
Kambrium
Protostomia 910: Spiralia (Platyzoa · Lophotrochozoa), Ecdysozoa (Cycloneuralia · Panarthropoda)
Zweiseitig symmetrische Tiere (Bilateria)
Unterabteilung
600
Vernanimalcula
PROTEROZOIKUM
Radiata 1036: Ctenophora · Cnidaria
Gewebetiere (Eumetazoa)
Abteilung
Para-, Mesozoa 1237: Porifera · Placozoa
Tiere (Animalia)
Reich
Pilze 1368 · Pflanzen
Kernhaltige Zellen (Eukaryota)
Domäne
1.800
Lebewesen (erste Zellen)
Klassifikation
3.500

7.1.1 Einzeller

Die kernlosen Einzeller, die die primitivsten und damit wohl ältesten Organismen darstellen, sind vor allem durch ihre Fähigkeit zu Stoffwechsel und Vermehrung, d. h. durch *allgemeinste Lebensprozesse* charakterisiert. Die Zellen sind undifferenziert, alle Prozesse finden in einem einzigen Kompartiment statt. Sie vermehren sich durch Teilung und sind daher – bei günstigen äußeren Bedingungen – potentiell unsterblich. Die Prokaryonten repräsentieren einen Lebensstrom, der fortwährend und ungebrochen aus der Vergangenheit in die Zukunft fließt (wobei sich die molekulargenetischen Prozesse, wie oben gezeigt, auch hier bereits im doppelten Zeitstrom vollziehen). In der Regel sind die Zellen durch Geißeln beweglich und können z. B. auf Gradienten von Nährstoffen reagieren – hier deutet sich schon ein intentionales ‚Bestreben' an, das später in den Tieren immer bewusster zum Ausdruck kommt.

Das *Sterben* tritt zum ersten Mal bei den Eukaryonten auf, und zwar im Zusammenhang mit der dreigliedrigen *Differenzierung* der Zelle. Sie ist in Kern und Plasma gegliedert; das Erbgut ist in einem doppelten Satz auf mehrere Chromosomen aufgeteilt, und die Gene sind von DNA-Sequenzen unterbrochen, die bei der Übersetzung in Proteine ‚herausgeschnitten' werden (ein Vorgang, den man als ‚splicing' bezeichnet, und durch den – wiederum eine Differenzierung – aus der Sequenz eines einzelnen Gens verschiedene Proteine entstehen können). Die geschlechtliche Fortpflanzung setzt ein, die elterlichen Zellen sterben. Differenzieren und Sterben, Trennen und Wiedervereinigen – bei den Eukaryonten wird der Lebensprozess intervallisch gegliedert. In der Differenzierung wirkt schon das ‚Seelenhafte' aus der Zukunft.

Einzeller wie die Kalk- und Kieselalgen oder auch die dicke Gesteinsschichten (Stromatolithen) bildenden Cyanobakterien sondern mineralische Substanzen ab, durch die sie signifikant an der Bildung der Erdoberfläche beteiligt sind. Die einzelligen Lebewesen (die in der Natur in riesigen Massen auftreten!) stehen der *mineralischen* Welt nahe. In allen mehrzelligen Organismen tauchen die Einzeller in verwandelter Form, nämlich als deren Zellen, wieder auf. Und wie sie als Einzeller physische Substanz umsetzen und abscheiden, so bilden und verarbeiten sie als Zellen mehrzelliger Organismen die physischen Substanzen des Leibes. Einzeller sind nach einem Wort Eugen Koliskos die ‚lebenden Atome des Tierreichs'.[193]

Wir haben es bei den einzelligen Organismen mit einer basalen, gestaltlosen Lebensstufe zu tun, die dem Mineralischen noch nahe steht, und die doch schon die Elemente des sich vermehrenden Lebens und des dreigegliederten, differenzierenden Sterbens umfasst.

---

[193] Kolisko (1930), S. 130.

7.1.2 Vielzeller und Gewebetiere

Aus den allgemeinen Stoffwechsel- und Lebensprozessen erhebt sich die mehrzellige *Gestalt*. Die primitivsten Mehrzeller sind amorphe Schwämme, die sich aus großenteils begeißelten Einzelzellen zusammensetzen. Typisch für diese einfachsten (wie auch für alle anderen) Tiere ist die Bildung von *Innenräumen*, die den Körper in eine Außen- und Innenseite differenzieren. Die Innenräume der Schwämme schließen sich allerdings erst unvollständig vom Außenmedium ab. Sie sind durch Poren vielfältig durchbrochen, durch die Meerwasser ein- und aus einem zentralen Hohlraum wieder ausströmt. Wie die Einzeller scheiden auch die Zellen der Schwämme Substanzen aus, die aber nun ‚organischer' sind und als ‚Spongine' einen wesentlichen Teil der Gestalt bilden. Außerdem sind sie von Skelettelementen durchzogen, die als feste Strukturen den schwammigen Körper stützen. Schwämme sind gleichsam der erste Versuch der Natur, Zellen zusammenzuraffen und aus ihnen Gestalten mit Innenräumen zu formen. Der Innenraum als grundlegendes tierisches Formprinzip ist da, doch kann noch keine differenzierte Gestalt entstehen; die anorganisch-amorphe Bildungstendenz überwiegt. Die Schwämme fallen aus dem zentralen Entwicklungsstrom heraus, gleichsam nicht zur Höherentwicklung ‚geeignet', während das Bildungsprinzip ‚Gestalt mit Innenraum' weiterentwickelt wird.

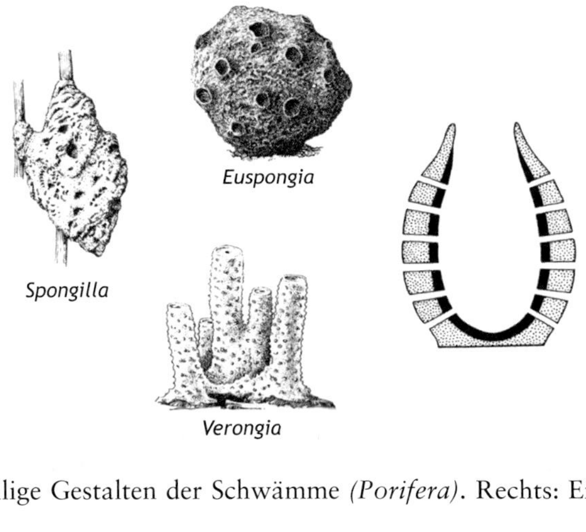

Abb. 50. Mehrzellige Gestalten der Schwämme *(Porifera)*. Rechts: Einfaches Bauplanschema.

7.1.3 Hohltiere

Die nach den Schwämmen auftretenden Organismen bilden den *Innenraum* in viel deutlicherer Weise. Es sind die Hohltiere (Korallen, Seeanemonen, Polypen, Quallen). Die Stelle, an der sich das embryonale Gewebe zum

Innenraum einstülpt (Urmund) bleibt im ausgewachsenen Tier als einzige Öffnung erhalten und dient sowohl als Nahrungs- als auch als Ausscheidungsöffnung. Im Innenraum liegt der Stoffwechselpol der Tiere, während sich an der Außenseite Sinnesorgane bilden – der zukünftige Nerven-Sinnes-Pol. Die Hohltiere haben *radiärsymmetrische Formen*, durch die sie – wie auch durch ihre Farben und oft sessile Lebensweise – stark an pflanzliche Bildungen erinnern (man bezeichnet eine Gruppe tatsächlich als ‚Blumentiere'). Ein pflanzenhaft gestaltendes Element gewinnt in den Hohltieren gleichsam die Überhand über die tierische Innenraumbildung, das sich mit ihnen aus dem Entwicklungsstrom absondert, während sich das Tierische dann in reinerer Form weiter entwickelt.[194]

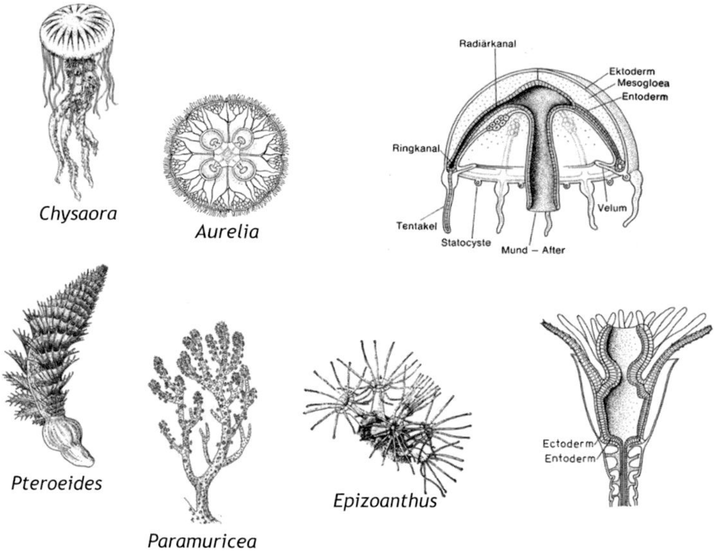

Abb. 51. Pflanzenhaft anmutende Hohltiere *(Coelenterata)* mit Bauplan von Polyp und Meduse (rechts unten und oben).

7.1.4 Zweiseitig symmetrische Tiere: Alt- und Neumünder

Neben der Innenraumbildung ist die gerichtete Fortbewegung ein grundlegendes Kriterium des Tierischen. Sie zeigt das allgemeine Charakteristikum beseelter Wesen, sich *begehrend auf ein Anderes auszurichten*. Intentionalität ist eine fundamentale Eigenschaft des Seelischen.[195] In der freien Fort-

[194] Treffende Charakterisierungen der Hohltiere wie auch der Stachelhäuter und Manteltiere finden sich bei Frits H. Julius (1970) und Eugen Kolisko (1930).
[195] Vgl. hierzu Steiner (1917).

bewegung lebt und wirkt der Zeitstrom aus der Zukunft: Das Tier strebt und erwartet, ein von ihm begehrtes Ziel zu erreichen.[196] In den *zweiseitig symmetrischen Tieren (Bilateria)* dringt das Seelische stärker als in den Hohltieren gestaltend in den Körper ein.[197] Er differenziert sich nun in *vorne und hinten*, in eine Gestalt mit Mund und After. Die Trennung in Ein- und Austrittsöffnung kann allerdings auf zweierlei Weise geschehen: Der Urmund kann entweder Mund bleiben (mit sekundärem After), oder der Urmund wird zum After, der Mund bildet sich neu. Ersteres ist bei den so genannten Altmündern der Fall, zu denen die meisten Würmer, die Weichtiere, d. h. Muscheln und Schnecken u. a., und die Gliedertiere (Insekten u. a.) gehören, Letzteres bei dem Stamm, der zu den Wirbeltieren führt (Neumünder). Alt- und Neumünder verhalten sich in vieler Hinsicht polar. Bei Ersteren liegt das Nervensystem an der Bauchseite, das Herz am Rücken, und insofern sich ein Skelett bildet, liegt es außen als harte Haut oder Schale. Die Neumünder dagegen bilden ein Innenskelett, ein rückenseitiges Nervensystem und bauchseitiges Herz. Altmünder bilden ausgestülpte Komplexaugen, Neumünder eingestülpte Linsenaugen, etc. Beiden gemeinsam ist, dass sie zwischen der Außenhaut (dem Ektoderm) und dem Gewebe, das das Darmrohr umschließt (Entoderm), ein *drittes, segmentiertes Gewebe* (das Mesoderm) anlegen, aus dem sich Leibeshöhlen und Organe wie das Muskel- und Zirkulationssystem entwickeln. Das wesentlich Neue beider Tierstämme ist damit die Bildung von *inneren Organen*, die zwischen den Außen- und Innenhäuten liegen. Doch ist hier wieder eine grundlegende Sonderung zu beobachten. In beiden Linien, den Altmündern und den Neumündern, entwickeln sich Tiere, die zunehmend ein differenziertes Seelisches ausdrücken, aber im Stamm der Wirbeltiere wirkt dieses Seelische mehr und mehr innerlich und wird schließlich im Menschen frei von instinkthafter Fixierung, während die Würmer, Gliedertiere und Insekten instinktverhaftet, seelisch gleichsam automatenhaft wie von außen gesteuert und in ihrer ganzen Lebensweise eng mit dem Pflanzlichen verwoben bleiben.

---

[196] Thomas Fuchs (vgl. Fußnote 112, S. 81) schrieb: *„Die Urerfahrung von Bewegung ist die der Selbstbewegung auf Mögliches hin aus dem eigenen Können heraus – daher die aristotelische Definition der Bewegung als ‚Wirklichkeit des Potenziellen als solchen‘.“* Damit ist einmal mehr treffend formuliert, was Rudolf Steiner als die Wirklichkeit des Zeitstroms aus der Zukunft und ihres Zusammenhangs mit dem Seelischen und der gerichteten Bewegung beschrieb. Fuchs (2008), S. 288.

[197] Genau genommen müsste man sagen: Zweiseitig symmetrische Tiere geben dem Betrachter durch ihre körperliche Gestaltung und die dadurch mögliche gerichtete Bewegung eine deutlichere Anmutung des in ihnen verkörperten Seelischen als die Hohltiere (vgl. die Herleitung der organischen Gestaltungskraft des Seelischen im Kap. 5).

7.1.5 Stachelhäuter

Weil die Linie der Neumünder *(Deuterostomia)* zum Menschen führt, sei nur sie hier weiter verfolgt. In ihr treten nun die Stachelhäuter auf, zu denen Seelilien, Schlangensterne, Seesterne, Seeigel und Seewalzen gehören. Welch merkwürdige Anmutung geben gerade diese fünfstrahlig-symmetrischen Tiere! Zunächst erscheint es wieder wie ein Pflanzenähnliches, das hier abgesondert wird, jedoch in einer anderen Form als bei den Hohltieren. Die Tiere leben auf dem Boden, können sich aber aktiv durch hunderte saugnapfähnlicher Füßchen fortbewegen. Bei den Schlangensternen sind die Arme hochbeweglich. Die mineralisierte, in einzelne Platten gegliederte Körperoberfläche ist mit beweglichen Stacheln, Zangen, Tast- und Chemosensoren übersät. Die Stacheln können in einer Vielzahl von Spezialisierungen ganz unterschiedliche Gestaltungen annehmen. Der Körper bildet einen wassergefüllten Hohlraum, in dem sich eine reiche *Differenzierung innerer, aus dem Mesoderm hervorgehender Organe* findet. – Betrachtet man diese eigenartigen Tierformen im Licht der inneren Erfahrung, so fällt vor allem eine gewisse Abgeschlossenheit und zugleich Kompliziertheit der Organisation auf. Während die Hohltiere leicht und pflanzenhaft umgebungsoffen anmuten, transparent, ätherisch, rhythmisch mit den Wasserströmungen schwebend und mitschwingend, leben die Stachelhäuter am Boden, verhärten sich nach außen und ziehen sich gleichsam in ihr eigenes Inneres zurück. Man erlebt an ihnen eine organbildende Tendenz, die sich geradezu überschießend ‚verkünstelt' und von der Umgebung abschließt. Man könnte mit einiger Vorsicht sagen, dass die Gestaltungs- und Differenzierungstendenz des Tierisch-Astralen in dieser Tiergruppe übermächtig wird. Die weiter aufsteigende Evolutionslinie kann diesen Überschuss nicht ‚gebrauchen', er endet in einem Seitenzweig.[198]

7.1.6 Manteltiere

Die nächsten in der Evolution auftretenden Formen gehören bereits zu den Chordaten, den eigentlichen Vorläufern der Wirbeltiere. Die Ausbildung der *Chorda dorsalis* (‚Rückensaite'), des flexiblen Achsenstabes, der unterhalb des Neuralrohrs liegt, gibt dem ganzen Tier eine *innere Stütze* und ist

---

[198] Bei den Stachelhäutern taucht die *Fünf* als dominantes Bildungsprinzip auf: fünfstrahlige Körpersymmetrie, fünf verschiedene rezente Klassen (Bauplantypen), aber auch fünf Unterstämme seit dem Kambrium (von denen die meisten Formen ausgestorben sind, vgl. de.wikipedia.org/wiki/Stachelh%C3%A4uter). Wir hatten oben bei der Besprechung der Hand vermutet, dass die Fünf als Gestaltungselement in der besonders engen Durchdringung von geistigen und räumlich-materiellen Aspekten auftritt, was man auch für die Stachelhäuter sagen könnte.

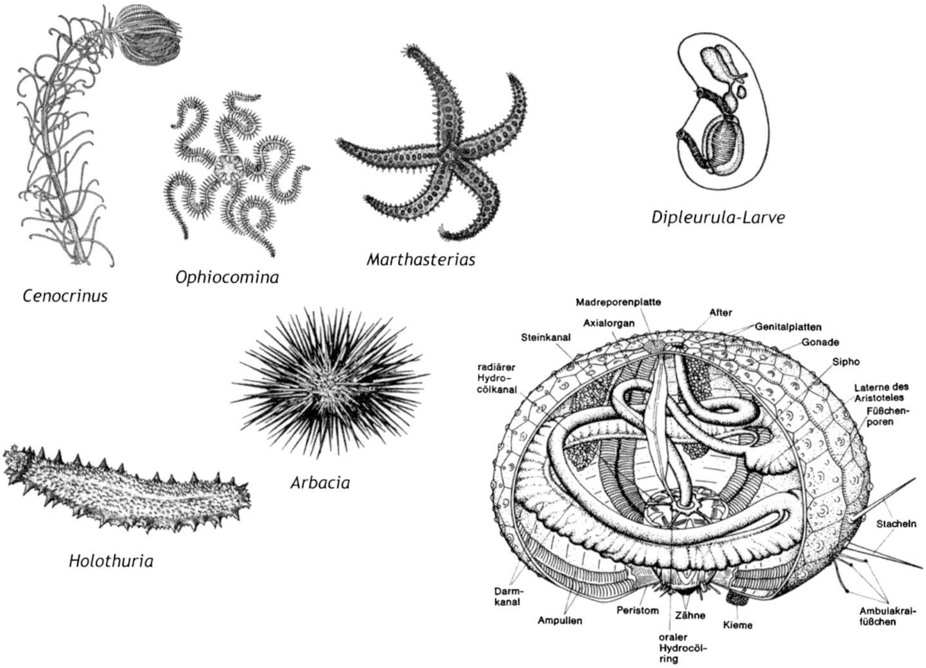

Abb. 52. Stachelhäuter *(Echinodermata)*. Oben links Seelilie, Schlangenstern und Seestern. Unten links: Seegurke und Seeigel. Rechts oben: Dipleurula-Larve mit Mund, After und drei paarigen, mesodermalen Leibeshöhlen (grau); rechts unten: Bauplan. Nicht maßstabsgetreu.

zugleich *inneres Widerlager* für die Bewegungsmuskulatur des Rumpfes. Die Ausbildung der Chorda ermöglicht damit zum ersten Mal eine *frei* und zielgerichtet schwimmende Fortbewegung. Aber der Chordaten-Typus tritt nicht sogleich vollständig auf, sondern erst als Larvenform der Manteltiere *(Tunicata)*. Das Spätere zeigt sich hier wie so oft als ein Früheres. Die adulten Tiere bilden festsitzende (teilweise auch freischwimmende) Formen, eine Art plumper, aber aufrechter Fresssäcke, die Meerwasser durch eine Mundöffnung in einen voluminösen, netzförmigen Kiemendarm einströmen und nach Filtrierung aus einem Siphon wieder heraus. Die Tiere sind von einer dickwandigen, zähen, zelluloseähnlichen Gallertschicht umgeben. – Noch einmal wird eine teilweise sessile Formengruppe aus der Evolutionslinie abgesondert. Eigentümlich mutet an diesen Tieren ihre *aufrechte Haltung* an. Der zähe Mantel wirkt weniger nach außen abschließend (wie bei den Echinodermen) als vor allem stützend. Die innere Stützfunktion der Chorda wird gleichsam von einer äußeren übernommen. Wir begegnen hier zum ersten Mal dem Motiv der *Aufrichte*, die aber aus der weiteren Entwicklung abgesondert wird, um nun den langen Weg bis zur Aufrichtung von innen, die der Mensch verwirklicht, anzutreten.

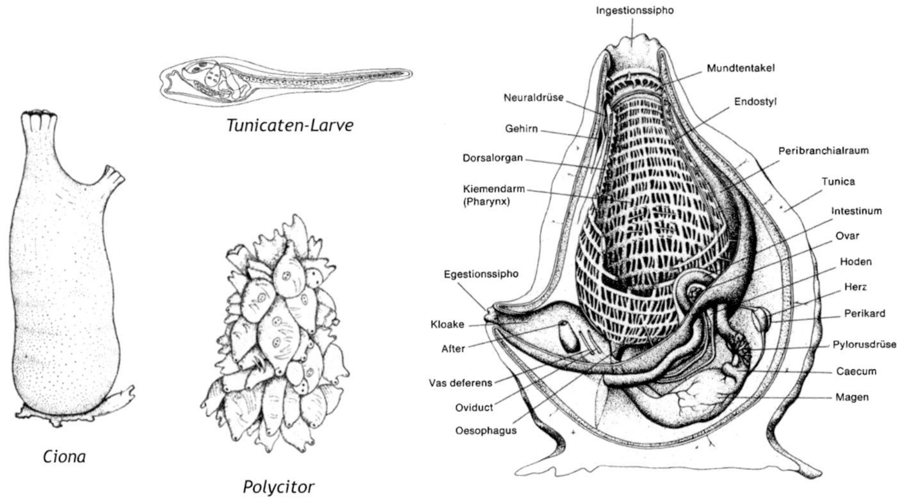

Abb. 53. Manteltiere *(Tunicata)*. Oben Larve mit Chorda dorsalis; rechts: Bauplan des adulten Tiers.

* * *

Beim bisherigen Gang durch die Tiergruppen fällt auf, dass wir es mit Formen zu tun haben, die (1) dem Mineralischen verwandt erscheinen (die Einzeller bezüglich ihres Stoffwechsels, die Schwämme durch ihre Gestalten), (2) dann dem Pflanzlichen (die Hohltiere in Bezug auf ihre Radiärsymmetrie, überwiegend sessile Lebensweise und pflanzenhaft-farbige Gestaltung), (3) dann dem Tierischen (die Stachelhäuter bezüglich ihrer Differenzierung und Innenorganisation) und (4) schließlich in gewissem Sinne auch dem Menschlichen (die Manteltiere in Bezug auf Chorda und Aufrichtung). All dies liegt aber unter dem Oberbegriff der *tierischen Organisation*. Das eine Merkmal dieser Organisation, die innere Organik, wird also in diesen basalen Tiergruppen schon weit differenziert, während das andere Hauptcharakteristikum, die freie Bewegungsfähigkeit, erst andeutungsweise auftritt. [199]

7.1.7 Chordatiere

Als nächste systematische Gruppe treten die Chordatiere auf, die den Achsenstab auch als ausgewachsene Tiere behalten. Sie bilden zunächst die

---

[199] Rudolf Steiner teilte die Tiere in insgesamt zwölf Gruppen, von denen die ersten vier die Einzeller, Hohltiere, Stachelhäuter und Manteltiere sind. Steiner (1923 a). Eugen Kolisko (1930) hat diese Einteilung im Sinne der auch hier gefundenen Zusammenhänge mit den vier Wesensschichten, der physischen, ätherischen, astralen und ich-haften, charakterisiert.

Gruppe der Schädellosen *(Acrania)*. Das Lanzettfischchen (*Branchiostoma*) mit seinem metamer gegliederten Körperbau ist ihr bekanntester Vertreter. Damit wird eine freischwimmende Tierform erreicht, die alle Anklänge an sessile und pflanzliche Bildungen überwunden hat. (Dennoch gräbt sich auch *Branchiostoma* noch gern in den Sandboden ein, um sich Nahrung in den immer geöffneten Mund zu strudeln.)

Die Ähnlichkeit zwischen *Branchiostoma* und der Tunicaten-Larve legt die Ansicht nahe, dass sich die schädellosen Fische aus einem nicht erwachsen gewordenen Manteltier entwickelt haben könnten.[200] Eine ähnliche Überlegung könnte auch für die Entwicklung der Manteltiere aus der bilateralsymmetrischen Dipleurula-Larve eines nicht erwachsen gewordenen Stachelhäuters zutreffen (Abb. 54, Genaueres dazu in Kap. 8.1).

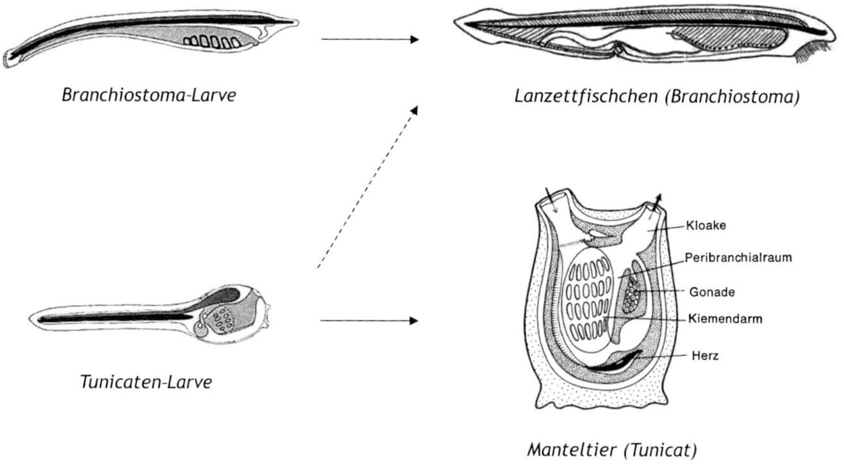

Abb. 54. Der Fischtypus des Lanzettfischchens hat sich möglicherweise aus einer nicht erwachsen gewordenen Manteltierlarve entwickelt.

7.1.8 Wirbeltiere

Wie das Lanzettfischchen bilden alle in dieser Evolutionslinie folgenden Organismen eine Chorda dorsalis. Bei den primitiveren Formen (wie den kieferlosen Schleimaalen und Neunaugen sowie den Knorpelfischen) bleibt sie zeitlebens erhalten, bei allen höher entwickelten wird sie in der Embryonalzeit durch die *Wirbelsäule* ersetzt, die sich durch komplizierte, rhyth-

[200] Eine Idee, die bereits 1867 von dem russischen Zoologen Aleksandr Kowalewsky formuliert wurde. In den 1920er Jahren vertrat sie der englische Zoologe Walter Garstang, und sie ist heute als ‚Garstang Hypothese‘ bekannt. Im Zeitalter der molekularen Genetik wird sie erneut diskutiert, weil man dieselben Entwicklungsgene in diesen verschiedenen Tierformen findet.

misch gegliederte Verknöcherungen um die Chorda herum bildet. Damit ist das zentrale, Halt gebende und zugleich in sich bewegliche Stützorgan der Wirbeltiere erreicht, das die Grundlage für alle weitere Entwicklung liefert. Wirbeltiere durchlaufen deshalb in ihrer embryonalen Entwicklung immer dieselben elementaren Stadien der Chordabildung und ihrer Segmentierung zur Wirbelsäule sowie der metameren Gliederung des Rumpfes (vgl. oben Abb. 29, S. 100).

Zugleich entwickeln Wirbeltiere einen echten Schädel, der aus einer knorpeligen oder knöchernen Kapsel besteht, die das nun entstehende Gehirn schützend umschließt. Bei frühen, nur fossil überlieferten Fischen bildet dieser äußere Knochenmantel noch eine panzerartige Umhüllung des Vorderendes oder sogar größerer Teile des ganzen Tieres, aber allmählich zieht sich das Außenskelett auf den Bereich des Schädels zurück.[201] Mit der Bildung von Schädel und Gehirn entsteht das Integrationszentrum des zentralen Nervensystems, der eigentliche Kopf-Pol der höheren Organismen. Kopf und Wirbelsäule liegen horizontal in der Richtung des aktiven Begehrens. Im Fisch-Typus hat sich die intentionale Gerichtetheit des Seelischen verkörpert.

7.1.9 Die weitere Evolution der Wirbeltiere

Von den Fischen an wird der dreigliedrige Wirbeltiertypus nach und nach ausgebildet, wie wir das oben (Kap. 5.4) bereits skizziert hatten. Zunächst differenziert sich die *Kopfregion*, und zwar bildet sich überhaupt ein Schädel mit Gehirn und Sinneszentrum, und dieser differenziert sich in einen Nerven-Sinnes-Bereich (Gehirn, Augen, Geruchs-, Geschmacks- und Gleichgewichtsorgane), eine Nasenöffnung und -höhle (der spätere mittlere, der rhythmischen Organisation zugehörige Bereich des Kopfes) und eine Mundregion mit Kiefer (der Stoffwechsel- und Gliedmaßenbereich). Als Seitenzweig treten die kieferlosen Fische aus der zentralen Entwicklungslinie heraus.[202]

---

[201] Vgl. Suchantke (2002).

[202] Bei einem genetischen Vergleich von kieferlosen Fischen mit anderen Kiefermäulern findet man die erstaunliche Tatsache, dass sich diese Formen durch eine Verdopplung des Genoms voneinander unterscheiden. Eine weitere Genomverdopplung hat bereits beim Übergang von den Chordaten zu den Wirbeltieren stattgefunden. Die jeweils neu hinzugekommenen Genkopien veränderten sich dann recht deutlich und konnten so neue bzw. erweiterte Funktionen erfüllen, während die Funktionen der alten Gene erhalten blieben. Joachim Bauer hat in seinem Buch ‚Das kooperative Gen' anhand einer Fülle von molekularbiologischen Forschungsergebnissen aufgezeigt, dass solche genomischen Veränderungen, die mit großen evolutionären Schüben einhergehen, nicht einfach nur zufällig stattfinden. Vielmehr existiert innerhalb der Zellen ein komplexes und mit der physiologischen Gesamtsituation des Organismus abgestimmtes

Mit der Ausbildung eines gasgefüllten Hohlorgans (das sich zur Schwimmblase → Fische, oder Lunge → Landwirbeltiere bildet) und weiterer Entwicklungen wie der Verknöcherung des Skeletts und der Ausbildung von Rippen (bzw. Gräten) formt sich dann der *Rumpfbereich* weiter aus. Knorpel- und Knochenfische sind bleibende Zeugen dieser Veränderungen. Sie sind Kopf-Rumpf-Wesen; Gliedmaßen im eigentlichen Sinne fehlen noch.

Was wäre, wenn die Evolution auf der Stufe der Fische stehen geblieben wäre? Versetzen wir uns einmal in einen Fisch. Schwerelos schwebend und durch das Wasser gleitend, die feinsten Strömungen und Wirbel des umgebenden Flüssigen mit dem ganzen Leib erspürend, in eine Welt von verschwimmenden Geschmackseindrücken eingetaucht (viele Arten schmecken auch mit der Körperoberfläche); die Augen immer geöffnet und eher Helligkeitsunterschiede als konturierte Formen wahrnehmend, leichte Bewegungen durch Flösseln, kräftige durch Schwingen des ganzen Leibes ausführend. Wie wäre unser Selbstempfinden, wenn wir die Körpertemperatur des umgebenden kühlen Mediums hätten und uns an Stelle der ein- und ausgeatmeten Luft ständig Wasser durchströmte, zum Mund herein und durch seitliche Kiemen wieder heraus? Man spürt: Unter Wasser fühlt sich die Wirklichkeit anders an. Schwerelosigkeit, flirrende Lichtspiele, hohl kollernde Töne ... Fische schweben selbstvergessen in einer fluktuierenden Traumwelt ...

In einer bestimmten Gruppe primitiver Fische, den Fleischflossern *(Sarcopterygii)*, entwickelten sich im nächsten großen Evolutionsschritt *Gliedmaßen*. Als ein dem Wasser verhaftet bleibender Seitenzweig sind die Amphibien auf dieser Stufe des Übergangs vom Wasser zum Landleben stehen geblieben. Mit den Amnion-Tieren (u. a. Reptilien), deren Embryonen sich im Fruchtwasser entwickeln, wurde dann völlige Unabhängigkeit vom Leben im Wasser erreicht; und schließlich entwickelte sich mit den Säugetieren u. a. die Fähigkeit, die Körpertemperatur auch bei äußeren Schwankungen konstant zu halten. Der letzte große Absonderungsschub geschah mit dem Erscheinen der Primaten, insbesondere der Menschenartigen, die (vorzugsweise in ihrer Jugendzeit) intelligentes Lernen und ein Sozialverhalten zeigen, in dem bereits viel von menschenähnlicher, seelischer Flexibilität und Ausdrucksfähigkeit sichtbar wird (Abb. 55, nächste Seite).

System Gen-stabilisierender und Gen-verändernder Mechanismen, die beispielsweise dann vermehrt und durchaus gezielt zu Verdopplungen kleinerer oder größerer Teile des Genoms führen können, wenn Organismen anhaltendem äußeren Stress ausgesetzt sind. Der Organismus als Ganzer wirkt auf sein genetisches Material, wie die Gene auf den Organismus wirken. Wie jeder andere biologische Prozess unterliegen auch die evolutionär wirksamen Mutationen einer intrinsischen Steuerung. Bauer (2008).

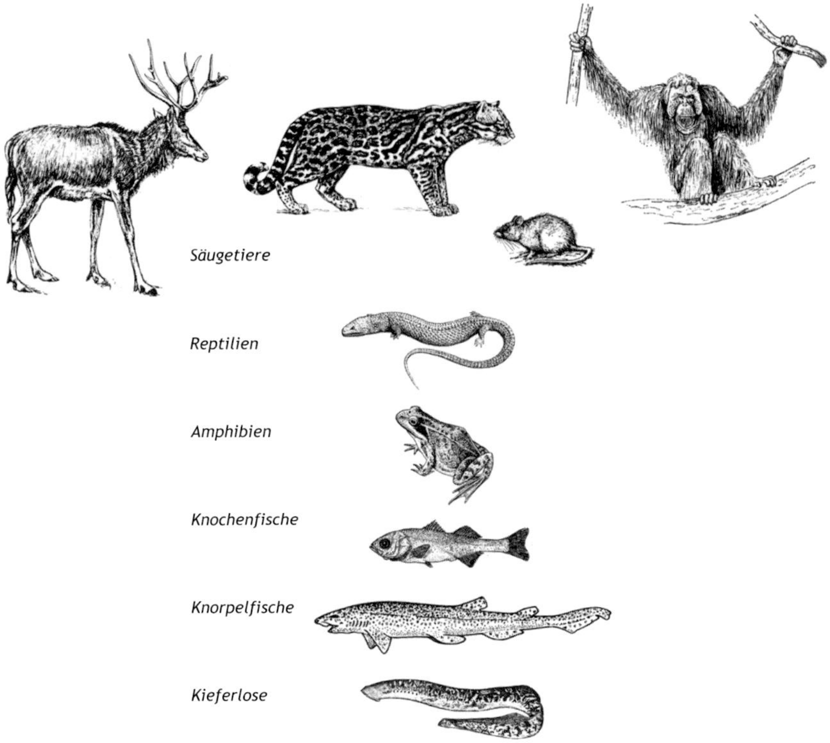

Abb. 55. Rezente Vertreter der makroevolutiven Stufen der Wirbeltiere (nicht maßstabsgetreu).

Die Säugetiere zeigen unter sich wieder eine Dreigliederung in eine mehr umweltoffene Gruppe, in der das Nerven-Sinnes-System dominiert (Nagetiere), eine polar dazu stehende, eigenweltorientierte Gruppe, in der die Funktionen des Stoffwechsel- und Gliedmaßen-Systems dominieren (Huftiere), sowie die mittlere Gruppe der Raubtiere mit dominantem rhythmischen System. Wolfgang Schad hat diese Gliederung der Säugetiere genial beschrieben.[203] In ihrer Gesamtheit repräsentieren die Säugetiere schon den Menschen.

7.2 *Evolution als Menschwerdung*

Betrachtet man die Evolution im Licht der inneren Erfahrung, vollzieht man die Abfolge ihrer Bildungsschritte innerlich mit, dann kann man sie wie in Abb. 56 dargestellt auffassen, in der die vorangehenden Ausführungen

[203] Schad (1971).

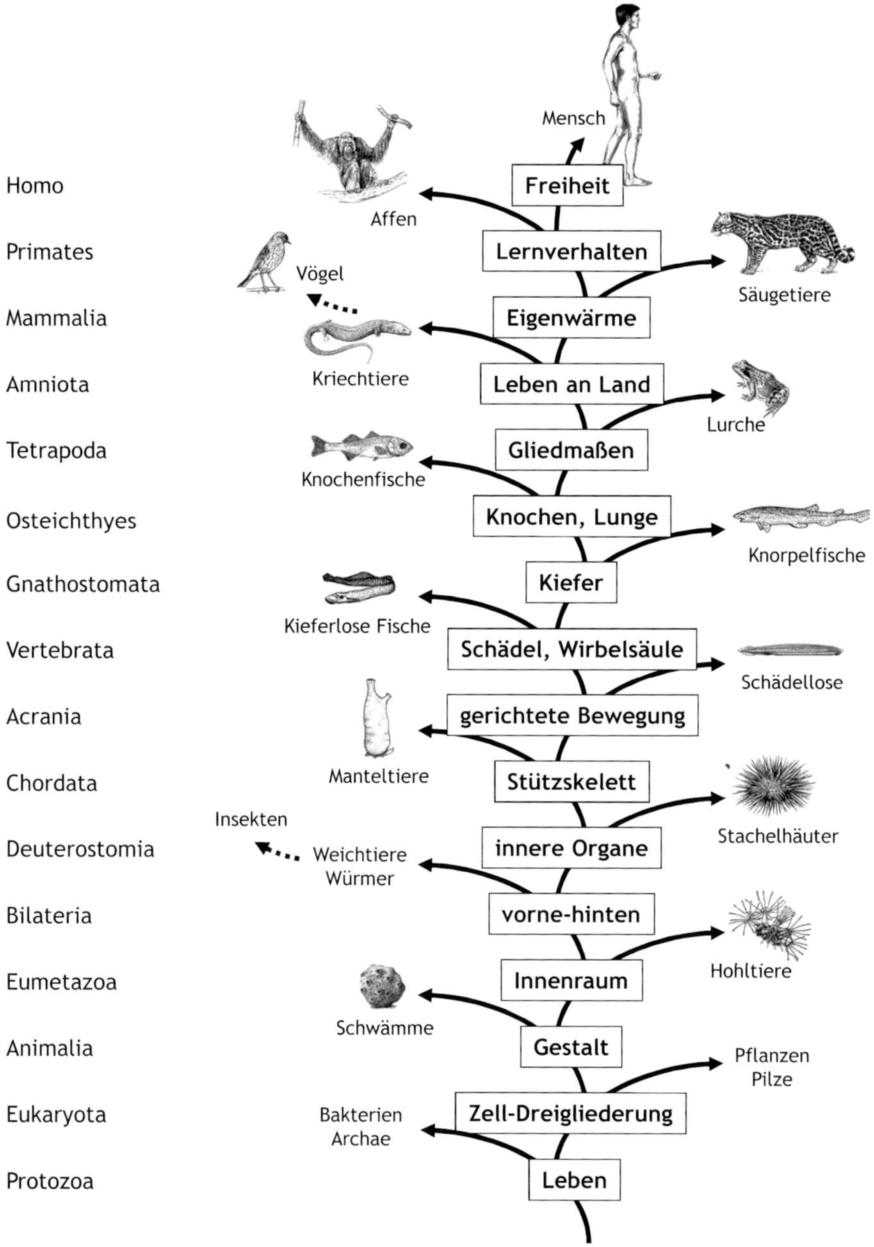

Abb. 56. Evolution als Strom leiblicher Menschwerdung unter Absonderung der verschiedenen Tierformen. Von den Tieren sind der Übersichtlichkeit halber nur gegenwärtig lebende Formen gezeigt. Die links angegebenen systematischen Kategorien korrespondieren jeweils mit evolutionären Neuerungen auf gleicher Höhe.[204]

[204] Gegen die Linearität dieser Darstellungen könnten sich Einwände erheben, ist man doch heute vielfach geneigt, weder den Menschen als Ziel noch die Evolution als in

zusammengefasst sind. Die zentrale Evolutionslinie konstituiert sich durch eine in sich konsequente Abfolge von Bildungsprinzipien, die schließlich zum Erscheinen des Menschen führt. Von dieser Linie zweigen Tierformen ab, die man als fossile oder heute noch lebende Arten findet, und in denen die durchlaufenen Bildungsprinzipien gleichsam in geronnener Form erscheinen. Die konkret erscheinenden Tiergruppen sind dann jeweils als ein Produkt der Wechselwirkung solcher Bildungsprinzipien mit der physischen Umgebung, in der sie sich verwirklichen, aufzufassen, während sich der Mensch von der Umgebungsgebundenheit weitgehend befreit (vgl. unten, Kap. 8.4 und 9.1). *Wir bestimmen damit das Prinzip der Höherentwicklung in der Evolution als das Prinzip der Menschwerdung.*

Zunächst braucht der Mensch fundamental *Leben.* Schon das erste Leben fließt im Doppelstrom der Zeit, ist ein äußerer Ausdruck des ZEITKREUZES. Im erkennenden Bewusstsein des Menschen wird diese Struktur später geistig zur Erscheinung kommen. Die Urzellen differenzieren sich in Kern, Plasma und ein System innerer Membranen. Schon hier ist die funktionale, *dreigliedrige Differenzierung* des menschlichen Organismus in den Informationspol, den Stoffwechsel- und Bewegungspol sowie in ein vermittelndes, rhythmisches System angelegt. Dann entwickeln sich nacheinander die Fähigkeiten zur Bildung einer mehrzelligen, *innenraumbildenden Gestalt*, einer leiblich-seelischen *Ausrichtung* in der Achse vorne-hinten sowie aus dem Mesoderm hervorgehender *innerer Organe*, Eigenschaften,

---

sich schlüssige, organische Entwicklungsfolge zu betrachten. Ich möchte hier in kurzer Form eine Reihe von Argumenten für die hier vertretene Sichtweise auflisten, die bereits oben begründet wurden bzw. im Fortgang des Textes weiterhin ausführlich begründet werden.

- Die Stammesgeschichte kann immer nur aus der Perspektive des gegenwärtigen Erkennens, also im Rückblick begriffen werden. Wer über die Zukunftsoffenheit der Phylogenese zur Zeit des Kambriums Aussagen treffen wollte, *vergisst sich selbst als Erkennenden.*
- Wir wissen von der Evolution, indem wir gegenwärtig vorliegende *Wahrnehmungen mit Begriffen durchsetzen* und verbinden. Erst in diesem begrifflichen Zuwachs erfassen wir die Zeitlichkeit der Evolution. Nur ein erkenntnistheoretisch begründeter, radikaler Aktualismus vermag den Zusammenhang zwischen dem Ungeistigen der niederen Organismen und der durchgeistigten Physis des Menschen zu erklären.
- Evolution muss als organischer *Entwicklungsprozess im Doppelstrom der Zeit* begriffen werden – die Gestaltung fließt aus der Zukunft, also vom Menschen her.
- Ob man nun eine gerade oder eine vielfach verzweigte Linie zwischen den Ureinzellern und dem Menschen zeichnet: Auch durch die Verzweigung zieht sich der *rote Faden der Menschwerdung.*
- Selbstverständlich bedeutet diese Darstellung nicht, dass die Phylogenese gleichsam mechanisch-ausrollend abgelaufen wäre. Sie muss als ein *organischer Entwicklungsprozess zwischen fortdauerndem Sterben und Neuwerden* verstanden werden.

die später zur Grundlage des physischen Daseins des Menschen, seiner Innerlichkeit und seines Wechselverhältnisses mit der äußeren Welt werden. Weiter entwickelt sich ein *Stützskelett als innerer Halt und Widerlager*, die Grundlage der Aufrichtung.

Wir haben also zunächst *vier* große Entwicklungsschritte ([1] lebendige, dreigliedrige Zellen; [2] innenraumbildende Gestalt; [3] Vorne-hinten-Orientierung und mesodermale Organe; [4] Stützskelett für gerichtete Bewegung). Die so erreichte Organisationsform der Chordatiere bildet sich dann in einer *dreigliedrigen* Weise weiter aus, indem zuerst der Kopf, dann der Rumpf und schließlich die Gliedmaßen differenziert werden. Der Kopf mit einem sich konzentrierenden und nach außen abschließenden Gehirn, der späteren *Grundlage des denkenden Bewusstseins.* Die Chorda wird durch Segmentierung als Wirbelsäule zu einer *beweglichen Stütze*, der späteren Grundlage der Aufrichte und des damit zusammenhängenden frei beweglichen Gefühlslebens. Ebenfalls am Kopf beginnt dann die sich nun ankündigende Entwicklung von Gliedmaßen, indem sich ein Kiefer bildet. Man ist gewohnt, die Evolution der Kiefer mit der dadurch um ein Vielfaches effizienter werdenden Nahrungsaufnahme zu erklären. Aber ein beweglicher Kiefer ist ebenso die Voraussetzung für die *Entwicklung der Sprache*, ohne die der Mensch nicht sein könnte, was er ist. In der Kieferbildung der Urfische klingt schon die künftige Sprachfähigkeit des Menschen an. Im nächsten großen Bildungsschritt verknöchert das Skelett und bildet so eine belastbare Stütze, Voraussetzung für den späteren Landgang und die *aufrechte Haltung* des Menschen. Es bilden sich Schultergürtel und Becken, an denen später Arme und Beine ansetzen werden. Es entsteht ein luftgefüllter Hohlraum, bei den Knochenfischen als Schwimmblase, bei den Lungenfischen und Landtieren als Lunge. Das Wesen nimmt die Luft in sich hinein, und mit ihr die ganze zukünftige *Bedeutung der Atmung* für die körperliche Leistungsfähigkeit, für das Gefühlsleben und für die Sprache des Menschen. Dann folgt die Ausbildung von Gliedmaßen. Der zukünftige *Bewegungsorganismus des Menschen* als Grundlage und Werkzeug seines Wollens tritt auf.

Der Mensch konnte sein *vollwaches Welt- und Selbstbewusstsein* nicht im Wasser, sondern nur durch ein Leben an Land erreichen. Beim Übergang von den Reptilien zu den frühen Säugern bildet sich dann ein verknöchernder Gaumen und das Zwerchfell, das Mittelohr differenziert sich von einem zu drei Gehörknöchelchen – wiederum Voraussetzungen späterer *Sprachfähigkeit.* Der Entwicklungsstufe der Säugetiere entspricht eine Vielfalt organischer Differenzierungen, die vor allem mit der selbständig aufrechterhaltenen Körperwärme zusammenhängen. Ohne Eigenwärme könnte der Mensch kein *kontinuierliches Innenleben* entwickeln, und seine *Handlungsmöglichkeiten* könnten nicht frei, unabhängig von Umgebungseinflüssen bestehen. Auch schließen sich jetzt erst der Brustraum und der Unterbauch mit den Stoffwechselorganen durch das Zwerchfell voneinander ab – eine Voraussetzung dafür, dass das menschliche Fühlen und Wollen später in einer gewissen Unabhängigkeit voneinander bestehen können. Schließlich braucht der Mensch, um sein zu können, was er sein will, die Möglichkeit, *sein Verhalten durch soziale Interaktion und Lernen zu verändern*, ein Entwicklungsschritt, der durch das Auftreten der Primaten markiert ist.

Die Höherentwicklung der Tierformen kann so als Menschwerdung verstanden werden. Auf jeder Entwicklungsstufe ‚zweigen' Formen ab, die, wären ihre Bildungsprinzipien allein maßgeblich geblieben, die weitere Entwicklung verunmöglicht hätten. Während sich der zentrale Strom weiter entwickelte, blieben die Baupläne der abgesonderten Formen bis heute erhalten, wobei sie vielfach adaptiver Radiation (Mikroevolution) unterlagen (oder zum Teil eine weitere Evolution durchliefen wie der Stamm der Altmünder, der sich zu den Insekten entwickelte, sowie die Linie, die über die Reptilien und Dinosaurier zu den Vögeln führte). Sie treten, sofern sie nicht ausgestorben sind, auch heute noch als die den Menschen umgebende Tierwelt auf. *Die Tiere, die um den Menschen herum erscheinen, können als Absonderungen aus seiner Entwicklung verstanden werden, nicht als etwas, aus dem er hervorgegangen ist.*[205, 206]

* * *

Unter dem Gesichtspunkt der Dreigliederung lässt sich die Evolution der Tiere als Ganzes überblicken. Das *Stoffwechsel-Gliedmaßen-System* wird nämlich erst bei den vier höchsten Entwicklungsstufen (Amphibien, Reptilien, Säuger und Primaten) voll differenziert. Gliedmaßen treten erst ab der Stufe der Amphibien auf, und das Stoffwechsel-System wird erst bei

---

[205] Vgl. Rudolf Steiner (1923–25), Kap. XXX.

[206] Unter diesem Gesichtspunkt sind dann auch die Ontogenese und die Phylogenese miteinander vergleichbar, denn beide sind Entwicklung des Menschen, von einfachen Zellen bis zum ausgewachsenen Organismus. Die Ontogenese ist insofern – wie es Ernst Haeckel (1834–1919) als das berühmte *biogenetische Grundgesetz* formulierte – eine Wiederholung der Phylogenese. Aber der Mensch durchläuft in seiner Keimesentwicklung nicht die ausgewachsenen Formen seiner phylogenetischen Vorfahren, denn diese Formen sind geronnene Seitenzweige aus dem flüssig bleibenden zentralen Strom. Auch durchläuft er nicht unbedingt exakt die Embryonalstadien seiner Vorfahren, aber er wiederholt ihre *Bildungsprinzipien*, denn sie sind seine *Entwicklungsprinzipien* – das Sein der Tiere spiegelt das Werden des Menschen. Es sind die Gesetze der Hervorbringung, in denen sich Ontogenese und Phylogenese gleichen, nicht die hervorgebrachten Ergebnisse. Bereits der Tübinger Zoologe Karl Friedrich Kielmeyer (1765–1844) formulierte, *„dass die Kraft, durch die beim Individuum die Hervorbringung geschieht …, in ihren Gesetzen [!] mit der Kraft übereinstimmt, durch die die Reihe der verschiedenen Organisationen der Erde ins Dasein gerufen wurde."* Zitiert nach Schad (1985), S. 125.

den Säugern voll ausgebildet. Das ganze System aus Aufnahme, Verdauung, Speicherung und Verbrennung von Nährstoffen, die Wärmeregulation durch Haare, Kontraktionsfähigkeit der Blutgefäße, Schweißproduktion und Muskelzittern etc. wird so leistungsfähig, dass die Körpertemperatur gegen die Umwelt konstant erhalten werden kann. Die Fortpflanzung (die ebenfalls zum Stoffwechsel-Gliedmaßen-System gerechnet werden muss) wird schrittweise verinnerlicht[207]; der mütterliche Organismus bildet Milchdrüsen, usw.

Betrachten wir im Unterschied dazu die Fische. Wirbelsäule und Muskulatur sind rhythmisch segmentiert. Ein Brustkorb bildet sich. Das erste Mal in der Evolution tritt eine von der Ernährung unabhängige Kiemenatmung durch rhythmisches Ein- und Ausströmen des Wassers auf (bei den niederen Formen der Manteltiere und Stachelhäuter sind Atmung und Verdauung noch im Kiemendarm zusammengefasst), und das Kreislaufsystem entwickelt sich bis zu einer ersten Reifestufe gerichteter Blutbewegung. Bei den Fischen herrscht die *rhythmische Organisation* vor.

Verglichen mit den Fischen und Landwirbeltieren sind die Organismen der vier unteren Stämme (Einzeller/Schwämme, Hohltiere, Stachelhäuter und Manteltiere) ‚Kopfwesen', die vorzugsweise das *Nerven-Sinnes-System* ausbilden. Sie bilden Innenräume, die in vielen Fällen durch Außenskelette geschützt und gestützt werden. Die Sinne sind bereits vielfältig differenziert (Licht-, Tast-, Chemo-, Schwererezeptoren), Nervensysteme sind vorhanden.

Wir haben damit drei Gruppen von Organismen, die wie Chiffren der Evolution des Menschen auftreten (Abb. 57, nächste Seite):

- zunächst die vorzugsweise auf dem Meeresboden lebenden, radiärsymmetrisch oder kugelig gebildeten Formen (‚Kopf'-Tiere);
- dann die schwerelos im Flüssigen schwebenden, eher zylinderförmigen und rhythmisch gegliederten ‚Rumpf'-Tiere; und
- schließlich die auf der Erde laufenden, an der Luft und unter dem vollen Einfluss der Schwerkraft lebenden ‚Gliedmaßen'-Tiere.[208]

Das zentrale Bildungsmotiv der ‚Kopf'-Tiere ist ihre Differenzierung von *Außen* und *Innen*. Die ‚Rumpf'-Tiere bilden zusätzlich die Richtung *Vorne-Hinten* aus, und bei den ‚Gliedmaßen'-Tieren kommt noch das *Oben-Unten* hinzu. Wirklich in der vertikalen Richtung organisiert ist aber erst der Mensch.

---

[207] Vgl. Schad (1982).

[208] Diese Gliederung der Tiere wurde erstmals von Rudolf Steiner beschrieben. Nimmt man den Stamm der Altmünder mit hinzu, so gehören die Weichtiere [Muscheln, Schnecken, Tintenfische] den ‚Kopf'-Tieren an, die segmentierten Würmer den ‚Brust'-Tieren und die Insekten den ‚Gliedmaßen'-Tieren. Steiner (1922a, 1923a).

Ist es nun nicht bezeichnend, dass gerade diejenigen Formen, die direkt an die mittlere Gruppe der ‚Rumpf'-Tiere angrenzen, nämlich Manteltiere und Amphibien, *fischähnliche Larvenstadien* bilden? So, wie das rhythmische System nach oben mit dem Nerven-Sinnes-System und nach unten mit dem Stoffwechsel-Gliedmaßen-System verbunden ist, so ‚überschneiden' sich diese drei Tiergruppen durch ihre Larvenformen! (Dabei nimmt, ganz im Sinne des Doppelstroms der Zeit, die ‚Frühlarve' der Manteltiere, von der sich die adulte Form stark unterscheidet, den Typus der Fische schon voraus, während die ‚Spätlarve' der Amphibien, die bereits die meisten wesentlichen Organsysteme der ausgewachsenen Form enthält, noch an den Fischtypus erinnert ...)

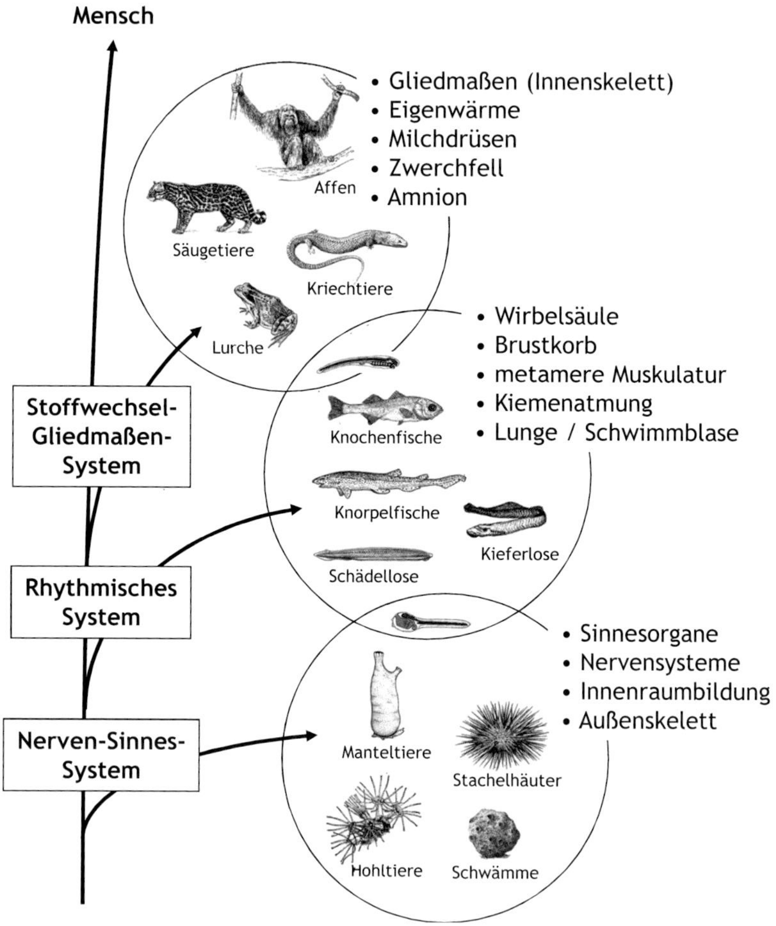

Abb. 57. Die Evolution als Entwicklung der drei menschlichen Organsysteme. In den Überlappungen der Kreise ist unten eine Manteltierlarve, oben eine Amphibienlarve dargestellt. (Die rechts aufgelisteten Aspekte gelten nicht für alle Tiergruppen innerhalb der jeweiligen Kreise.)

Im Licht des Doppelstroms der Zeit ‚strömt' die Stoffwechsel-Gliedmaßen-Organisation an die Kopf-Organisation der niederen Formen aus der Zukunft gleichsam heran (Abb. 58). So bildete sich beim Fischtypus zuerst der Kiefer als ‚Gliedmaße' des Kopfes, bevor sich der Rumpf und dann schließlich auch die Gliedmaßen am Rumpf differenzierten. Wolfgang Schad hat herausgearbeitet, dass die großen evolutionären Neuerungen in der Regel am Gliedmaßenpol der Organismen ansetzen: *„Alle behandelten Übergänge ... zwischen den Wirbeltierklassen und in der menschlichen Evolution vollzogen sich ... so, dass die Innovationen der lokomotorischen Peripherie denen der höher integrierenden Zentralorgane vorausgingen. Diese Mosaik-Heterochronie besteht jedesmal in einer phylogenetischen Paedomorphose* (Verjugendlichung) *vorwiegend im Kopfbereich und einer Peramorphose* (Weiterentwicklung) *vorwiegend im Gliedmaßenbereich."*[209]

Der Kopf gehört als Organ des Vorstellens zum Zeitstrom aus der Vergangenheit, während der Stoffwechsel und die Glieder mit dem Willen im Zeitstrom aus der Zukunft leben. Dies ist eben der grundlegende Zusammenhang, auf den wir immer wieder in der einen oder anderen Form gestoßen sind. Die Entwicklungsimpulse aus der Zukunft betreffen vorzugsweise die Ausbildung des Willens- und Gliedmaßen-Wesens der Tiere, in dem sich das intentional-Seelische als Bewegung verwirklicht.[210]

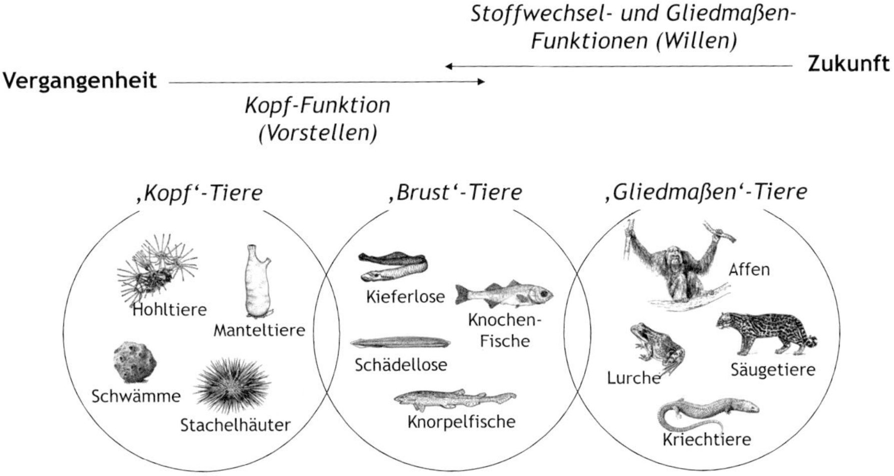

Abb. 58. Die Evolution der drei großen Tiergruppen im Doppelstrom der Zeit.

* * *

[209] Schad (1992), Schad (1993).

[210] Eine genauere Betrachtung zeigt, wie sich auch der Kopf-Pol dadurch weiter entwickelt, dass vorzugsweise die Willensseite differenziert wird, z. B. indem die Sinnes-

Werfen wir zum Schluss dieses Abschnitts auch noch einen kurzen Blick auf die oben bereits erwähnten präkambrischen Formen der Ediacara-Fauna aus Südaustralien (vor 565–542 Mio. Jahren) sowie der Chengjang-Fauna aus Südchina (525 Mio.) und Burgess-Shale-Fauna (Kanada, 515 Mio.). Zwischen diesen Gruppen traten noch die so genannten *small shelly fossils* auf (weltweite Funde, 542–530 Mio., Abb. 59).

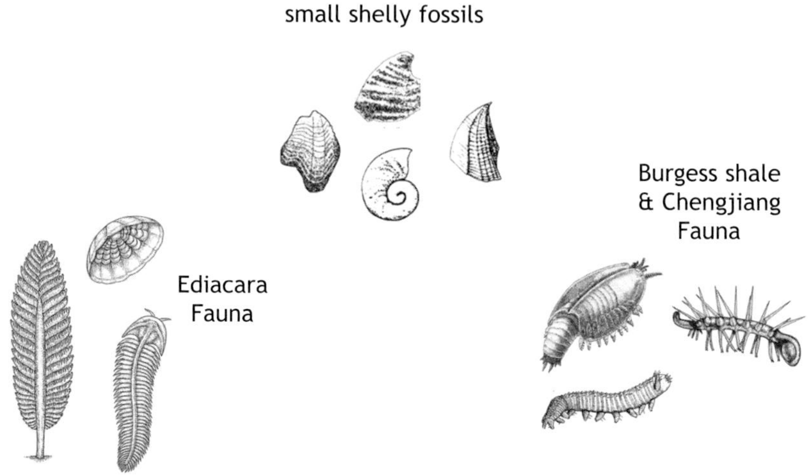

Abb. 59. Die frühesten mehrzelligen Organismen in der Reihenfolge ihres fossilen Auftretens (von links nach rechts).

Die Ediacara-Organismen wirken mit ihren rein metameren Formen noch ausgesprochen pflanzlich, während die *small shelly fossils* wie tierische Kopf-Wesen mit Außenskeletten anmuten. Die Formen aus Chengjiang und vom kanadischen Burgess Pass bilden zusätzlich zum metameren Körperbau gliedmaßenähnliche Anhänge. Es ist, als ob das Leben hier wie in einem Präludium seine grundlegenden Gestaltungsmotive schon einmal erklingen ließ, bevor es sie vom Kambrium an dann systematisch entfaltete.

* * *

funktionen mit muskulären Bewegungsmöglichkeiten verbunden werden. So kann bei den Fischen die Augenlinse zwar in gewissem Maße nach hinten gezogen werden, aber erst bei den Landwirbeltieren entwickelt sich die Muskulatur für die veränderbare Linsenkrümmung. An Land entwickeln sich aktiv verschließbare Augenlider, das Kiefergelenk (!) der Amphibien bildet sich zu den Gehörknöchelchen der Säugetiere, es entstehen bewegliche Ohrmuscheln, usw.

Damit ist insgesamt ein anderer Weg als Darwinismus und Kreationismus skizziert, der keine den Lebenserscheinungen äußerlichen Ursachen für ihre Gestaltung und Entwicklung sucht, sondern sie als das nimmt, was sie durch sich selbst sind. Wir blicken auf die Tiere und den Menschen und suchen *innerhalb* der Erscheinungswelt die Gedanken auf, die die Phänomene verbinden. Die Tiere und der Mensch müssen dann nicht mehr als Fertigprodukte eines jenseitig-allmächtigen, göttlichen Designs, noch als blind in ein sinnloses All hineingestolperte Zufälligkeiten angesehen werden. Vielmehr kann die ganze Tierwelt (und in einem umfassenderen, hier nicht weiter auszuführenden Sinn auch die übrige Natur) als *Bild der Menschwerdung* betrachtet werden. Es ist von Anfang an und in allen Wesen der belebten Welt der Mensch, der sich auf sein schlussendliches, vollbewusstes Erscheinen in physischer Gestalt hin entwickelt.

Der Mensch erscheint so als Mittelpunkt, der von konzentrischen Kreisen der Tierwelt umgeben ist. Die Kreise gehen (wie der Mittelpunkt selbst) aus einem gemeinsamen Ursprung hervor, in dem sie alle einmal ungetrennt vereint waren. Durch Sonderung tritt diese Einheit in Punkt und Umkreise auseinander; und so sind die Kreise dem Punkt umso näher verwandt, je enger sie um ihn liegen. Doch *erscheint* das Mittelpunktswesen Mensch erst ganz zuletzt, nachdem die Ausbreitung der Tiere in alle Räume der Natur stattgefunden hat, denn die Tiere spezialisieren sich, während der Mensch von Anfang an die unspezialisierte Wachstumszone der Schöpfung war. Man stößt so auf einen alten Gedanken, der in der Geistesgeschichte immer wieder geäußert wurde; klassisch zum Beispiel von Goethes Zeitgenossen und Freund Johann Gottfried Herder: „*Der Mensch ... scheint unter den Erdentieren das feine Mittelgeschöpf zu sein, in dem sich, soviel es die Einzelnheit seiner Bestimmung zuließ, die meisten und feinsten Strahlen ihm ähnlicher Gestalten sammeln. Alles in gleichem Maß konnte er nicht in sich fassen; er musste also diesem Geschöpf an Feinheit eines Sinnes, jenem an Muskelkraft, einem dritten an Elastizität der Fibern nachstehn; soviel sich aber vereinigen ließ, ward in ihm vereinigt. ... Man könnte, wenn man die ihm nahen Tierarten mit ihm vergleicht, beinah kühn werden zu sagen: sie seien gebrochene und durch katoptrische Spiegel auseinander geworfne Strahlen seines Bildes. Und so können wir ... annehmen: dass der Mensch ein Mittelgeschöpf unter den Tieren, d.i. die ausgearbeitete Form sei, in der sich die Züge aller Gattungen um ihn her im feinsten Inbegriff sammeln.*“[211]

---

[211] Herder (1784), S. 34.

7.3 *Die innere Erfahrung als Schlüssel zu den schaffenden Naturkräften*

In einer älteren Naturanschauung unterschied man die geschaffene von der schaffenden Natur (*Natura naturata* vs. *Natura naturans;* der Ausdruck Natur leitet sich vom lateinischen nasci = entstehen, geboren werden her).[212] Zunächst stehen wir vor einer Natur, die uns ‚geschaffen' (oder geworden) erscheint, und die uns deshalb so rätselhaft ist, weil wir an ihrem Zustandekommen nicht beteiligt waren. Solange wir ihre Formen bloß anschauen, kennen wir die Kräfte nicht, die sie erzeugten. Beginnen wir aber, die äußeren Gestalten in eigener Willensbewegung ‚nachzuplastizieren', uns mit ihren Gestaltungen und ihrem Werden zu identifizieren, dann dringen wir *in die schaffende Seite der Natur* ein. „*Die Natur schafft, da wo sie sich in der Lebendigkeit entfaltet, in Formen, die auseinander herauswachsen. Man kann in der künstlerisch-plastischen Gestaltungskraft dem Schaffen der Natur nahe kommen, wenn man liebevoll nachfühlend ergreift, wie sie in Metamorphosen lebt.*"[213]

Die Geschichte des Lebens beginnt zu sprechen, wenn man sie nicht nur aus der Vergangenheit in die Zukunft fortschreitend, sondern auch aus der Zukunft in die Vergangenheit gestaltend denkt. Woher kommen eine Chorda, ein Gehirn, Kiefer, Lunge, Gliedmaßen usw.? Sie treten irgendwann in der Evolution zum ersten Mal auf, und der menschliche Geist verlangt nach einer Erklärung. Es bieten sich ihm zunächst die Gedanken Darwins oder einer ‚göttlichen Schöpfung' an. Beide Auffassungen verhalten sich äußerlich zu den Phänomenen, als ob der Mensch ein bloßer Zuschauer der Entwicklungsgeschichte wäre. Sie implizieren, dass die Evolution ebenso abgelaufen wäre, wenn der Mensch nicht erschienen wäre. – Man durchlebe einmal den Darwinismus und Kreationismus, koste sie gleichsam geistig aus, und vergleiche dann die inneren Erlebnisse, die man dabei hat, mit denjenigen, die sich einstellen, wenn man in evolutionären Neubildungen schon die später sich daraus entwickelnden Fähigkeiten des Menschen mitdenkt. Nehmen wir z. B. das Erscheinen von Kiefern bei den frühen Fischen. Hat ein ‚Zufall' sie hervorgebracht, oder ein jenseitiger ‚Schöpfer'? Egal für welche Seite man optiert, die Sache bleibt äußerlich – man kann nicht *anschauen*, ob der eine oder der andere Gedanke wahr sei, sondern sich nur aus gewissen Erwägungen und Wahrscheinlichkeiten entscheiden. Denn man *ist* nicht der ‚Zufall', und auch nicht der ‚Schöpfer'. Tritt man aber innerlich nachschaffend und erlebend an die Entwicklungsgeschichte heran, dann zeigt sich: Man steckt zwar nicht im ‚Zufall' drinnen und auch nicht im ‚Schöpfer', aber – *im Kiefer*! Natürlich sehe ich von außen nur verstei-

[212] So bei dem scholastischen Theologen Johann Scotus Eriugena (810–877). Eriugena (um 850).
[213] Steiner (1923), S. 9.

nerte Knochen; aber ich kann mit meinem Erleben in sie ‚hineinschlüpfen'. Ich kann die Fang- und Fressbewegungen nachempfinden, die ihr einstmaliger Besitzer mit ihnen vollzog. Und ich kann es nicht nur, sondern *tue* es auch faktisch immer dann, wenn ich mir die Vorstellung ‚Kiefer der Urfische' bilde! Ohne das im Vorstellen mitgefühlte Willenserlebnis eigener Kiefertätigkeit würde mir der Ausdruck ‚Kiefer der Urfische' gar nichts sagen. – Oder man nehme den Übergang der Fische ans Land. Fühlt man ihn nicht in allen Fasern des eigenen Leibes mit? Wie die stummelfüßigen Flossen den an der Luft schwer werdenden Leib aus dem Wasser ziehen, wie das Licht blendet, die Haut trocknet, aber das Wesen sich weiterschleppt, vielleicht vom Hunger getrieben, bis es ein neues Wasser erreicht ... Innerlich identifiziert man sich mit der Entwicklungsgeschichte, ja mit der Natur überhaupt. *Das willenshafte Erleben meines eigenen Leibes gibt mir die Begriffe, durch die ich die Entwicklungsschritte der Evolution denke.*[214]

Neil Shubin, einer der führenden amerikanischen Evolutionsbiologen, betitelte sein 2008 erschienenes lesenswertes Buch über den aktuellen Stand der Evolutionsforschung mit ‚*Der Fisch in uns*'. Shubin beschreibt dort seine Entdeckung eines fossilen Fisches mit beginnender Handbildung: „*Wir hatten einen 375 Millionen Jahre alten Fisch vor uns und starrten auf den Ursprung eines unserer eigenen Körperteile.*"[215] – Man findet hier deutlich ausgesprochen, was bei jedem Denken über die Evolution der Fall ist: Wir beziehen sie notwendig auf uns selbst, wir können gar nicht anders, als uns selbst mit zu implizieren, denn *wir* sind es, die über sie nachdenken. (Das gilt auch, wenn man dies aus Achtung vor den Tieren oder aus wissenschaftlicher Bescheidenheit manchmal leugnet.) Der Mensch ist der rote Faden der Evolution. Und so erkenne, nein, beobachte ich, wie den evolutionären Neubildungen im Zeitstrom aus der Vergangenheit mein eigenes Bild als Mensch gestaltend entgegenleuchtet, einen komplementären Zeitstrom aus der Zukunft darstellend. Die leibliche Organisation des Menschen, genauer, seine innerlich erlebte Leibestätigkeit, leuchtet auch schon in den Tieren der Erdgeschichte auf. Vor meinem inneren Blick entsteht ein wunderbares Spiel aus Gleichgewichtszuständen und Entwicklungsschüben im Doppelstrom der Zeit, in dem sich das zunächst nur seelisch-geistige, erfühlte und willenshaft erlebte Bild des Menschen nach und nach und immer deutlicher in physischer Erscheinung verwirklicht.

---

[214] In ähnlichem Sinne schrieb z. B. Hans Jonas in seinem Buch über ‚Das Prinzip Leben': „*Ohne den Leib und seine elementare Selbsterfahrung, ohne diesen Ausgangspunkt unserer umfassendsten und allgemeinsten Extrapolation in das Ganze der Wirklichkeit, könnte keine Vorstellung von Kraft und Wirkung in der Welt und daher vom wirkenden Zusammenhang aller Dinge, also kein Begriff von Natur überhaupt gewonnen werden.*" Jonas (1973), S. 46.

[215] Shubin (2008), S. 50.

Um die Höherentwicklung im Verlauf der Stammesgeschichte zu erklären, wurden von verschiedenen Biologen diverse Entwicklungsprinzipien beschrieben, wie eine Zunahme an Größe, an Komplexität, an Autonomie, an ‚egoistischem' Genmaterial, an Kooperativität usw. Solche Prinzipien sind oft treffend (wenn sie auch das evolutionäre Geschehen meist nur in gewisser Einseitigkeit beschreiben). Sie können aber die Frage, warum die Evolution nun einmal *gerade so* und nicht anders verlief, nicht befriedigend klären, hätte doch jedes der genannten Prinzipien auch in ganz anders gestalteten Organismen verwirklicht werden können! *Eine Lösung des Evolutionsrätsels erfordert den Miteinbezug des Erkenntnisvorgangs und seines menschlichen Trägers in das Erkenntnisergebnis.* Aus unseren Auseinandersetzungen wird ja auch deutlich, dass die genannten Prinzipien letztlich aus dem menschlichen Selbsterleben abgeleitet sind (was man z. B. am Begriff der Autonomie erkennt, den ich deshalb bilden kann, weil ich mich selbst als autonomes Wesen erlebe). Solange sich der Mensch durch Prinzipien erklären will, die ihm fremd sind, kommt man nicht wirklich weiter. Man wird niemals einsehen können, wie aus dem Ungeistigen der Evolution das Geistige des Menschen hervorgegangen sein soll. Erst, wenn das innerlich erlebte Leben und Wesen des Menschen selbst zum Maßstab und Kriterium werden, unter denen man die Evolution betrachtet, können sich befriedigende Lösungen eröffnen. Wir schöpfen die Begriffe, mit denen wir Evolution begreifen, in Wirklichkeit aus unserem inneren Selbsterleben. Wir setzen unser erkennendes, leiblich verkörpertes Ich voraus. Die *neue Evolutionstheorie* wird das erkennende Ich mitberücksichtigen.

Aus dem Gesagten ergibt sich auch ein tragfähiger Begriff der Höherentwicklung, denn ob Evolution Höherentwicklung bedeutet oder nicht, stellt eine unter Evolutionstheoretikern oft diskutierte Frage dar.[216] Wir bestimmen Höherentwicklung hier als *zunehmende Menschwerdung*. Ein Wesen ist demnach umso höher entwickelt, je später es aus der Linie der Menschwerdung ‚abzweigt', d. h. je ähnlicher es dem Menschen ist. Dass die Tiere in vielfältiger Hinsicht zwar nicht *höher*, wohl aber *weiter* entwickelt sind als der Mensch, wird in Kap. 9 dargestellt.

7.4 Der Zeitstrom aus der Zukunft

Durch das Vorstellen des Kopfes erfasst man gewordene *Bilder*, durch den Willen der Glieder erlebt man *Werdekraft*. Die Vorstellungsbilder sind Ergebnisse eines Prozesses, der im Bild seinen Abschluss findet – sie entstammen der Vergangenheit. Der Wille dagegen ist die Kraft, die sich auf das Zukünftige richtet, von diesem gleichsam angezogen wird. Der Zeitstrom

[216] Vgl. Rosslenbroich (2002).

aus der Zukunft kann daher nur durch Willenstätigkeit erfasst werden, er wird nur erlebt, wenn und solange der Wille betätigt wird. Wenn man versucht, den Zeitstrom aus der Zukunft vorzustellen, muss dieser Gedanke notwendig obskur bleiben. Taucht man aber mit Willensenergie in Entwicklungsprozesse ein, dann wird dieser Strom zur Erfahrung. Man erlebt, wie der eigenen, als Wille und Begehren ausströmenden Kraft ein Werdendes aus der Zukunft entgegenkommt. Man kann dies bei schöpferischer Tätigkeit, insbesondere aber auch in der eigenen Biographie erleben. Man kann vom Begehrenden immer mehr zum *Empfangenden* werden; man lernt verstehen, dass wahres Wollen schöpferische Hingabe bedeutet. Und man erfährt sich als umso getragener von dem, was aus der Zukunft kommt, je intensiver man die eigene willentliche Hingabe an es entwickeln kann.

Der Wille ist es, der den Schlüssel zum Geheimnis des Lebens liefert. Der Gedanke kann wissen, dass es dieses Schlüssels bedarf, aber nur der Wille kann das Tor wirklich öffnen. Es ist mein Wille, aber der Inhalt, den ich meiner Tätigkeit gebe, ist nicht mein eigener, sondern Weltinhalt. Rudolf Steiner sprach in diesem Zusammenhang einmal von einer ‚Umkehrung der Willensrichtung'. Ein nicht vom Menschen ausgehender, sondern auf ihn zukommender Wille sei wirksam, wenn man zum Beispiel *„mit innigem Gemütsanteil das Leben der Natur betrachtet. Man sucht zum Beispiel eine Pflanze so anzuschauen, dass man nicht nur ihre Form in den Gedanken aufnimmt, sondern gewissermaßen mitfühlt das innere Leben, das sich in dem Stängel nach oben streckt, in den Blättern nach der Breite entfaltet, in der Blüte das Innere dem Äußeren öffnet und so weiter. In solchem Denken schwingt der Wille leise mit; und er ist da ein in Hingabe entwickelter Wille, der die Seele lenkt; der nicht aus ihr den Ursprung nimmt, sondern auf sie seine Wirkung richtet. ... Im Erleben des Vorgangs erkennt man, dass durch diese Umkehrung des Willens ein außerseelisches Geistiges von der Seele ergriffen wird."*[217]

Wir hatten dem Zeitstrom aus der Zukunft die Gestaltmotive der Organismen zugeordnet. In Bezug auf solche Merkmale kann dieser Strom nun nicht einfach wie eine umgekehrte, aber ansonsten analog gedachte Ereignisfolge aus der Vergangenheit aufgefasst werden. In ihm treten die Inhalte nicht ebenso nacheinander auf wie die Wiederholung (als Wachstum und Fortpflanzung) im Zeitstrom aus der Vergangenheit. Als *Zeitverlauf* äußert sich Gestaltung nur dadurch, dass ihre Merkmale in den aus der Vergangenheit heranströmenden Fluss eintreten. *„Die Gestaltung schiebt sich ... in das fließende Leben hinein"*[218] (Rudolf Steiner). Die Gestaltmerkmale sind – ihrem gemeinsamen Wesen entsprechend – inhaltlich gesehen alle zugleich da, sie erscheinen nur nacheinander, weil sie sich in dem ‚Material',

[217] Steiner (1916), S. 163f.
[218] Steiner und Wegman (1925), S. 35.

das sich aus der Vergangenheit aufbaut, nach und nach verkörpern. Zeit als Ereignis*folge* fließt aus der Vergangenheit. Die Inhalte der Ereignisse und ihrer Zusammenhänge, die Gestaltungsmerkmale einer organischen Entwicklungsreihe, sind aber nicht aus der Vergangenheit, sondern aus dem überzeitlichen Wesen der Sache bedingt.[219]

7.5 Determinismus, Zweckdenken, Teleologie?

Wer glaubt, einen anderen Weg als Darwinismus und Kreationismus vertreten zu können, muss sich mit den Einwänden gegen die Idee einer Zielgerichtetheit der Evolution auseinandersetzen. Moderne Biologen scheinen sich einig zu sein: Das teleologische Denken, das die Evolution zum Menschen hinführend dachte, gilt als überwunden. Ernst Mayr schrieb: „*Eine Erklärung für das Wirken eines … teleologischen Prinzips [konnte] nie gefunden werden, und die Erkenntnisse der Genetik und der Paläontologie diskreditierten die Teleologie schließlich vollständig. Der bekannte amerikanische Philosoph Willard Quine erzählte mir einmal, dass er es als Charles Darwins größte Leistung ansähe, dass er Aristoteles' finale Ursache widerlegt hätte, indem er zeigte, dass eine Entwicklung hin zu einem bestimmten Ziel durch die natürliche Auslese erklärt werden könne. Scheinbar zielgerichtete Vorgänge findet man häufig in der Natur, vor allem in der Biologie. Nur erklärt man sie nicht länger durch okkulte teleologische Kräfte, sondern sie können jetzt durch wissenschaftlich zugängliche chemisch-physikalische Faktoren erklärt werden.*"[220]

Wir haben oben ausführlich besprochen, wie es um die Erklärbarkeit des Lebens und seiner evolutionären Gestaltwandlungen durch solche chemisch-physikalische Faktoren steht. Es sollte aber auch klar geworden sein, dass ein teleologisch wirksames Prinzip der Evolution *nicht* als gegenständlich zu erfassender Erkenntnisinhalt (oder gar in materieller Form) gefunden werden kann, und als solcher auch gar nicht gedacht werden darf.

Aus der Sicht der Selbstbeobachtung des evolutionären Denkens sind wir nicht nur ein Endprodukt der Evolution. Alles Erkennen ergibt sich im Wechselspiel von Wahrnehmungen und Begriffen. Man muss also fragen: Was liegt denn tatsächlich als Wahrnehmungen vor, wenn man Evolution erkennt, und was sind die Begriffe, die das erkennende Selbst zu ihnen hinzufügt? Wahrnehmungsinhalte sind die gegenwärtig lebenden und fossil erhaltenen Organismen. Ihr Zusammenhang (ihre systematische Ordnung, ihre gemeinsamen Abstammungsverhältnisse) *ist Begriff*. Als solcher kann

---

[219] Vgl. hierzu Herbert Witzenmanns Analyse des Doppelstroms der Zeit im Denkvollzug, Anhang S. 232.

[220] Mayr (2002).

er aber nicht ohne ein denkendes Bewusstsein erscheinen. Das *erkennende Selbst* ist von Anfang an dabei, wenn ‚Evolution' ist.

Aber lief die Evolution dann *notwendig* auf den Menschen zu? War ihr Ablauf *vorherbestimmt*?

Hören wir zunächst als eine prägnante Gegenstimme den Tübinger Paläontologen Otto Heinrich Schindewolf (1896–1971): *„Der stammesgeschichtliche Formenwandel lässt sich auf Veränderungen der genetischen Faktoren im Zusammenwirken mit der Selektion und den jeweiligen Umweltbedingungen zurückführen. Die gesetzlichen Ursachen sind also geklärt. Welche [Keimzellen] aber zufallsmäßig zur Befruchtung gelangen, wann und wo Mutationen ... eintreten, ... wie die Selektion sich in spezifischen Sonderfällen auswirken wird, das alles ist von vornherein nicht festgelegt und nicht eindeutig prognostizierbar.*

Aus diesen Gründen muss es, naturwissenschaftlich betrachtet, als unvorstellbar gelten, dass bereits in den ältesten, primitivsten Einzellern die gesamte Stammesentwicklung, wie sie sich in den anschließenden Milliarden von Jahren abgespielt hat, vorgezeichnet und auf das Ziel der Säugetiere und damit auch des Menschen ausgerichtet sein sollte. Selbst wenn das ungeheuer verschlungene Wegenetz, das potentiell für die Evolution verfügbar war, auf irgendeine mystische Weise von vornherein fixiert gewesen wäre, selbst dann würde es äußerst unwahrscheinlich sein, dass an jedem der zahllosen Scheidewege der vorgesehene Weg auch wirklich beschritten und das Endziel je erreicht worden wäre. Ein einziger ‚Fehltritt' würde u. U. die gesamte Planung über den Haufen geworfen haben. Oder es müssten ständig wirksame verlässliche Mechanismen vorausgesetzt werden, die bei allen Sonderkonstellationen und offenen Alternativen steuernd eingegriffen hätten; doch dafür gibt es keinerlei Anhalte und Denkmöglichkeiten.

Im Übrigen wäre die Stammesentwicklung, falls sie etwa vorausgeplant und auf den Menschen ausgerichtet sein sollte, nicht gerade sehr zielstrebig und ökonomisch verlaufen; sie hätte viel ‚Ausschuss' hervorgebracht. Man bedenke, dass die weitaus größte Anzahl der Tierstämme nicht zur Vorfahrenreihe des Menschen gehört. Der menschliche Stammbaum enthält keine Korallen, Krebse, Insekten, Mollusken, Echinodermen, Haifische, Frösche, Nagetiere, Fleischfresser, Elefanten, usw. usw. Alle diese Tiergruppen müssten also gewissermaßen als Entgleisungen gelten ...“[221]

Man kann hier klar sehen, worauf es ankommt. Die Möglichkeit von ‚Fehltritten' an den ‚zahllosen Scheidewegen' des evolutionären Ablaufs kann man nur annehmen, wenn man sich selbst als Schauplatz der Erkenntnis des evolutionären Geschehens übersieht, wenn *„der Denkende das Denken vergisst, während er es ausübt“*.[222] Beim Erkennen der Evolution

[221] Schindewolf (1972), S. 259 f.
[222] Steiner (1894), S. 42.

kann man nur von den vorliegenden Phänomenen ausgehen. Diese zeigen, dass der Mensch nun einmal entstanden ist. Es mag viele Gefährdungen der Entwicklung gegeben haben, doch können diese nur aus den Phänomenen erschlossen und nicht in prinzipieller Weise angenommen werden. Wir können uns nicht in die Zeit der Urfische zurückversetzen, ohne uns als Erkennende dorthin mitzunehmen! Im sich seiner selbst bewusst werdenden partizipierenden Schauplatzbewusstsein erkennt sich der Mensch als von Anfang an an der Evolution Beteiligter. Man muss die Evolution vom sich selbst geistig begründenden Ich, vom ‚Urselbst' aus neu denken (Kap. 9).

Etwas anderes gilt für die Teleologiefrage, wenn man den Blick in die Zukunft richtet. Vom Heute aus gesehen erscheint das Morgen *nicht* determiniert! Die Konkretisierung der Impulse, die im Zeitstrom aus der Zukunft auf mich zukommen, hängt selbstverständlich von meinem gegenwärtigen Handeln (und Unterlassen) ab. Den Menschen als Ziel der organischen Evolution anzusehen, enthebt ihn keinesfalls der Verantwortung für die weitere Entwicklung seiner selbst, seiner Kultur und der Welt.

7.6 *Tiere als unsere Seelenbrüder und -schwestern*

Es könnte sich noch die Frage nach der Notwendigkeit oder dem ‚Nutzen' der ‚Aussonderung' der Tierformen aus dem Strom der Menschwerdung ergeben. Bedurfte es ihrer, und wenn ja, wozu? – Das ist wohl nicht zu beantworten, wenn man sich nur an die äußerlich beobachtbaren Phänomene hält. Man kann nur feststellen, *dass* es die Tiere gibt, und dass sie in ihrer Gesamtheit die Bildungsprinzipien der menschlichen Organisation verkörpern, nicht warum. Spekulationen über einen letztlich unergründbaren ‚göttlichen Schöpferwillen' oder über vermeintliche ‚Lernprozesse' im Verlauf der Evolution bleiben Projektion. Da ist der Begriff des Zufalls (= ‚ich weiß es nicht') konsequenter. – Man kann aber versuchen, durch Selbstbeobachtung zu erfassen, welche Bedeutung die Existenz der Tiere für das menschliche Seelenleben haben könnte. Auf dieser Spur bewegt sich zum Beispiel Andreas Weber in seinem bereits zitierten Buch ‚Alles fühlt', wenn er schreibt: „*Tiere sind wie wir, und sie sind nicht wie wir. Darum können wir in ihnen reifen und Abstand zu uns selbst gewinnen. ... Die Tiere verwandeln den Weltinnenraum unserer Empfindungen in sichtbares Leben.*"[223] Noch konkreter beschrieb Rudolf Steiner die Bedeutung der Tiere für die Evolution des Menschen. Für die Selbstanschauung des erkennenden Bewusstseins ergibt sich ja eine Verwandtschaft der Seelengestalten der Tiere mit einzelnen ‚Winkeln' des menschlichen Seelenlebens. Wir tragen ein seelisches Kompendium der Tierwelt in uns. Anders gesagt: Das

[223] Siehe Fußnote 100, S. 69; Weber (2007), S. 163 f.

Seelische, das in den Tieren verkörpert und damit in Einzelformen ‚zerstückelt' erscheint (vgl. oben, Kap. 5.2), bleibt im Menschen innerlich zusammenhängend und frei. Rudolf Steiner schilderte, wie der Mensch im Lauf der Evolution die Tierformen aus seiner aufsteigenden Entwicklungslinie absonderte, um sich von zu einseitiger Ausprägung bestimmter Seeleneigenschaften zu läutern. Schließlich gehört hierher auch die Darstellung Rudolf Steiners, dass derjenige, der für die Selbstanschauung der inneren seelischen und geistigen Aspekte seines Erkennens voll erwacht, die eigenen *begierdehaften* Seelenregungen in Bildern *als Tierformen* erlebt. Einige diesbezügliche Ausführungen Rudolf Steiners sind im Anhang, S. 225 ff. zitiert.

8 ‚Wie alles sich zum Ganzen webt, eins in dem andern wirkt und lebt' – die Evolution als Organismus

Grau, teurer Freund, ist alle Theorie,
und grün des Lebens goldner Baum.[224]
(J. W. Goethe)

Die Phylogenese ergibt sich als eine Aneinanderreihung ungezählter Ontogenesen, die Ontogenesen unterliegen ständigem phylogenetischem Wandel. Rein äußerlich betrachtet folgt eine Generation der anderen, die Eltern sterben, die Kinder pflanzen sich weiter fort. Doch hält das Lebendige seine Vergangenheit in der Gegenwart anwesend. Morphologisch gesehen kehren die *einzelnen* Organismen im Prozess der Fortpflanzung immer wieder zum Ursprung *aller* Organismen zurück: zur ersten, teilungsfähigen Zelle; morphologisch gesehen stellt jede Ontogenese eine Wiederholung der Phylogenese dar.

8.1 Ontogenese und Phylogenese

Bei der Evolution der großen Gruppen des Tierreichs hat man es oftmals mit einer *diskontinuierlichen* Reihe verschiedener Bauplantypen zu tun, die manchmal gar nicht ohne Weiteres in einen evolutionären Zusammenhang zu bringen sind (vgl. z. B. die Reihe der Schwämme, Hohltiere, Stachelhäuter und Manteltiere). Man kann deshalb leicht zu der Frage gedrängt werden, wie die eine Form aus der anderen hervorgegangen sein soll. Die embryonalen und Larvenstadien unterscheiden sich allerdings sehr viel weniger voneinander als die erwachsenen Tiere und ergeben eine viel kontinuierlichere Reihe. Aus einem erwachsenen Manteltier könnte niemals ein Chordat hervorgegangen sein – aus einer (frühreifen) Manteltier-Larve schon eher. Die Larve der Stachelhäuter ist bilateralsymmetrisch (wie die Manteltier-Larve) und verwandelt sich erst in der Metamorphose zum Seeigel oder -stern zur fünfstrahligen Form. Die aufsteigende Evolution wird daher in der Verwandlung der embryonalen bzw. der Larvenstadien zu verorten sein, während die adulten Formen seitliche Abzweigungen des Evolutionsstromes sind.[225]

---

[224] Goethe (1808).

[225] Damit ist die Frage nach der Rolle von Mikro- und Makromutationen und den damit zusammenhängenden Konzepten von gradualistischer (gleitender) oder saltationistischer (springender) Evolution der Formen berührt, die auch die nach der Rolle der Selektion betrifft: Wirkt Selektion als richtende Kraft der Evolution (was

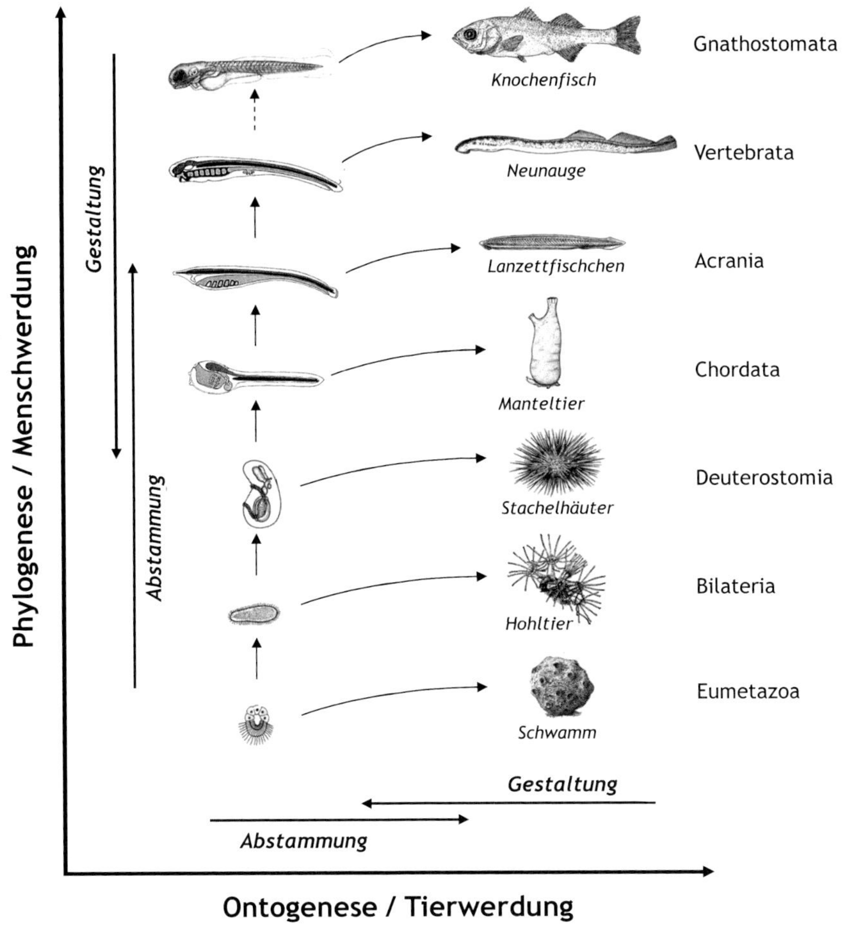

Abb. 60. Der Doppelstrom der Zeit in der Ontogenese und Phylogenese. Aufsteigende Evolution der Larvenstadien (links) und seitliche Abzweigung ausgewachsener Formen (rechts). Die systematischen Kategorien sind rechts angegeben. (Man beachte, dass in dieser Darstellung bei der Larve der Stachelhäuter der Darm, bei den Larven der Manteltiere und Fische aber die Chorda dorsalis schwarz gezeichnet ist.)

---

nur bei gradualistisch gedachtem Wandel denkbar wäre), oder wirkt sie nur, indem sie unpassende Formen, die dann sehr wohl durch springenden Wandel entstanden sein könnten, ausmerzt? Die Vertreter der lange herrschenden Synthetischen Evolutionstheorie beharren auf Darwins Idee des gradualistischen Wandels und richtender Selektion, während andere Biologen auch innere Entwicklungsfaktoren wie genetische oder physiologische Beschränkungen (‚constraints'), die das Spektrum möglicher Variationen stark verringern, diskutieren. Ich meine, dass sich beide Sichtweisen im Prinzip gegenseitig ergänzen – der kontinuierliche Gradualismus gilt für den lebendigen Vererbungsstrom aus der Vergangenheit, der diskontinuierliche Saltationismus für den Gestaltungsstrom, der aus der Zukunft fließt.

Die neuere Entwicklungsforschung hat gezeigt, dass die grundlegende Organisation des Körperbauplans verschiedener Tiergruppen von den gleichen Entwicklungsgenen beeinflusst wird. So finden sich sehr ähnliche Körperbauplan-Gene (so genannte *hox*-Gene) in Stachelhäutern, Manteltieren, dem Lanzettfischchen und in allen Chordaten.[226] Zwischen den verschiedenen Tiergruppen variiert weniger der genetische Bestand als vor allem die Regulation dieser Gene, die den Körper in der Embryonalentwicklung strukturieren. Komplexe Gen-regulatorische Netzwerke beeinflussen die sukzessive Differenzierung des Embryos in seinen verschiedenen Entwicklungsphasen. Man kann sich also leicht vorstellen, dass geringfügige Veränderungen an einzelnen Stellen solcher Netzwerke größere Änderungen der Entwicklung nach sich ziehen könnten. Außerdem ist es klar, dass die Auswirkung regulatorischer Änderungen auf den Bauplan umso größer sein werden, je früher sie in der Embryogenese auftreten.

Die Linie der Vererbung bildet einen kontinuierlichen Lebensprozess, während die adulten Formen als diskontinuierliche Reihe erscheinen. *Der Zeitstrom aus der Vergangenheit bedeutet die gemeinsame und kontinuierliche Abstammung der Organismen, derjenige aus der Zukunft ihre differenzierende und diskontinuierliche Gestaltung und Vielfalt.* Ersterer hat mit reinen Lebens-, Vermehrungs- und Wachstumsprozessen zu tun, Letzterer mit seelenhaften Absterbe-, Gestaltungs- und Differenzierungsvorgängen (vgl. Kap. 5). Sowohl die Ontogenese als auch die Phylogenese gestalten sich im Doppelstrom der Zeit, nur, dass in der Phylogenese *das Potential der Menschwerdung* wirkt. Die evolutionäre Reihe der Tiere ist eine Abfolge von ‚geronnenen' Formzuständen aus der flüssig bleibenden Evolutionslinie des Menschen. Die Phylogenese ist die makrokosmische Ontogenese des Menschen.

8.2 Die Einwirkung der Umwelt: Stirb und werde!

Die Evolution war kein gleichmäßig dahinfließender Prozess, sondern ein oft dramatisches, vielfach durchbrochenes und gefährdetes Geschehen. Durch geologische, ökologische und kosmische Einflüsse kam es immer wieder zu gewaltigen Katastrophen, bei denen Änderungen der globalen Lebensbedingungen zum Aussterben großer Teile der Tierwelt führten (oftmals zwischen 50 und 80 % aller marinen und terrestrischen Arten).[227] Aber das Sterben hatte zur Folge, dass Neues entstand. Man findet eine erstaunliche Synchronizität, wenn man Zeitpunkte massenhaften Aussterbens mit solchen vergleicht, in denen die großen evolutionären Neuerungen auftraten. Ein bekanntes Beispiel ist das Aussterben der Dinosaurier (und vieler

---

[226] Vgl. Swalla (2006), Davidson (2006), Carroll (2008).
[227] Vgl. z. B. Stanley (1989); en.wikipedia.org/wiki/Extinction_event.

anderer Tiergattungen) am Ende der Kreidezeit vor ca. 65 Mio. Jahren. Es wird mit starkem, weltweitem Vulkanismus und dem Einschlag eines Meteoriten im Golf von Mexiko in Verbindung gebracht. Dem folgenden Abfall der weltweiten Temperatur waren die wechselwarmen Dinos nicht gewachsen. In der Nähe dieser Katastrophe liegt aber auch der Ursprung der Primaten.[228] Ähnlich verhielt es sich mit dem Auftreten anderer evolutionärer Neuerungen. Das erste Auftreten der Säugetiere beispielsweise, am Ende der Trias vor 200–220 Mio. Jahren[229], wurde von zwei gewaltigen Massensterben vor 199 (am Übergang von der Trias zum Jura) und 252 Mio. Jahren (Übergang Perm-Trias) begleitet. (Für diese Katastrophen sind die Ursachen weniger klar als für das Sterben der Dinosaurier, werden aber ebenfalls u. a. auch in vulkanischer Aktivität vermutet.) Die säugetierähnlichen Reptilien traten nach einer Katastrophe im mittleren Perm (270 Mio. Jahre) auf. Charakteristisch ist auch das Auftreten der vierbeinigen Landwirbeltiere zu dem Zeitpunkt, als das Devon mit großen Aussterbeereignissen zu Ende ging (vor ca. 360 Mio. Jahren). Weitere Massenkatastrophen fallen mit dem Auftreten der Muskelflosser vor 420 Mio. Jahren am Ende des Silur zusammen, der Knochenfische am Übergang zum Silur vor 450 Mio. Jahren, der Kiefermäuler vor 530 Mio. Jahren im mittleren Kambrium und der Wirbeltiere vor 550 Mio. Jahren zu Beginn des Kambriums[230] (Abb. 61, nächste Seite). Von Interesse ist auch das weltweite Aussterben der Großsäugetiere (wie Mammut, Säbelzahntiger und Riesenhirsch) am Ende des Pleistozäns von ca. 10 000 Jahren nach der letzten Eiszeit, das mit dem Sesshaftwerden der Menschen und dem Beginn des Ackerbaus einherging. – Wie jede Entwicklung, so ereignete sich auch die Evolution in einem steten Rhythmus aus Sterben und Neuwerden: „*Und solang du das nicht hast/ Dieses: Stirb und Werde/ Bist du nur ein trüber Gast/ Auf der dunklen Erde.*“ (Goethe).

Die einzelnen Organismengruppen konnten sich ja nur in bestimmten Umwelten bilden und bestehen. So musste die Atmosphäre der Erde beispielsweise erst mit genügend Sauerstoff angereichert sein, bevor sich sauerstoffatmende Tiere entwickeln konnten. Die Verwandlung der äußeren Lebensbedingungen, die globale Ausmaße hatte und kosmischen Einflüssen unterlag, erscheint so ebenfalls als ein Teil des Gesamtgeschehens der Evolution. Hier liegt möglicherweise ein Schlüssel zu der Frage, warum die Evolution von den ersten Einzellern bis zum Menschen so lange gedauert hat – eben weil sich Tiere und Umwelt zusammen entwickeln mussten.

---

[228] Bestimmt man den Ursprung der Primaten als den aus DNA-Sequenzvergleichen errechneten Zeitpunkt der Aufspaltung in Trocken- und Feuchtnasenaffen, so liegt er bei 78 Mio. Jahren. Der zurzeit älteste bekannte fossile Primat *(Purgatorius)* ist 65 Mio. Jahre alt. en.wikipedia.org/wiki/Primate.

[229] en.wikipedia.org/wiki/Mammal.

[230] Angaben nach Wikipedia und www.timetree.org.

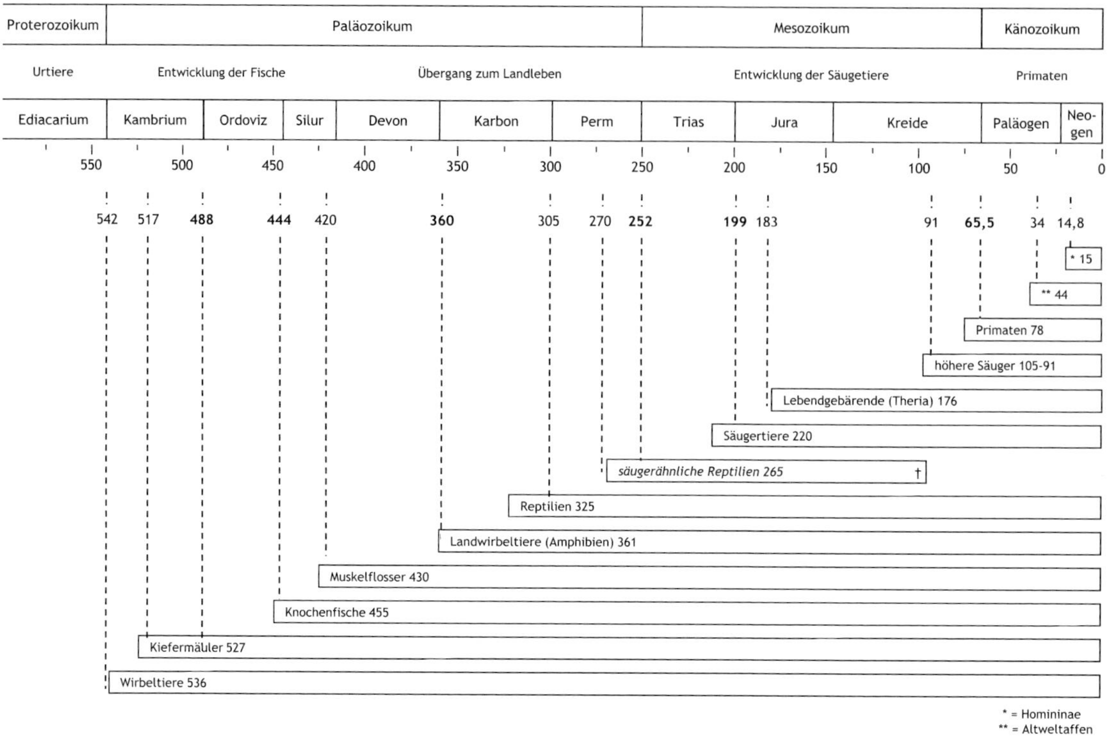

Abb. 61. Erdgeschichte mit Zeitpunkten großer und kleinerer massenhafter Aussterbeereignisse (große Ereignisse fett, jeweils über 50 % aller Tierarten starben aus, an der Grenze Perm-Trias sogar über 95 % aller meeres- und ca. 70 % aller landbewohnenden Arten).[231] Oben: Erdzeitalter. Unten das Auftreten evolutionärer Neuerungen im Verlauf der Erdgeschichte. Die Zeitpunkte des Auftretens evolutionärer Neuerungen sind, außer für die säugetierähnlichen Reptilien, die nur fossil nachweisbar sind, nach www.timetree.org aus DNA-Sequenzvergleichen heute lebender Vertreter der entsprechenden Taxa bestimmt. Vgl. auch Abb. 49, S. 138, 139.

8.3 Die Evolution als Organismus höherer Ordnung

Goethe notierte einmal, *„dass die Natur kein Geheimnis habe, was sie nicht irgendwo dem aufmerksamen Beobachter nackt vor die Augen stellt“*.[232] In der Verwandlung der Blattformen einjähriger Blütenpflanzen findet man einen Entwicklungszusammenhang, in dem kontinuierliche Entwicklung mit gemeinsamer Abstammung bei gleichzeitig diskontinuierlicher Formenfolge auftreten. Wie die Tierformen nacheinander am ‚Stamm‘ der Evolution erscheinen, so die durch eine gemeinsame ‚Vererbungslinie‘ verbunde-

---

[231] Stanley (1989), en.wikipedia.org/wiki/Extinction_event, de.wikipedia.org/wiki/Massenaussterben.

[232] Goethe (1790 b), S. 436.

nen verschiedenen Blattformen am aufstrebenden Stängel. Und wie sich die Tierformen nicht ineinander verwandeln, so geht eine Blattform nicht in die andere über. Zwischen den Blättern bestehen räumliche Lücken, zwischen den Tierformen zeitliche, die u. a. durch die massenhaften Aussterbevorgänge entstehen.

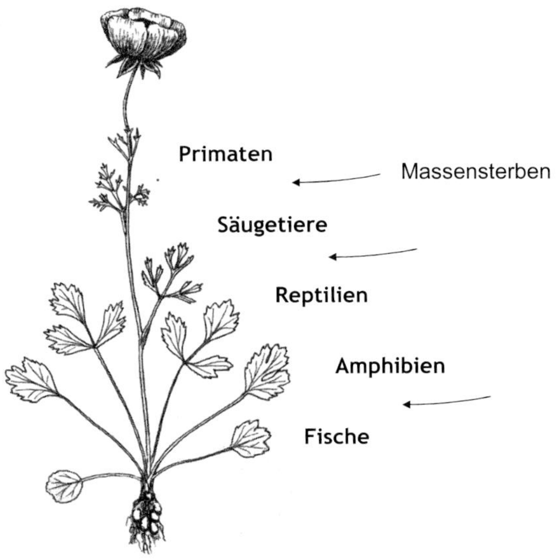

Abb. 62. Eine einjährige Blütenpflanze als Bild der Evolution. Je höher die Blätter, desto näher stehen sie am Stängel. Weitere Erläuterungen siehe Text. (*Ranunculus asiaticus* in einer Darstellung von Andreas Suchantke[233], bei der die Blattmetamorphose besonders deutlich ist.)

Die Verwandlungsreihe der Blattformen kann wichtige Aspekte der Evolution veranschaulichen. Jochen Bockemühl hat entdeckt, dass die Formverwandlung, die ein einzelnes Blatt in seiner ‚Ontogenese', von der ersten primordialen Anlage bis zum ausgewachsenen Endstadium, durchläuft, der Formenreihe entspricht, die die ausgewachsenen Blätter in ihrer ‚Phylogenese' am Stängel zeigen, nur in umgekehrter Reihenfolge (Abb. 63, nächste Seite). Die Form, die in der individuellen Blattentwicklung zuerst erscheint, findet sich am Stängel zuletzt. Das gilt für jedes Blatt, gehen sie doch alle aus einer einfachen, eher spitzen, ungestielten und ungegliederten Grundform hervor. Je später ein Blatt am Stängel auftritt, umso ähnlicher ist seine ausgewachsene Form der allgemeinen Jugendform *aller* Blätter.[234]

Jochen Bockemühl ordnete die Blattfolge graphisch so an, dass das ganze

[233] Suchantke (2002).

[234] Man kann sich an das Wort Johannes des Täufers erinnert fühlen: „*Nach mir kommt einer, der vor mir gewesen ist, denn er ist größer als ich.*" (Joh. 1,16).

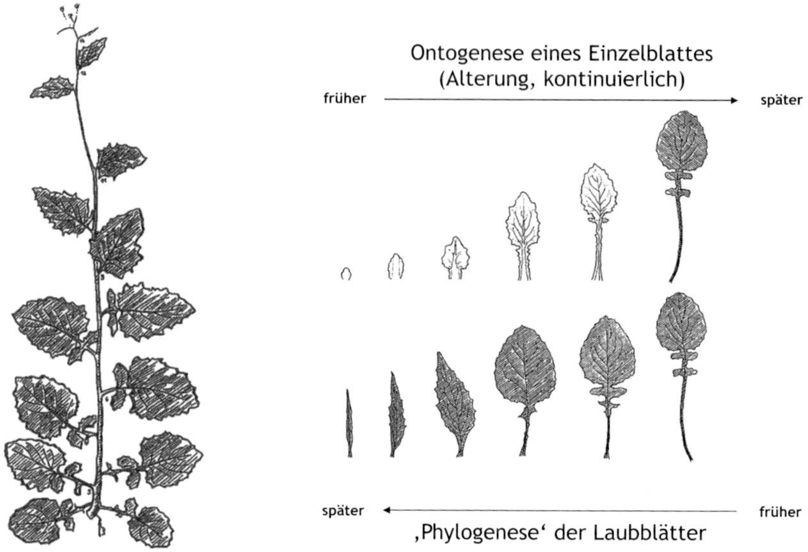

Abb. 63. Blattentwicklung einer einjährigen Blütenpflanze, hier des Rainkohls (*Lapsana communis*). Links ein Achsenspross; rechts oben Entwicklungsstadien eines einzelnen Laubblattes; unten die Reihe der ausgewachsenen Laubblätter vom Niederblatt zum Hochblatt (von rechts nach links). Nach Bockemühl[235], verändert.

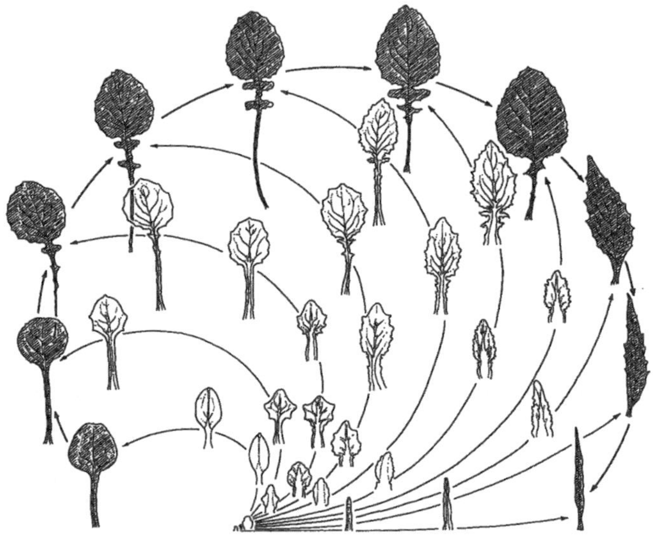

Abb. 64. Übersicht über die Blattmetamorphose des Rainkohls. Dunkel: Folge ausgewachsener Blätter am Stängel. Hell: Ontogenetische Entwicklung der einzelnen Blätter (aus Bockemühl[236]).

---

235 Bockemühl (1995).
236 Bockemühl (1995).

Verwandlungsgeschehen auf einen Blick überschaubar wird (Abb. 64). Er projizierte dabei in eine Ebene, was sich tatsächlich im dreidimensionalen Raum und in der Zeit vollzieht. In Abb. 64 blickt man also wie von oben auf den Stängel, aus dem die Blätter nacheinander in spiraliger Anordnung hervorwachsen.

Wolfgang Schad zeigte, dass ein Feld aus gegenläufigen onto- und phylogenetischen Kurven auch die *Verwandlung der Schädelformen* des

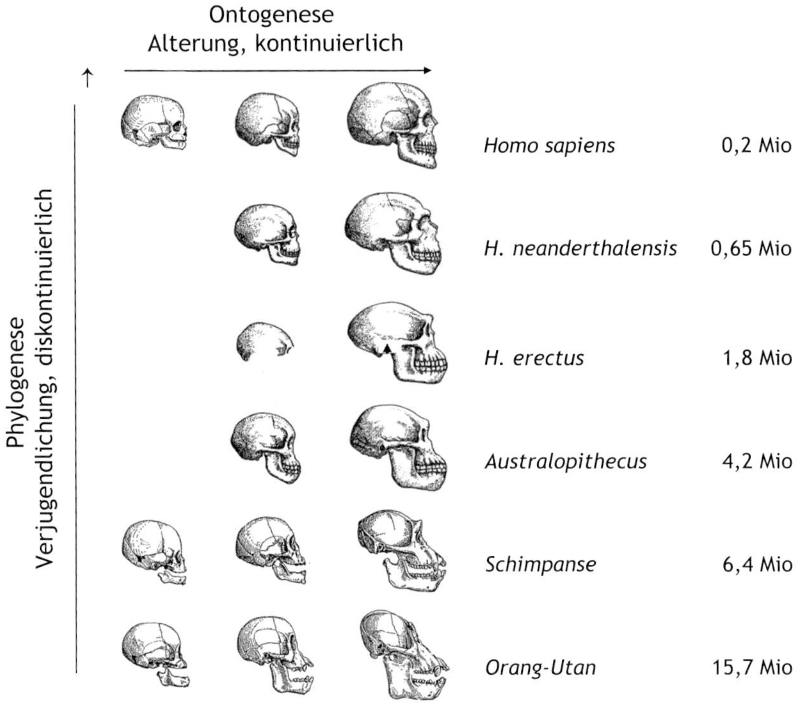

Abb. 65. Schädel von Hominiden (nicht maßstabsgerecht). Foetalformen, Kindheitsformen; ausgewachsene Formen (v.l.n.r., nach Schindewolff[237], Schultz[238]). Man vergleiche z.B. jeweils das Verhältnis von Gehirn- zu Gesichtsschädel, indem man eine Linie vom oberen Augenrand zum hinteren Teil des Kiefergelenks zieht. Die Zahlen geben die heute angenommenen Zeitpunkte der Trennung der Evolutionslinien der einzelnen Formen an (nach Robson und Wood[239]; für den Neanderthaler[240], den Schimpansen und den Orang-Utan[241] sind Ergebnisse aus DNA-Vergleichen mit dem Homo sapiens angegeben. Vgl. Anhang S. 218 ff.).

[237] Schindewolf (1972).
[238] Schultz (1940, 1942).
[239] Robson und Wood (2008).
[240] Green et al. (2010).
[241] Nach www.timetree.org.

Menschen und seiner evolutionären Vorläufer beschreiben kann.[242] Einen embryonalen Affenschädel kann man nämlich kaum von dem eines embryonalen Menschen unterscheiden. Während sich der Affenschädel dann aber bald zur tierischen Gestalt auswächst, bleibt der menschliche der gemeinsamen Embryonalform viel ähnlicher (Abb. 65, Seite 175). Dieses erstaunliche Phänomen haben viele Autoren hervorgehoben.[243] Systematisch wurde es von dem niederländischen Anatomen Louis Bolk (1866–1930) in seiner ‚Foetalisationstheorie' zusammengefasst. Die Bolk'sche Hypothese, dass der Mensch ‚ein geschlechtsreif gewordener Affenfoetus' sei, ist allerdings falsch – denn der Mensch *ist* kein Affe; sein Kopf sieht *nicht* aus wie der eines ungeborenen Affen. Wahr ist, dass der Mensch *jugendlicher als* der Affe ist, weil im erwachsenen Menschen ursprünglichere Merkmale zur Erscheinung kommen als im erwachsenen Affen. Man könnte vielmehr umgekehrt sagen, dass der Affe ein über das Ziel hinausschießender, zu weit entwickelter Mensch sei.

In Abb. 66 sind die Ontogenesen und die Phylogenese der Schädelformen dargestellt. Wie bei den Blättern sehen wir auch hier die gegenläufige Entwicklungsdynamik, die sich aus der Alterung der individuellen Formen (von

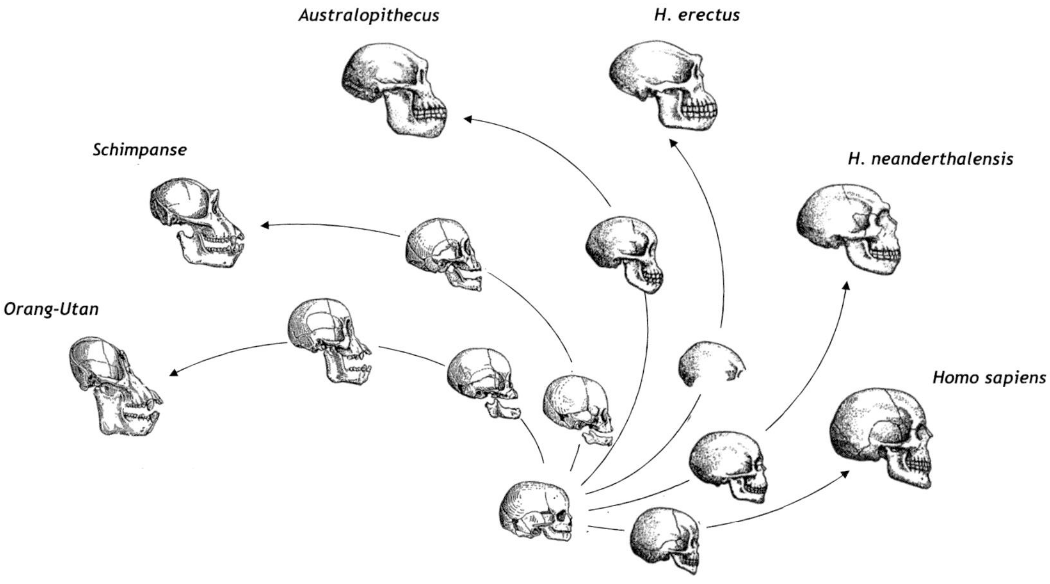

Abb. 66. Übersicht über die ontogenetischen und die phylogenetische Reihe menschenähnlicher Schädelformen.

[242] Schad (1985).

[243] Jos Verhulst zeigte, dass dieses als ‚Verjugendlichung' bezeichnete Phänomen auf eine Vielzahl körperlicher Merkmale des Menschen im Verhältnis zu den Affen zutrifft. Verhulst (1999).

innen nach außen) und ihrer phylogenetischen Verjugendlichung (äußerer Bogen, von links nach rechts) zusammensetzt. Und auch hier müssen wir wieder bedenken, dass der mittlere ‚Quellpunkt' nur der Form nach konstant ist, sich in der Phylogenese aber immer wieder neu aus einem vererbten Keim bildet.

Eine ähnliche graphische Darstellung kann man für die Evolution ganzer Organismen wählen, z. B. für die oben schon gezeigte Embryonentafel Ernst Haeckels. Ebenso, wie alle Primatenschädel aus einer morphologisch ähnlichen ‚Urform' entstehen, bilden sich alle Wirbeltiere aus einer gemeinsamen embryonalen Grundform (Abb. 67). Allerdings handelt es sich hier vor allem um eine Weiter- und Höherentwicklung des Stoffwechsel- und Gliedmaßen-Poles! Als Kopf-Wesen bleibt der Mensch näher am gemeinsamen embryologischen Ursprung als die Tiere, als Stoffwechsel-Gliedmaßen-Wesen entfernt er sich weiter davon als sie. Man muss diese Darstellung mit dem Gedanken des Doppelstroms der Zeit zusammenbringen, in dem die Entwicklung des Kopf-Poles dem Abstammungsstrom aus der Vergangenheit, des Stoffwechsel-Gliedmaßen-Poles dem Gestaltungsstrom aus der Zukunft entspricht.

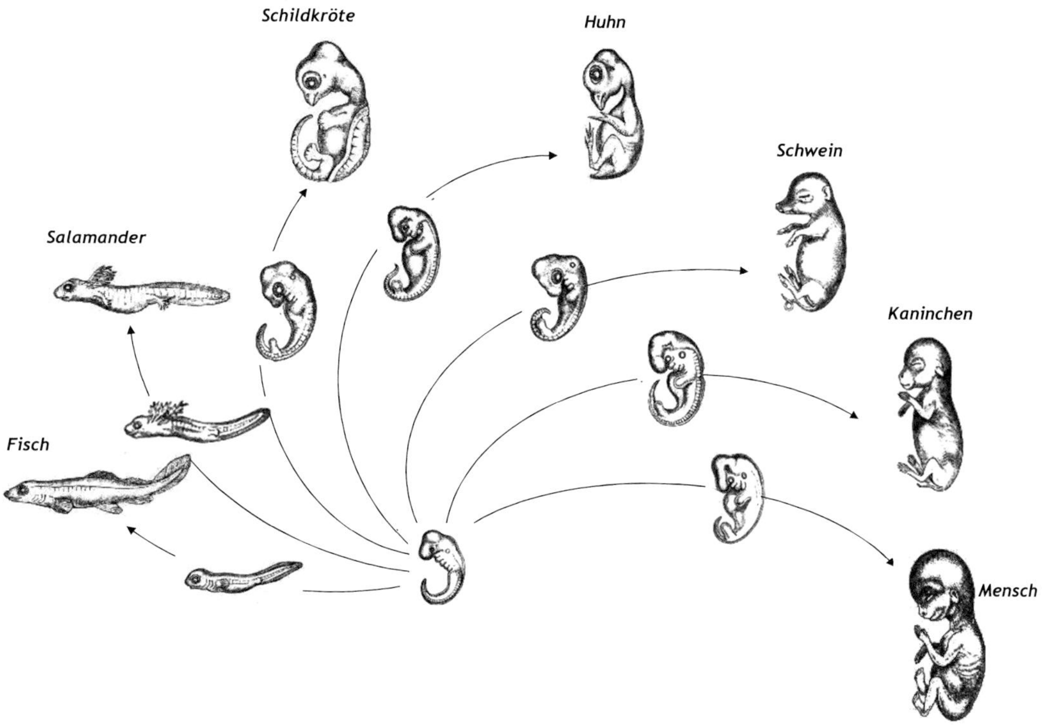

Abb. 67. Ernst Haeckels embryologische Darstellung als gegenläufige Entwicklungsdynamik von Ontogenese und Phylogenese. Erläuterung im Text.

Höherentwicklung ist durch zunehmende ‚Verinnerlichung' gekennzeichnet, und zwar sowohl auf organischer als auch auf seelischer Ebene.[244] Was organisch angelegt ist, erscheint immer mehr als seelische Innenwelt, als zunehmend differenzierte Empfindungs-, Verhaltens- und Ausdrucksfähigkeit. Im Menschen tritt das Seelische schließlich rein innerlich auf, von aller instinkthaften Umweltgebundenheit befreit, und stellt die Grundlage des sich seiner selbst bewusst werdenden, freien Geistes dar. Frei ist der menschliche Geist, weil er seine Seelenfähigkeiten so verwenden kann, wie *er* will (dass er dies nicht immer tut und deshalb teilweise unfrei ist, mindert das Prinzip nicht). Frei kann der menschliche Geist aber nur sein, wenn er in seinen Intentionen und Vollzügen nicht mehr von Trieben und Instinkten gesteuert ist, die aus der leiblichen Unterlage aufsteigen. Er muss in einem Organismus wohnen, der auch physiologisch ein hohes Maß an Umweltunabhängigkeit erreicht hat. *Daher*, weil sie Menschwerdung ist, geht die Evolution mit einer zunehmenden Emanzipation der Organismen von den Einflüssen ihrer Umgebung einher. Denn die Höherentwicklung führt nicht – wie es Darwin zufolge eigentlich zu erwarten wäre – zu immer besserer Anpassung an die äußeren Lebensbedingungen, sondern im Gegenteil zu immer größerer Autonomie.

Bernd Rosslenbroich hat die Tendenz zunehmender Autonomie als ein die gesamte Evolution des Lebens durchziehendes Motiv ausführlich beschrieben.[245] Im Licht der Selbstanschauung des Erkennens zeigt sich nun, dass man den Begriff ‚Autonomie' nicht denken könnte, wenn man sie nicht in sich selbst erlebte. Der *Inhalt* dieses wie auch der aller anderen Begriffe stammt aus innerem Erleben. Bei ‚Autonomie' ist es das Selbsterleben des innersten Wesenskerns, des ‚Ich'. Blicken wir auf die Tiere zurück, die vor uns in der Evolution erschienen sind, so erkennen wir in ihrer zunehmend autonomen Organisation die Stufenfolge, die das Erscheinen unseres eigenen, autonomen Ich-Wesens im physischen Leib vorbereitet. Wir erblicken in ihnen ein Stück unserer selbst.[246]

Im Verlauf der Evolution wird Autonomie für unterschiedliche Organsysteme in einer bestimmten Reihenfolge erreicht. Wolfgang Schad hat diese Entwicklungstendenz klassisch beschrieben (vgl. Abb. 68, Seite 180):

„Reine Sinnestiere sind eigentlich die wirbellosen niederen Tiere. … Hohe Spezialisationen der Sinnesorgane finden sich. Denken wir nur an die Facettenaugen der Insekten und deren Wahrnehmungsfähigkeiten, die weit

[244] Vgl. Schad (1982).

[245] Rosslenbroich (2007); vgl. auch Kipp (1948), Schad (1971).

[246] Vgl. z. B. auch die schöne Darstellung Wolfgang Schads über die Menschenähnlichkeit der afrikanischen Großsäuger. Schad (1992 a).

über die der Wirbeltiere hinausgehen. Wir können sie als diejenigen Tiere betrachten, die das beste Sinnessystem haben. Aber indem gerade sie über ihr Sinnessystem gleichsam noch ganz in der Umwelt aufgehen, mehr noch in der Umwelt leben, fehlt ihnen all das, was den höheren Tieren, den Wirbeltieren zukommt: sich von der Umwelt absetzen zu können, die stärkere Emanzipation, Individualisierung, Verselbständigung und Unabhängigkeit von dem direkten Umwelteinfluss. Bei den Fischen ist das vollzentrierte Nervensystem, das sich durch Knochenhüllen von übrigen Weichteilen abschließt, zum ersten Male da. Wohl besitzen auch die meisten Wirbellosen eine Nervenorganisation. Diese besteht aber entweder aus diffusen Nervennetzen, ringförmigen Nervenkränzen oder strickleiterartigen Nervensträngen und nicht wie bei den Fischen aus einem einzigen, vollzentrierten Nervenrohr [mit dem Zentralorgan des Gehirns]. Bei den Lurchen löst sich das Atmungssystem langsam von der Umwelt; sie können schon ans Land gehen. Die Lunge wird ausgebildet. Das entsprechende Organ haben zwar schon die Fische, aber es dient hier noch nicht einer verinnerlichten Atmung, sondern als Schwimmblase. Erst die Lurche gewinnen ein Atmungssystem, das sich nun in die vordere Körperhöhle begibt und innen die Atmung ermöglicht. Bei den Kriechtieren tritt ein weiterer Schritt zur Umweltunabhängigkeit auf. Die Hautoberfläche verhornt schuppig. Echsen und Schlangen können auch in trockenen, feuchtigkeitsarmen Gegenden leben und halten doch ihren Flüssigkeitshaushalt aufrecht. Wir haben hier im vollen Umfang das Flüssigkeitssystem verselbständigt. Bei den Vögeln wird der Organismus durch ein eigenständiges Wärmesystem weiter unabhängig. Noch aber vollzieht sich ihre Embryonalentwicklung im Nest außerhalb des mütterlichen Leibes. Erst die Säugetiere nehmen auch die Fortpflanzungsvorgänge ganz ins Innere auf. Haben sie damit den höchsten Grad an biologischer Emanzipation erreicht? Eine letzte enge funktionelle ‚Verwachsenheit' mit der jeweiligen Umgebung finden wir bei den Säugetieren noch im Gliedmaßensystem: Ein Pferd kann sich nicht wie ein Fischotter im Wasser bewegen, dieser nicht auf die Bäume klettern wie ein Eichhörnchen, eine Fledermaus hat wieder bestimmte, für ihren Lebensraum ausgebildete Gliedmaßen. Erst beim Menschen zeigt sich das letzte noch ausstehende Organsystem von einer allzu speziellen Umwelt emanzipiert. In der menschlichen Leibesorganisation wird das größte Ausmaß der leiblichen Umweltunabhängigkeit erreicht. Stufenweise vollzog sich die Verselbständigung von umweltabhängigen zu eigenständigen Lebensprozessen. …

Wo liegen die zentralen Organe der angesprochenen Organsysteme? Sinnessystem ist überall, wo Oberfläche ist. Das Zentrum des Nervensystems haben wir im Gehirn, des Atemsystems in der Lunge, des Flüssigkeitssystems, insbesondere des Kreislaufs, im Herzen vor uns. Mit der Wärmeorganisation sind alle inneren Organe als so genannter ‚Wärmekern' verbunden. Die Fortpflanzungsvorgänge ziehen sich in den Uterus hinein. Als besonders charakteristisches Organ für die Emanzipation der Gliedmaßen dürfen wir den Fuß bezeichnen: die kleine Zehe zeigt den größten Rückstau! In welcher Richtung hat sich offensichtlich die Evolution abgespielt? Von der Sinnes- zur Gliedmaßenorganisation hin, von der Kopf- bis zur Fußausbildung. Die Emanzipationsschritte haben zuerst im Nerven-Sinnes-System, dann im mittleren und erst zuletzt im Stoffwechsel-Gliedmaßen-System stattgefunden. Wir können so auch hier im Urbildlichen der Tierreihe abtasten, dass sich die Phylogenie, als die Entwicklung der menschlichen Vorfahren, in der gleichen Richtung vollzog, die sich in der leiblichen Entwicklung des einzelnen Menschen jedes mal wieder im Einzelnen abspielt."[247]

Wir müssen also zusätzlich zum zeitlichen Doppelstrom aus Abstammung und Gestaltung eine weitere Dimension der Evolution berücksichtigen, die ich, um ein Wort zu haben, als ‚Autonomie-Impuls' bezeichne. Dieser Impuls wirkt orthogonal zum Doppelstrom der Zeit (Abb. 69).[248]

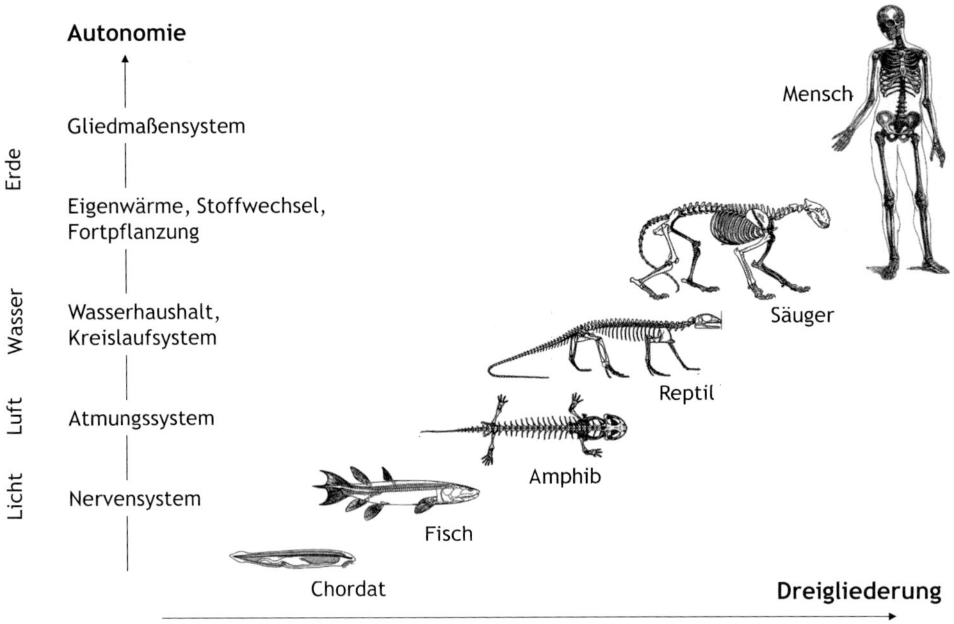

Abb. 68. Entwicklung von dreigliedriger Gestaltdifferenzierung und zunehmender Umweltemanzipation in der Evolution der Wirbeltiere (weitere Erläuterungen im Text).

[247] Schad (1985 a).

[248] Autonomie-Impuls und zunehmende Gestaltdifferenzierung (Dreigliederung) gehen Hand in Hand, müssen aber voneinander unterschieden werden. Das zeigt die innere Erfahrung. Denn während man es bei der Dreigliederung mit der Formensprache anschaulicher Gestaltmerkmale zu tun hat, ist die zunehmende Umweltemanzipation aufgrund des Autonomie-Impulses ein unanschauliches Prinzip reiner Verhältnismä-

Um ein vollständiges Bild der Evolution zu erhalten, muss man schließlich noch die Wechselwirkung der Organismen mit ihrer Umgebung berücksichtigen (ich zeichne sie im ZEITKREUZ der Evolution als Pfeil von unten). Ein Lebewesen muss ja in dem innigsten Verhältnis mit seiner konkreten physischen und biologischen Umgebung leben, ja, es kann nur im Zusammenhang mit dieser überhaupt gedacht werden.

Die Evolution der lebendigen Gestalten erklärt sich also *durch eine Kombination der vier Aspekte Abstammung, Gestaltung, Spezialisierung (Anpassung an bestimmte Umgebungsbedingungen) und Emanzipation*. Ihr Zusammenspiel muss dynamisch aufgefasst werden, wobei sich Abstammung und Gestaltung, Spezialisierung und Emanzipation gegenüberstehen. Überwiegt der Einfluss der Abstammung, so bleibt das Lebewesen wie die primitiven Tiere seinen frühen Entwicklungsstadien ähnlich, überwiegen die Gestaltungskräfte, so findet eine prägnante Gestaltdifferenzierung statt. Manche Lebewesen wie Bakterien und andere niedere Organismen sind weitestgehend von ihren Umgebungseinflüssen abhängig, die Säugetiere zeigen einen hohen Emanzipationsgrad. Jede organische Gestalt ist bis in die Einzelheiten ihrer Bildung eine Resultierende dieser vier Wirkungen, die deshalb alle berücksichtigt werden müssen, wenn man heillose begriffliche Verwirrung und unendlichen Streit vermeiden möchte.

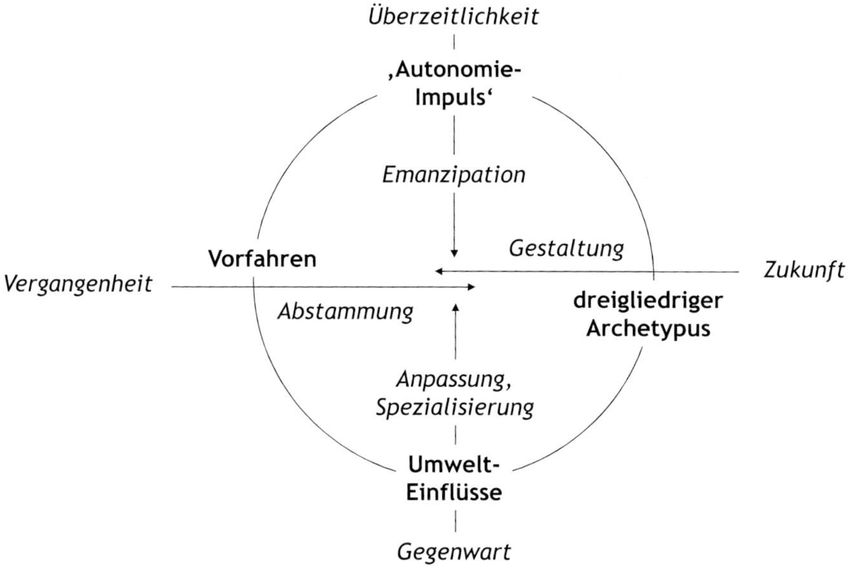

Abb. 69. Das ZEITKREUZ der Evolution: Vier Kräfte, die in ihrem Zusammenspiel die Evolution bestimmen.

ßigkeit. Es gehört zum Wesen des Geistigen (im Zeitkreuz ‚oben'), dass es – im Gegensatz zum Seelischen (‚rechts') – nur im reinen Gedanken als bildloser Willensimpuls erfasst werden kann.

Die einjährige Blütenpflanze gibt ein Bild der Evolution (Abb. 70). Bei ihr ist als aufsteigende Linie des Stängels räumlich ausgebildet, was die Organismen in der Evolution als zeitliche Vererbungslinie verbindet. Vererbung ist kontinuierlich, während alle Differenzierung und Gestaltung den Vererbungsstrom in diskontinuierlicher Weise gliedert. Die Vererbungslinie strömt aus der Vergangenheit, die organischen Differenzierungen und Gestaltungen wirken aus der Zukunft. Durch die Gestaltung entwickelt sich im Lauf der Evolution eine leiblich dreigegliederte Organisation, in der sich ein zunehmend verinnerlichtes Seelenleben ausdrücken kann. Im Entwicklungsstrom tritt ebenfalls zunehmende Autonomie von Umwelteinflüssen auf, die im Menschen ihren Höhepunkt erreicht. Das menschliche Ich-Wesen bewirkt – wie wir im nächsten Kapitel genauer sehen werden – zusätzlich eine Zurückstauung (Retardation) der tierischen Gestaltbildungstendenz zugunsten der geistigen Freiheit des Menschen.

Indem wir die Phylogenese als einen *Organismus höherer Ordnung* auffassen, brauchen wir sie nicht mehr im Sinne des Darwinismus oder des Kreationismus zu interpretieren, weder als zufälliges noch als ‚geplantes'

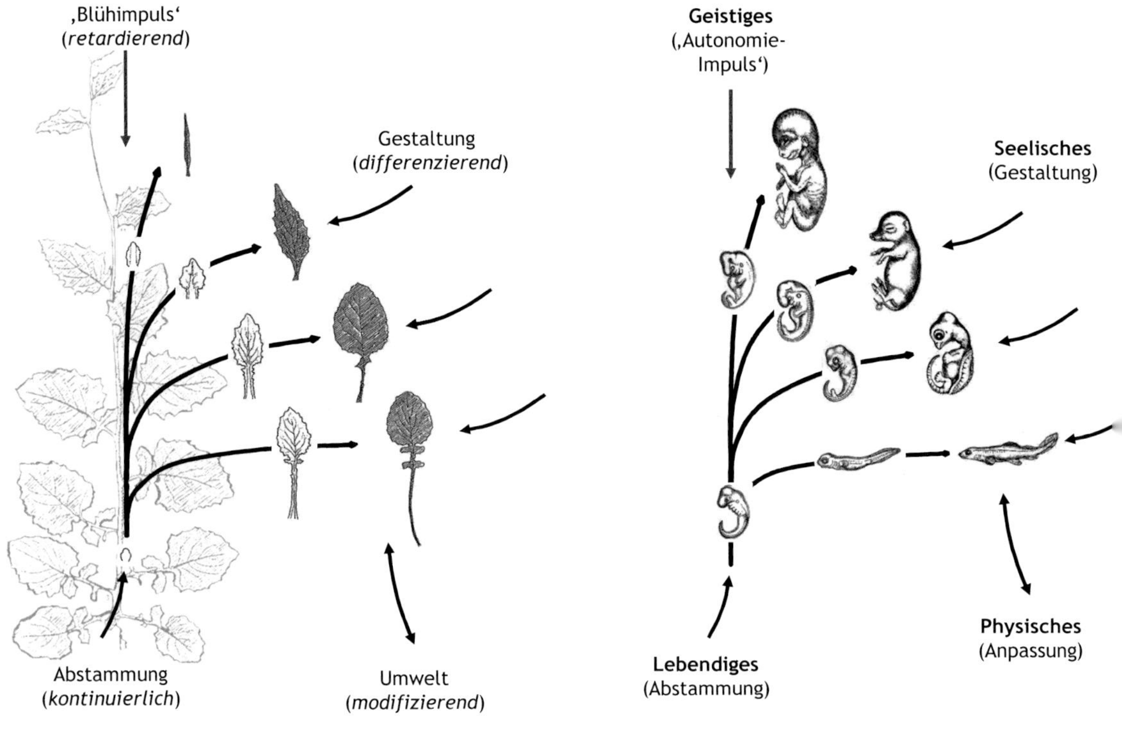

Abb. 70. Organische Gestaltbildungszusammenhänge und -faktoren: Blütenpflanze und Evolution. (Man beachte, dass die verschiedenen Tierformen – im Gegensatz zu den verschiedenen Blättern – in unterschiedlichen Umwelten leben.)

und unweigerlich zielführendes Geschehen. So, wie sich ein Organismus sowohl seiner inneren Gesetzmäßigkeit nach als auch in ständigem Wechselspiel mit seiner Umgebung entwickelt, wie er sowohl seinem Entwicklungsziel zustrebt als auch immer nur auf dem bisher Erreichten aufbauen kann, *so* sehen wir die Evolution als organisches Entwicklungsgeschehen. Wie das Leben eines individuellen Organismus mag sie vielfältig gefährdet, modifiziert und von jeweils aktuellen Ereignissen beeinflusst gewesen sein. Aber weder hätte ihr Ergebnis in *ganz anderen* Formen bestehen können, noch war sie eine bloße, gleichsam automatische Auswicklung eines von Anfang an gesicherten Endergebnisses. Die Zukunft war wohl niemals vollkommen offen, aber auch nicht vollkommen determiniert.

Von den vier Aspekten des ZEITKREUZES sah Darwin zwei: Die Abstammung und die Anpassung an Umgebungseinflüsse. Kreationisten betonen die anderen beiden: ‚Gott' (das ‚von oben' einwirkende Geistprinzip, die aristotelische Form-Ursache) und den Menschen als Idee Gottes, als Zweck und Ziel der Evolution. Der Darwinismus kann nicht sagen, warum der Mensch erschien, der Kreationismus nicht, wozu es der Vielfalt der Tiere bedurfte (warum ist beispielsweise der größte Teil aller jemals existierenden Arten ausgestorben?). Der Darwinismus beschreibt einen Diversifizierungsmechanismus, aber ihm fehlt ein inneres, organisches Prinzip; er kann die Höherentwicklung im Verlauf der Evolution nicht eigentlich erklären, für ihn ist alle Gestaltbildung „happenstance" (Stephen J. Gould). Der Kreationismus sieht wohl das Prinzip, aber er kann nicht sagen, warum die Vielfalt der Formen entstand. Beide Erklärungen reichen nicht in die Tiefe.

Wird die Phylogenese dagegen als ein Organismus höherer Ordnung angesehen, so erscheint der Mensch als ihr zentrales Entwicklungsmotiv und -ziel, die Tiere als – durchaus notwendige – Absonderungen aus seiner Entwicklung. In jeder Tierart ist ein *Teil* des Menschen auf einseitige Weise verwirklicht, während in jedem Teil der Evolution das Ganze des Menschen lebt.

8.5 Offene Fragen

Selbstverständlich bleiben in der hier vertretenen Sicht der Evolution einige Fragen offen. Vor allem kann hier nicht genauer beantwortet werden, woher das Lebendige ursprünglich stammt, wie also das Leben auf der Erde entstanden sei. Es kann nur angedeutet werden, und das ergibt sich ja auch aus den bisherigen Darstellungen, dass das Leben zuerst da gewesen sein muss und dass das Tote, Mineralische als ein Ausscheidungs- oder Endprodukt des Lebendigen angesehen werden muss. Das Leben ist dann allerdings in einer geistigen Form zu denken; auf eine solche Auffassung soll das abschließende Kapitel noch eine Perspektive eröffnen.

Offen bleiben muss auch die Frage nach der geologischen und paläontologischen Altersbestimmung. Liegt den ‚Jahrmillionen' der Paläontologie eine Wirklichkeit zugrunde? Diese Frage ist zunächst schwierig zu beantworten.[249] Ein Zugang könnte sich ergeben, indem Zeit nicht nur als äußerer (radiometrisch bestimmbarer) Takt, sondern als seelisch-geistiges Phänomen erfasst wird.

- Zeit im Physischen
- Zeit im Ätherischen
- Zeit im Astralen
- Zeit im Geistigen

[249] Vgl. Bosse (2002) und Schad (2003), siehe auch Kötter (1993).

9 ‚Und was die Mitte birgt, ist offenbar' – der Mensch als Urbild der Evolution

Die Naturwissenschaft setzt den Menschen immer schon voraus, und wir müssen uns, wie Niels Bohr es ausgedrückt hat, dessen bewusst werden, dass wir nicht nur Zuschauer, sondern stets auch Mitspielende im Schauspiel des Lebens sind.[250]
(Werner Heisenberg)

Das Leben und die Gründe der Höherentwicklung in der Evolution sind mit den Mitteln der gegenständlich denkenden Naturwissenschaft nicht zu erfassen. Man muss das Erkenntnisfeld erweitern, aber nicht durch die Annahme von spekulativen übersinnlichen ‚Wirkfaktoren', sondern in dem in voller empirischer Klarheit zu vollziehenden Aufmerksamwerden auf die Erlebnisse und Prozesse, die im Untergrund des eigenen Erkennens verlaufen, während es oberflächlich auf die Natur gerichtet ist. Die Beobachtungen, um die es sich handelt, können allerdings nicht bewiesen werden (wie man auch die Existenz eines Eichhörnchens nicht beweisen kann). Der Weg, der zu ihnen führt, muss *schon ein beweisender* sein.[251] Doch findet man, dass das Leben und die Evolution unter Einbeziehung des erkennenden Menschen verständlich werden. Im ‚innersten Heiligtum der Seele' kann das Evolutionsrätsel gelöst werden, indem der sich selbst tragende Grund gefunden wird, der die ganze Evolution durchdringt.

9.1 Der Mensch im Raum – der aufrechte Gang und das autonome Wesen des ‚Ich'

Im Herbst des Jahres 2009 publizierte eine amerikanische Forschergruppe einen bemerkenswerten Fund, das weibliche Skelett des Menschenvorfahren *Ardipithecus ramidus* (zu deutsch ‚Bodenaffe an der Wurzel der Menschheit', Abb. 71, nächste Seite). Dieses Wesen, dessen Gehirngröße dem eines Affen entsprach, hatte menschenähnliche Hände (ohne die affentypischen Spezialisierungen zum Hangeln oder zum Laufen auf den Knöcheln) und menschenähnliche Zähne (z. B. kleine Eckzähne statt der tierischen Hauer). Becken, Beine und Füße zeigen, dass ‚Ardi' aufrecht auf zwei Beinen ging, und sie lebte vor 4,4 Millionen Jahren (vgl. Fußnote 142, S. 102) im östlichen Afrika.[252] Erstaunlich ist, dass *A. ramidus* in einer bewaldeten Gegend

[250] Heisenberg (1976), S. 12.
[251] Vgl. Steiner (1910), Kap. Charakter der Geheimwissenschaft.
[252] Die frühesten menschenartigen Funde der Gattung *Oreopithecus*, die möglicher-

beheimatet war. Das widerspricht einer heute immer noch üblichen darwinistische Erklärung des aufrechten Ganges, dass nämlich Affen durch Aufrichtung von den Bäumen in die Savanne hätten wechseln können (Feinde früher sehen, sich über weitere Entfernungen verständigen, besserer Schutz vor Sonneneinstrahlung, etc.). War es doch nicht ein äußerer, sondern ein innerer Antrieb, der den Menschen zur Aufrichte brachte? [253]

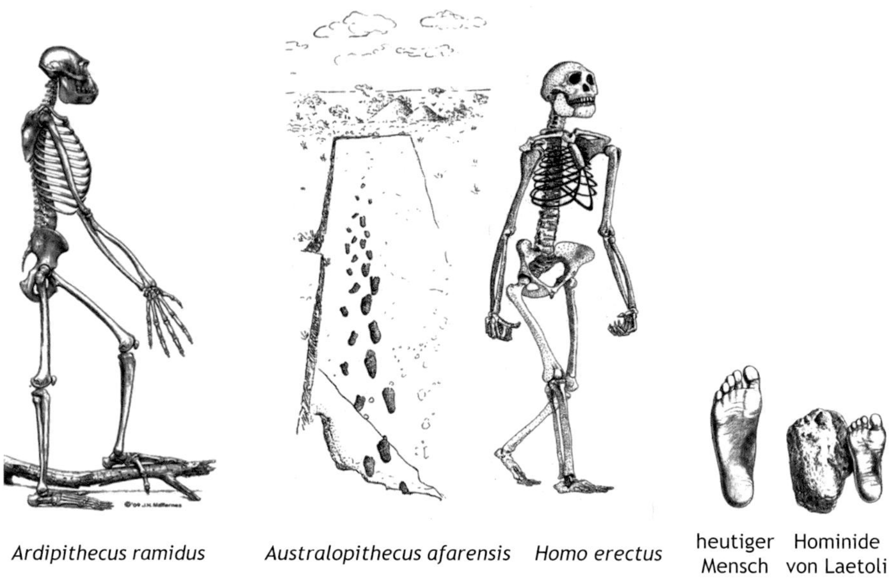

Abb. 71. Menschenvorfahren mit aufrechtem Gang. Links: Rekonstruktion von *Ardipithecus ramidus* (ca. 4,4 Mio. Jahre), Fundort in Äthiopien. Mitte links: Fußspuren von *Australopithecus afarensis* in versteinerter Vulkanasche in Laetoli, Tansania (ca. 3,6 Mio. Jahre). Mitte rechts: Rekonstruktion von *Homo erectus* (ca. 1,5 Mio. Jahre), Funde in Afrika und Asien. Man beachte die noch affenähnlichen Schädel. Rechts: Vergleich des Fußes eines heutigen Menschen mit dem des Menschenvorfahren, der die Fußabdrücke in Laetoli hinterließ. (Die Spuren in Laetoli stammen von drei Individuen, einem Erwachsenen und zwei Kindern. Das eine Kind lief *in* den Fußstapfen des vorausgehenden Erwachsenen, dessen Gang nachahmend, das andere wahrscheinlich an der Hand des Erwachsenen nebenher, wie die leicht schräg eingedrückten Fußspuren vermuten lassen – das frühe Bild einer menschlichen Gemeinschaft!)

---

weise schon aufrecht gingen, stammen aus dem südlichen Europa und sind 7–9 Mio. Jahre alt. Für eine Übersicht über den aktuellen Forschungsstand vgl. z. B. Crompton et al. (2008).

[253] Genaue biologische und paläoanthropologische Untersuchungen führen dazu, den aufrechten Gang als für das Überleben eigentlich nutzlos zu betrachten. So schreibt z. B. Deloison: „*Was immer man darüber denken mag, die aufrechte Haltung bietet nicht genügend Vorteile, um nach den klassischen Kriterien natürlicher Selektion erhalten geblieben zu sein.*“ Zitiert nach Niemitz (2010).

Die darwinistische ‚Erklärung' reduzierte die Anmut und Würde der aufgerichteten Gestalt, Ausdruck und Bild des freien Menschenwesens, auf einen plumpen ‚Überlebensvorteil'. Wie sehr haben solche Gedanken zur seelisch-geistigen Verödung der menschlichen Kultur beigetragen! Anders klang das noch bei Johann Gottfried Herder: *„Blick auf gen Himmel, o Mensch, und erfreue dich schaudernd deines unermesslichen Vorzugs, den der Schöpfer der Welt an ein so einfaches Principium, deine aufrechte Gestalt, knüpfte. Gingest du wie ein Tier gebückt, wäre dein Haupt in eben dieser gefräßigen Richtung für Mund und Nase geformt und darnach der Gliederbau geordnet: wo bliebe deine höhere Geisteskraft, das Bild der Gottheit, unsichtbar in dich gesengt?"*[254]

In der aufrechten Haltung drückt sich das autonome Wesen des Menschen-Ich aus. Denn er muss sich *aus eigener Kraft* aufrichten und sein Gleichgewicht in einer labilen Statik aktiv erhalten. *„Immer ist die aufrechte Haltung Gegenrichtung gegen die niederziehenden Kräfte; sie sind stets am Werke; ohne sie wäre die aufrechte Haltung nicht, was sie ist. Sie ist eine Überwindung ohne Ende."*[255] Wenn die Willensaktivität erlahmt, sinkt der Leib in sich zusammen oder fällt zur Erde. Im aufrechten Gang hat der Mensch das Erlebnis, ganz aus sich selbst tätig zu sein und dabei zugleich – im Gleichgewicht – in sich selbst zu ruhen. Durch die Aufrichte erlebt er den Mittelpunkt seines Wesens in sich.

Wenn sich das Kind im ersten Lebensjahr aufrichtet, vollbringt es eine Leistung, die nicht aus der biologischen Natur aufsteigt, sondern gleichsam von oben nach unten in diese hineingearbeitet wird. Kinder, die sich nicht aufrichten, entwickeln einen deutlich anderen Körperbau als aufrecht gehende Menschen: Die Fußwölbung bleibt relativ flach, die Ferse verstärkt sich nicht so deutlich, die leicht x-beinige Stellung der Knie bildet sich nicht aus, der Winkel zwischen Oberschenkel und Becken bleibt größer, die Stellung des Beckens verhältnismäßig hoch, die Wirbelsäule bildet nicht die typische Doppelkrümmung und senkt sich nicht so tief wie sonst in den Brustkorb ein, die Hals-, Brust- und Lendenwirbel differenzieren sich nicht so stark voneinander, etc. All diese Umbildungen des Leibes werden erst durch die aktive Auseinandersetzung des Menschen mit der Schwerkraft bewirkt.[256]

Die aufrechte Haltung befreit Arme und Hände aus der Notwendigkeit der Fortbewegung. Auch der Kopf wird vom direkten Umweltkontakt abgezogen, sodass sich das Bewusstsein der Welt nun betrachtend gegenüberstellen kann. (Man vergleiche damit die enge Verbindung, die zwischen dem Kopf eines Tieres und seiner Umgebung besteht. Das Riechen – Schnüffeln – beispielsweise ist viel ausgeprägter als beim Menschen; die Zunge ist in

---

[254] Herder (1784), S. 56.
[255] Straus (1980), S. 439.
[256] Vgl. Holdrege (1999).

vielen Fällen Tast- und Greiforgan, die Schnauze Werkzeug. Der Gesichtsschädel des Tieres wächst der Erde entgegen, das Gehirn bleibt klein, seine Funktionen auf Instinktleistungen beschränkt.[257]) Es entspricht einer inneren Logik, dass in der Evolution die Aufrichtung des Menschen der Ausbildung seines Schädels und Gehirns voranging. Aufgerichtet konnte er die Tätigkeit seiner Hände betrachten und sie so allmählich aus einem instinktgesteuerten Verhalten in ein bewusst geführtes, lernendes Arbeiten weiterbilden. Durch die Rückkopplung zwischen Handeln und Erkennen verfeinerte er beide Fähigkeiten zusehends (wie man am nun beginnenden und sich bald differenzierenden Gebrauch von Werkzeugen und anderen Kulturleistungen ersehen kann), und im selben Zuge wuchs auch das Gehirn.

Die Aufrichte ist die leibliche Voraussetzung dafür, dass das seelische Leben des Menschen nicht wie bei den Tieren von außen, sondern von innen bestimmt werden kann. Darin liegt wiederum die Voraussetzung für die Ausbildung der *Sprache* und des *Denkens*. Die evolutionäre Abfolge von Aufrichte, Handfertigkeit, Sprache und Denken beschrieb Wolfgang Schad zusammenfassend folgendermaßen: *„Ab 7 Millionen Jahren vor unserer Zeit hatte die Menschheit als ihr erstes Kennzeichen schon die Aufrichte besessen. Ab 2,5 Millionen treten die ersten Stein-Artefakte als Ergebnisse erwachter Handfertigkeit auf. Ab etwa 350 000 Jahren zeigen die frühen archaischen Sapiensmenschen den hochgewölbten Gaumen für die Sprachfähigkeit (Steinheimer Mensch). Aber erst mit der Ausbildung der Klingenkultur und dem Auftreten vielfach auswechselbarer geschäfteter Werkzeuge treffen wir in der ausgehenden letzten Eiszeit und in der nachfolgenden Mittleren Steinzeit auf Kennzeichen zunehmend kombinatorischer, gedanklich planender Fähigkeiten. Es ist die Zeit der Kleinkunst und Höhlenmalerei: die Anfertigung symbolisierender Schnitzfiguren und jene die inneren Vorstellungen repräsentierenden Wiedergaben, eben Felsritzungen und Felsmalereien. Dann wird mit beginnender Nacheiszeit die Menschheit zunächst in Vorderasien und zunehmend schrittweise über die ganze Erde hin mit Hilfe der beginnenden Landwirtschaft sesshaft. Jeder verteidigt seinen Lebensraum gegen den anderen. Die ersten Kriegsdarstellungen treten auf (spanische Felsmalerei). Die Trennung von Mein und Dein, von Ich und der Welt ist eingetreten. Das Selbstbewusstsein erwacht.“*[258]

In der Paläoanthropologie spricht man bei den aufrecht gehenden Frühformen nicht von Menschen, sondern von Affen (‚Pithecus‘); den Status eines Menschen verleiht man erst bei entsprechender Gehirngröße. Das ist ein grundlegender Irrtum, denn man verlegt das Menschliche in das

---

[257] Es ist daher verständlich, dass in der Evolutionslinie des Menschen fast die Hälfte der Gene, die bei Tieren für Hunderte verschiedener Geruchsrezeptoren in der Nasenschleimhaut codieren, funktionslos geworden ist.
[258] Schad (2009).

Bewusstsein und nicht in die Willenstätigkeit, die der reflektierenden Fähigkeit erst vorangehen muss. Der wesentliche Unterschied zwischen Mensch und Tier liegt im Ursprung der Willensaktivität – beim Menschen frei von innen, beim Tier instinktmäßig von außen bestimmt – und erst in zweiter Linie in unterschiedlichen kognitiven Fähigkeiten! Wir hatten oben (Kap. 3.2) ausführlich gezeigt, dass auch dem Denken eine innere, intuitive Willenstätigkeit zugrunde liegt. Nicht nur in der Aufrichtung und im Handeln, auch im Erkennen ist *der Wille stets das Primäre.* Nur wird er leicht übersehen, denn man lebt in seiner eigenen Willenstätigkeit; man führt sie schlichtweg aus, ohne sie zu beobachten. Berücksichtigt man den Willen, so wird man zu einer neuen Evolutionsauffassung, ja überhaupt zu einer neuen und viel realeren Menschen- und Welterkenntnis geführt. Im bewussten Tun erfährt man den Willen als eine sich selbst tragende, geistige Wirklichkeit. Der Materialismus (und auch der Kreationismus) erhalten sich nur, weil der autonome Wille nicht betätigt wird und daher unbemerkt bleibt.

* * *

Der aufrechte Gang, die Sprache und das Denken sind der Ausdruck des sich selbst tragenden ‚Ich'. Will man es genauer kennenlernen, so muss man es beobachten. Aber wie ist das möglich? Wie kann sich das ‚Ich', das Subjekt des gegenständlichen Erkennens, selbst erkennen? Wenn es sich selbst anschauen wollte, müsste es sich sich selbst gegenüberstellen. Das geht nicht, denn es nimmt sich immer dorthin mit, von wo aus es blickt, und dann ist es nicht mehr da, wohin es blickt …

Zur Selbsterkenntnis muss das ‚Ich' über das gewöhnliche Erkennen hinausgehen. Rudolf Steiner schrieb, dass man *„am leichtesten eine Vorstellung von diesem Hinausgehen zu bilden [vermag], wenn [man] auf eine einfache Tatsache hinweist, die nur in ihrer umfassenden Bedeutung gewürdigt werden muss. Es ist diejenige, dass es im ganzen Umfange der Sprache einen einzigen Namen gibt, der seiner Wesenheit nach sich von allen andern Namen unterscheidet. Dies ist eben der Name ‚Ich'. Jeden andern Namen kann dem Dinge oder Wesen, denen er zukommt, jeder Mensch geben. Das ‚Ich' als Bezeichnung für ein Wesen hat nur dann einen Sinn, wenn dieses Wesen sich diese Bezeichnung selbst beilegt. Niemals kann von außen an eines Menschen Ohr der Name ‚Ich' als seine Bezeichnung dringen; nur das Wesen selbst kann ihn auf sich anwenden. ‚Ich bin ein Ich nur für mich; für jeden andern bin ich ein Du; und jeder andere ist für mich ein Du.' Diese Tatsache ist der äußere Ausdruck einer tief bedeutsamen Wahrheit. Das eigentliche Wesen des ‚Ich' ist von allem Äußeren unabhängig; deshalb kann ihm sein Name auch von keinem Äußeren zugerufen werden.“*[259]

---

[259] Steiner (1910), S. 66ff.

„Während sich die Seele in Empfindung und Verstand an anderes verliert, ergreift sie [in der Selbsterkenntnis] ihre eigene Wesenheit. Daher kann dieses ‚Ich' … auch nicht anders als durch eine gewisse innere Tätigkeit wahrgenommen werden. Die Vorstellungen von äußeren Gegenständen werden gebildet, so wie diese Gegenstände kommen und gehen; und diese Vorstellungen arbeiten im Verstande weiter durch ihre eigene Kraft. Soll aber das ‚Ich' sich selbst wahrnehmen, so kann es nicht bloß sich hingeben; es muss durch innere Tätigkeit seine Wesenheit aus den eigenen Tiefen erst heraufholen, um ein Bewusstsein davon zu haben."[260] Es ist der bewusste Wille, der sich – als geistige Kraft im Menschen – in der wahren Selbsterkenntnis selbst anschaut.[261]

Wer sich als ‚Ich' begreift, der findet eine Tatsache, die so wahr und unumstößlich ist wie keine andere sonst in der Welt. Bei allen anderen Erkenntnissen müssen Empirie und Theorie erst zusammengefügt werden. Dadurch verbleibt immer eine Restunsicherheit über ihre tatsächliche Passung. In der Selbsterkenntnis ist diese Unsicherheit vollständig überwunden; in ihr sind Empirie und Theorie dasselbe, sie treten *als eines* auf. Das ‚Ich' erzeugt sich, indem es sich erkennt, und es erkennt sich, indem es sich schafft. Es ist sich selbst wahre geistige Wirklichkeit. *„An dem Ich kann nicht gerüttelt werden"*[262] (Rudolf Steiner).

Um ein nahe liegendes Missverständnis zu vermeiden, sei ausdrücklich darauf hingewiesen, dass mit dem ‚Ich' nicht das ‚Ego' des Menschen gemeint ist. Das ‚Ich' ist auch nicht dasselbe wie die allfällige ‚Ich'-Vorstellung. Diese ist nur ein Bild, keine Wirklichkeit. Das ‚Ich' lebt in Tätigkeit, es ist Willenswesen und als solches zunächst frei von Rückbezüglichkeit auf sich selbst. Das wahre ‚Ich' ist tätige Aufmerksamkeit, aufmerksame Tätigkeit. Gerade weil es *vor* seiner Reflexion *lebt*, bleibt es als geistiges Wesen im gewöhnlichen Bewusstsein unbemerkt, denn *„aktives Hervorbringen und beschauliches Gegenüberstellen vertragen sich nicht"* (Rudolf Steiner).

Das ‚Ich' ist das *absolut autonome Wesen*. Aber es ist doch nicht von

---

[260] Ebd. – Was Rudolf Steiner hier beschreibt, muss durchgearbeitet werden. Ein bloßes Lesen wird nur die verfliegenden Spelzen des vollen, goldenen Korns zu fassen bekommen, das sich in ihnen verbirgt. Für denjenigen, der sich aktiv in die Darstellung einarbeitet, beginnt sie zu leben. Man erkennt die Dichte und Tiefe des Textes. ‚Erkenntnis wird Leben', so könnte man die Methode der Anthroposophie bezeichnen. Wer so tätig wird, findet Wirklichkeit, wo und wie er sie vorher vielleicht nicht vermutet hätte. Und von *dieser* Wirklichkeit aus erscheint dann *alles* Erkennen in einem neuen Licht. In dem Moment, in dem man sie erlebt, hat man es auch nicht mehr mit fremden Gedanken, sondern mit der eigenen Tätigkeit und Erfahrung zu tun.

[261] Rudolf Steiner knüpfte hier an Johann Gottlieb Fichte an, der in seinem nachgelassenen ‚System der Sittenlehre' formulierte: *„Kraft, der ein Auge eingesetzt ist, ist der eigentliche Charakter des Ich, der Freiheit, der Geistigkeit."* Fichte (1812), S. 17.

[262] Steiner (1923–25), S. 85.

der Welt abgesondert. Sein tiefstes Geheimnis besteht darin, dass in seinen willenshaften Intuitionen (wie sie oben im Kap. 3.2, S. 48 ff. beschrieben wurden) das *innere Wesen der Welt* aufleuchtet. In der Intuition vereinigt sich das ‚Ich' mit dem Weltinhalt, der Ich-Punkt erweitert sich zum Welt-Umkreis, ‚Ich' und ‚der Vater' werden eins.

Wer sich selbst als ‚Ich' entdeckt (man könnte auch sagen: erweckt), der kann nicht mehr denken, dass er aus einem ‚Nicht-Ich', aus Materie oder niederen Organismen hervorgegangen sei. Er muss die ganze Evolution neu denken. Er findet dann zunächst die eigentümliche Tatsache, dass die menschliche leibliche Organisation sowohl ein Ausdruck des ‚Ich' ist (durch die aufrechte Haltung, die Sprache und die Denkfähigkeit) als auch zugleich (durch das Gehirn) seiner Selbstbewusstwerdung dient. Das Gehirn ist eine Art *Spiegelungsapparat* für das seelisch-geistige Leben des Ich. Durch Spiegelung wird das strömende Willensleben des Geistes gleichsam gestaut und sich so seiner selbst als Ich-Vorstellung bewusst.[263] – Diese zwei Seiten des Ich-Gedankens muss man klar fassen und unterscheiden: das vorsprachliche, vor-bewusste, geistig tätige Willens-Wesen des Ich, und die am Leib gespiegelte und dadurch bewusst gewordene, aussprechbare Ich-Vorstellung. Ersteres ist wirkliche, strömende, aber unbewusste *Kraft*, Letzteres unwirkliches, geronnenes, aber bewusst gewordenes *Bild*. Wer dies versteht, der sieht auch, wie das Ich *vor* der Spiegelung ununterschieden vom geistigen Welt-Wesen lebt, während es *durch* die Spiegelung bzw. *als* Spiegelbild von den Weltdingen, den Objekten, als Subjekt getrennt erscheint.

9.2 Exkurs zum Geistbegriff der Anthroposophie

Die Evolution hat den menschlichen Leib hervorgebracht, der die Grundlage des Erkennens der Evolution ist. Was ist also nun primär, das die Evolution als Wirklichkeit konstituierende Erkennen, oder der aus der Evolution hervorgegangene Leib, durch den das Erkennen erst ermöglicht wird?

Die Behauptung der Priorität des Geistes wird so lange eine Sache des Glaubens oder einer bloß theoretischen Überzeugung bleiben müssen, bis Geistiges erlebt und sein Verhältnis zum Physischen empirisch bestimmt werden kann. Ich hatte schon öfter betont, dass die Anthroposophie nicht auf theoretischer Konstruktion, sondern überall auf Erfahrung aufbaut, und auch gerade dadurch als Geistes*wissenschaft* bezeichnet werden darf. Es kommt also darauf an, Geist *als Wirklichkeit* zu finden.

Für den gegenwärtigen Menschen erscheint die durch die Sinne wahrgenommene Welt wirklich, während Gedanken, wenn überhaupt, dann nur als schattenhafte Abbilder der physischen Wirklichkeit erlebt werden. Das

[263] Vgl. Steiner (1911, 1916).

Subjekt fühlt sich der Welt gegenüber; sein Blick ist auf die äußere, nicht auf die Erfahrung, die *innerhalb* des Denkens möglich ist, gerichtet. Diese Bewusstseinseinstellung ist der ‚Zuschauerstandpunkt'. Von ihm aus kann nichts erlebt werden, was man als ‚wirklichen Geist' bezeichnen könnte.

Eine andere Art des Erlebens tritt in der Selbsterkenntnis ein. Die Wirklichkeit des ‚Ich-bin' liegt nicht außerhalb, sondern innerhalb seines Gedankens. Die Selbsterkenntnis unterscheidet sich vom gewöhnlichen Erkennen dadurch, *„dass wir bei aller anderen Art von Erkenntnis den Gegenstand außer uns haben, bei der Selbsterkenntnis innerhalb dieses Gegenstandes stehen, dass wir jeden anderen Gegenstand als fertigen, abgeschlossenen an uns herantreten sehen, in unserem Selbst jedoch als Tätige, Schaffende das selbst weben, was wir in uns beobachten"*.[264]

Weil man aber gewöhnt ist, nur etwas Gegenüberstehendes für wirklich zu halten, meint man mit ‚ich' in der Regel zunächst nicht tatsächlich sich selbst, sondern den eigenen Körper, das eigene Seelenleben, möglicherweise ‚geistige' Eigenschaften wie Intelligenz, Wahrheitssinn etc. Genau besehen gilt aber von all diesem, dass man es *hat*, und nicht *ist*. Wer aber *bin* ich? Als gegenständlicher Inhalt ist das ‚Ich' unfassbar, denn es lebt nur als Tätigkeit. *„Soll [daher] das ‚Ich' sich selbst wahrnehmen, so kann es nicht bloß sich hingeben; es muss durch innere Tätigkeit seine Wesenheit aus den eigenen Tiefen erst heraufholen, um ein Bewusstsein davon zu haben."*[265] Das Ich als Willenswesen kann seine eigene Wirklichkeit nur in der selbstgesetzten Willensbetätigung erleben (‚wahrnehmen'). Um das Eigentümliche der Selbsterkenntnis zu erfassen, muss man also sehr klar zwischen der *Tätigkeit* und dem *Inhalt*, zwischen Prozess und Ergebnis des Erkennens unterscheiden.

Im 3. Kapitel hatte ich auf die Willenstätigkeit des Subjekts (des ‚Ich') hingewiesen, die allem Erkennen zugrunde liegt. Das Ich erfasst die Erkenntnisinhalte zunächst, indem es sie intuitiv-tätig hervorbringt, um sie dann *vor sich* hinzustellen. Erst durch das Vor-stellen werden die Inhalte anschaubar und damit bewusst. Diese Unterscheidung zwischen Tätigkeit und Inhalt gilt aber nicht nur für das denkende Erkennen, sondern auch für die Sinneswahrnehmung: Man richtet seine *tätige* Aufmerksamkeit auf den *Inhalt* eines wahrnehmbaren Objekts. Und schließlich erlebt man in den Bewegungen des eigenen Körpers Willenstätigkeit, deren Ergebnisse man zugleich als objektive Inhalte wahrnimmt.

Alle *Inhalte* des Erkennens (Gedanken, Sinneswahrnehmungen, Leiberlebnisse bzw. Leibwahrnehmungen) haben nun die gemeinsame Eigenschaft, dass sie mir in der Form von Vorstellungen bewusst werden. Ganz gleich, ob ich die physische Außenwelt betrachte, meinen Körper, meine Gefühle oder meine Gedanken – was mir bewusst wird, sind *Bilder*, keine unmittel-

[264] Steiner (1901), S. 18.
[265] Steiner (1910), S. 70.

bare Wirklichkeit.[266] Willentliche Tätigkeit bedeutet dagegen Wirksamkeit und Wirklichkeit. Durch den Willen bewege ich meinen Körper, erfasse und gestalte die sinnlichen Eindrücke der Außenwelt, bringe Gedanken hervor. Wille ist wirkliche Schöpferkraft. Doch Wille ist, wie gezeigt, zunächst ganz *unbewusst*. In Vorstellung und Wille stehen sich eine bewusste, aber unwirkliche Bilderwelt und eine wirkliche, aber aus einem unbewussten Quell impulsierte Wirksamkeit gegenüber.[267]

Als Ursprung der Willenstätigkeit erlebe ich mich selbst und bezeichne mich so als Subjekt, das den Objekten gegenübersteht. Das ist in der Selbsterkenntnis anders. Hier wird von mir hervorgebracht *und* angeschaut, was ich selbst bin. Doch kann ich mir mein wirkliches ‚Ich' nicht vorstellen. Was sollte es auch sein? Wie kann nun aber ‚etwas', das reine Tätigkeit ist (also gegenständlich gesehen ein ‚Nichts'), dennoch angeschaut werden?

Wir stoßen hier an die Grenze des gewöhnlichen Bewusstseins, die Rudolf Steiner imaginativ als ‚die Schwelle der geistigen Welt' bezeichnete. Jenseits davon gibt es keine Vorstellungen mehr, sondern nur noch Willenswirken, also eigentlich tief unbewussten Schlaf. Doch wenn der Wille vom ‚Ich' tatsächlich geführt wird, dann erwacht *es in ihm* – auch ohne ‚etwas' vorstellen zu müssen.

In der Selbsterkenntnis macht man eine merkwürdige Erfahrung: Obwohl das ‚Ich' für das gegenständliche Bewusstsein ein ‚Nichts' ist, existiert es doch, lebt, ist bewusst, will, fühlt, denkt und erkennt. Es ist, ohne sich an etwas anderem festhalten zu müssen. Es weiß sich als ein *wirkliches, rein geistiges Wesen*. Wäre es nur ein Vorstellungsbild, so könnte es an sich selbst zweifeln. Wäre es bloßer Wille, so könnte es kein Bewusstsein von sich entwickeln. Weil aber in der Selbsterkenntnis Vorstellung und Wille verschmelzen, wird die Vorstellung wirklich und der Wille bewusst: Das Ich erlebt sich als ein sich selbst begründendes, geistiges Wesen.[268] Im ‚Ich-bin'

---

[266] Es ist bedeutsam, sich einmal vollständig klarzumachen, dass *alles*, was im gewöhnlichen Bewusstsein lebt, keine Wirklichkeit darstellt, sondern nur ein unwirkliches Abbild einer solchen. Wenn man die Nichtigkeit der gewöhnlichen Bewusstseinsinhalte erlebt, kann man auch das Erlebnis der wahren, geistigen Wirklichkeit finden und würdigen.

[267] Vgl. Heusser (2011), S. 175 ff.

[268] Philosophisch gesehen liegt hier der Ausweg aus dem Problem der Letztbegründbarkeit und dem damit einhergehenden ‚Münchhausen-Trilemma'. Darin wird behauptet, es könne keine abschließenden Erklärungen oder letzten Begründungen eines Tatbestandes geben, denn man komme entweder in einen *infiniten Regress* (‚Wer ging dem Menschen voraus? – Die Affen. – Wer ging den Affen voraus? – Andere Tiere. – Wer ging diesen voraus? – Niedere Organismen. – Wer ging diesen voraus? – Lebende Zellen. – Wer diesen? – usw.), oder in einen *Zirkelschluss* (Woher stammt das Leben? – Vom Leben.) oder in ein *Dogma* (Der Mensch wurde von Gott in dessen unergründlichem Ratschluss geschaffen!). Aus diesem Trilemma führt das ‚Ich-bin' heraus. In ihm ist eine Letztbegründung erreicht, Münchhausen zieht sich schlussendlich doch selbst

ist Erzeugen zugleich Erkennen und Erkennen Erzeugen. *„Wenn wir das Ich im reinen Gedanken fassen, dann sind wir in einem Zentrum, wo das reine Denken zugleich essentiell sein materielles Wesen* [im aristotelischen Sinne] *hervorbringt.“*[269]

Man könnte allerdings einwenden, dass das Ich-Bewusstsein ja die größte Abhängigkeit von dem Körper zeige. Rudolf Steiner antwortete darauf, man müsse sich *„sorgfältig davor bewahren, in dem gewöhnlichen Bewusstsein, das man von diesem ‚Ich‘ hat, das wirkliche Ich zu sehen. Wenn man, durch eine solche Verwechslung verführt, wie der Philosoph Descartes sagen wollte: ‚Ich denke, also bin ich‘, so würde man von der Wirklichkeit jedesmal dann widerlegt, wenn man schläft. Denn dann ist man, ohne dass man denkt. Das Denken verbürgt nicht die Wirklichkeit des ‚Ich‘. Aber ebenso gewiss ist, dass durch nichts anderes das wahre Ich erlebt werden kann als allein durch das reine Denken. Es ragt eben in das reine Denken, und für das gewöhnliche menschliche Bewusstsein nur in dieses, das wirkliche Ich herein. Wer bloß denkt, der kommt nur bis zu dem Gedanken des ‚Ich‘; wer erlebt, was im reinen Denken erlebt werden kann, der macht, indem er das ‚Ich‘ durch das Denken erlebt, ein Wirkliches ... zum Inhalte seines Bewusstseins. ... Indem man im reinen Denken das wahre Ich als Erlebnis erfährt, lernt man kennen, was volle Wirklichkeit ist. Und man kann von diesem Erlebnis weiter vordringen zu anderen Gebieten der wahren Wirklichkeit.“*[270]

Die Selbsterkenntnis ist somit ein Modellfall für Geisterkenntnis überhaupt: *„Was [in der Selbsterkenntnis] wie ein Tropfen hereindringt in die Seele, das nennt die Geheimwissenschaft den Geist. ... Der Mensch muss diese Geistigkeit hier zunächst ergreifen. Er muss sie in sich selbst erkennen; dann kann er sie auch in ihren Offenbarungen [d. h. in der übrigen Welt außerhalb seines Ich] finden.“*[271] – Wie kommt man da weiter? *„Wenn der Mensch ... den Geist in aller Offenbarung ergreifen will, so muss er dies auf dieselbe Art tun, wie er das Ich in der Bewusstseinsseele ergreift. Er muss die Tätigkeit, welche ihn zum Wahrnehmen dieses Ich geführt hat, auf die offenbare Welt hinwenden.“*[272]

Den Geist der Welt findet man, wie man das Ich findet – durch schöp-

---

aus dem Sumpf. Deshalb ist der Name ‚Ich-bin‘ auch identisch mit dem Namen Gottes. – Bei genauerer Betrachtung erkennt man unschwer, dass man es auch hier mit den vier schon öfter charakterisierten Ebenen zu tun hat (vgl. z. B. Kap. 3.3): Will man eine *physische* Erscheinung begründen, so geht das nur durch andere physische Tatsachen – infiniter Regress; im *Lebendigen* gilt der Zirkelschluss, im *Seelischen* herrscht die dogmatische Feststellung. Im *Geistigen* dagegen tragen sich alle Begründungen selbst.

[269] Steiner (1908), S. 102.

[270] Steiner (1908), S. 103 f.

[271] Steiner (1910), S. 71.

[272] Steiner (1910), S. 71.

ferische Tätigkeit! Das heißt, man muss die Erscheinungen der Welt nachahmen, nachgestalten und so mit bewusster Willenstätigkeit durchdringen, dass man gleichsam in sie ‚hineinschlüpft'. Man muss sie selbst hervorbringen. Rudolf Steiner nannte diese Erkenntnisform die *Intuition*: *„Was jetzt in der Seele lebt, ist wirklich der Gegenstand selbst. Das Ich hat sich ergossen über alle Wesen; es ist mit ihnen zusammengeflossen. Das Leben der Dinge in der Seele ist die Intuition. Es ist eben ganz wörtlich zu nehmen, wenn man von der Intuition sagt: man kriecht durch sie in alle Dinge hinein. – Im gewöhnlichen Leben hat der Mensch nur eine Intuition, das ist diejenige des ‚Ich' selber. Denn das ‚Ich' kann auf keine Weise von außen wahrgenommen werden, es kann nur im Innern erlebt werden. ... Und so lebt man durch die intuitive Erkenntnis in allen Dingen. Die Wahrnehmung des eigenen ‚Ich' ist das Vorbild für alle intuitive Erkenntnis. Um so in die Dinge hineinzukommen, muss man allerdings erst aus sich selbst heraustreten. Man muss ‚selbstlos' werden, um mit dem ‚Selbst', dem ‚Ich', einer anderen Wesenheit zu verschmelzen."*[273] (Wie das möglich ist, haben wir am Beispiel der meditativen Übung im Kap. 3.2 gesehen.) Wenn das Ich so in die Farben und Formen, die Bewegungen, Lebenserscheinungen und Seelenäußerungen der Weltwesen eintaucht, sie in sich nachschafft, dann enthüllen sie ihm ihre seelischen und geistigen Eigenschaften. Dann versteht man: *„Die Seelen- und Geisteswelt sind nichts neben oder außer der physischen, sie sind nicht räumlich von dieser getrennt. So wie für den operierten Blindgeborenen die vorherige finstere Welt in Licht und Farben erstrahlt, so offenbaren dem seelisch und geistig Erweckten Dinge, die ihm vorher nur körperlich erschienen waren, ihre seelischen und geistigen Eigenschaften."*[274] Anthroposophische Geist*erkenntnis* ist phänomenorientierte (weltzugewandte), empathisch-geistige *Tätigkeit*.[275]

Für das anthroposophische Verständnis ist also ‚Geist' die lebendige, wesenhafte *Identität* von (Vorstellungs-)Inhalt und Willenstätigkeit, von Gesetz und Kraft (Abb. 72, nächste Seite).

Es ist ganz wunderbar, wie sich die Trennung in Vorstellungs- und Willensleben und ihre Vereinigung in der Geist-Erkenntnis konkret in der menschlichen Gestalt ausdrücken! Kopf und Glieder, Vergangenheit und Zukunft stellen die Pole dar, in die der Mensch die einheitlich strömende Wirklichkeit auseinanderlegt, während in der atmenden und pulsierenden Durchdringung der Polaritäten die Gegenwart als lebendige, niemals end-

---

273 Steiner (1905), S. 23.

274 Steiner (1904), S. 94.

275 Man erzeuge z. B. einmal den Eindruck ‚Rot' als Vorstellung, und zwar in derselben Intensität, Präsenz und Lebendigkeit, in der man ihn durch das Auge empfangen würde. Es dauert dann nicht lange, bis man auf das Seelische und schließlich Geistige des Rot aufmerksam wird.

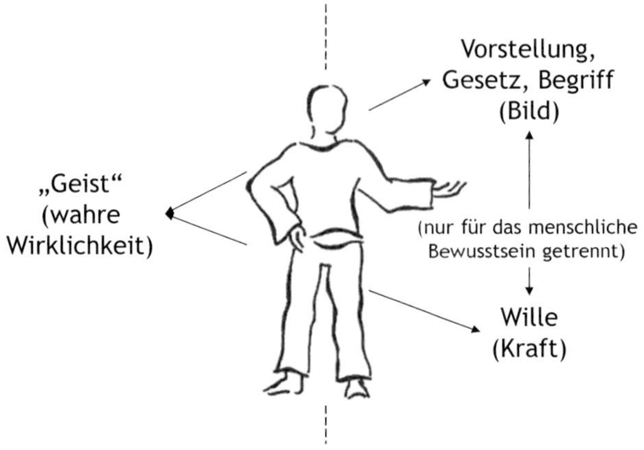

Abb. 72. Zum Geistbegriff der Anthroposophie.

gültig festzulegende Wirklichkeit in der Begegnung zwischen Mensch und Welt immer wieder neu geschaffen und erlebt wird.

In diesem Buch wurde ein Zusammenhang zwischen den Erscheinungen der Evolution (dem Menschen und den fossilen und rezenten Tierarten), den Gesetzmäßigkeiten, nach denen man sie ordnen kann, und den Kräften, die die Evolution vorangetrieben haben, skizziert. Die Erscheinungen und Gesetze erfasst man als Vorstellungs- bzw. Gedankeninhalte, die wirksamen *Kräfte* erlebt man in dem und durch den eigenen, selbstlos in die Phänomene ‚hineinschlüpfenden' Willen. Der erlebte Zusammenhang beider Pole offenbart die Evolution als ein geistiges Geschehen, das sich auf dem Schauplatz des Bewusstseins immer wieder neu zur gegenwärtig erlebten Wirklichkeit gestaltet.

9.3 Die Entdeckung der Langsamkeit – der Mensch in der Zeit

Von allen Primaten ist der Mensch das Wesen, das sich am *langsamsten* entwickelt und am längsten lebt. Die gleichen körperlichen Entwicklungsschritte dauern bei ihm viel länger als bei den Affen (Abb. 73) und bei anderen Tieren. Die stark gedehnte Jugendzeit bringt es mit sich, dass das instinktive Lernen der Tiere beim Menschen durch soziale Nachahmung und kulturelles Lernen ersetzt werden – eine heute von der Wissenschaft allgemein akzeptierte Tatsache, auf deren fundamentale Bedeutung für die Menschwerdung Friedrich Kipp bereits 1980 ausführlich hingewiesen hat.[276]

[276] Kipp (1980).

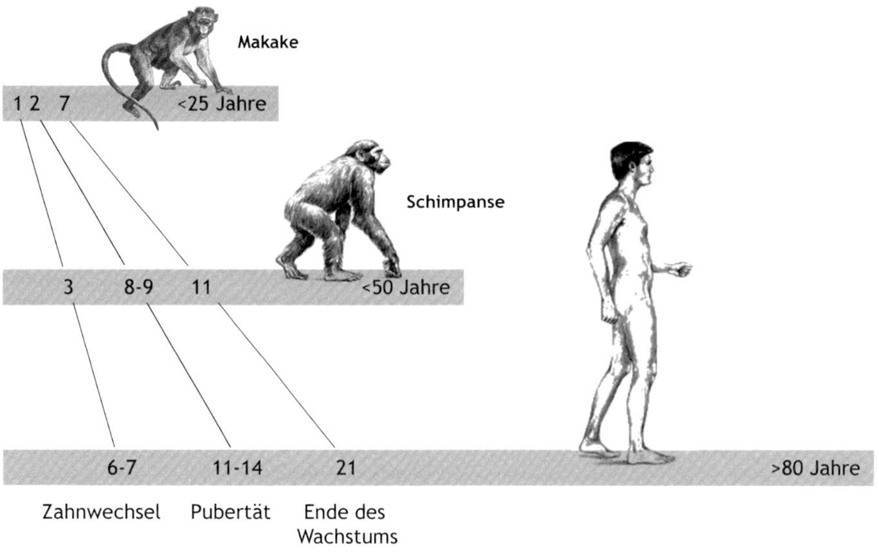

Abb. 73. Unterschiedliche Dauer vergleichbarer Entwicklungsschritte bei Mensch, Schimpanse und Makake.[277]

Interessanterweise entwickelten sich auch frühe Menschenformen (*Australopithecus*, *Homo erectus*, *Homo neanderthalensis*) deutlich schneller als der Jetztmensch.[278]

Man findet also einen Zusammenhang von Lebenserwartung, zeitlicher Entwicklungsverzögerung und Menschwerdung: Je langsamer sich ein Primat entwickelt, desto länger lebt er, und desto ähnlicher ist er dem heutigen Menschen (Abb. 74, nächste Seite). Insbesondere zeitlich gesehen ist es also wahr, dass die Entwicklung des Menschen retardiert ist. Man kann sagen: *Menschwerdung bedeutet Verlangsamung, Dehnung der Zeit.* Die oben dargestellte ‚Verjugendlichung' der Schädelformen zeigt ebenfalls diesen Tatbestand: Morphologische Retardation bei zeitgedehnter Ontogenese.

Erhöhte Entwicklungsgeschwindigkeit bedeutet, dass beim Tier (bzw. bei Frühmenschen) ähnliche Merkmale in kürzeren Abständen aufeinander folg(t)en, oder umgekehrt, dass der moderne Mensch mehr Zeit für seine Entwicklung hat; seine Zeit ist inhaltlich weniger erfüllt. Seelisch drückt sich diese Tatsache darin aus, dass der Mensch – im Gegensatz zum Tier – Langeweile haben kann. Beim Tier ist das Innenleben ganz den äußeren (leiblichen) Eindrücken hingegeben, mit ihnen verwachsen. Beim Menschen emanzipiert es sich. Und ist nicht Langeweile eine der wichtigsten Anlässe

[277] Vgl. Robson und Wood (2008). Die Lebenserwartung für wildlebende Schimpansen liegt bei nur 15 Jahren! Hill (2001).
[278] Siehe Anhang, S. 217.

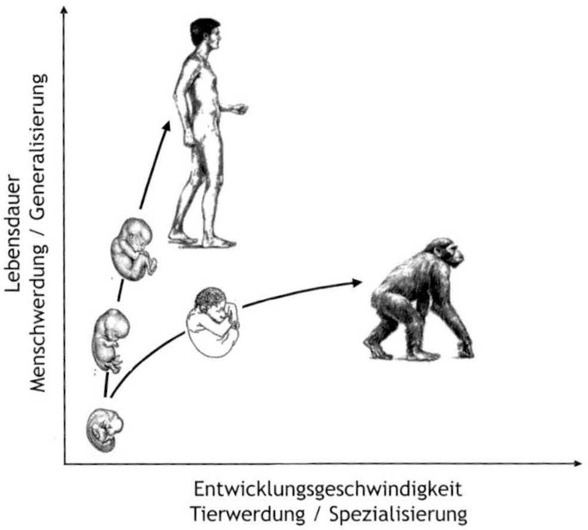

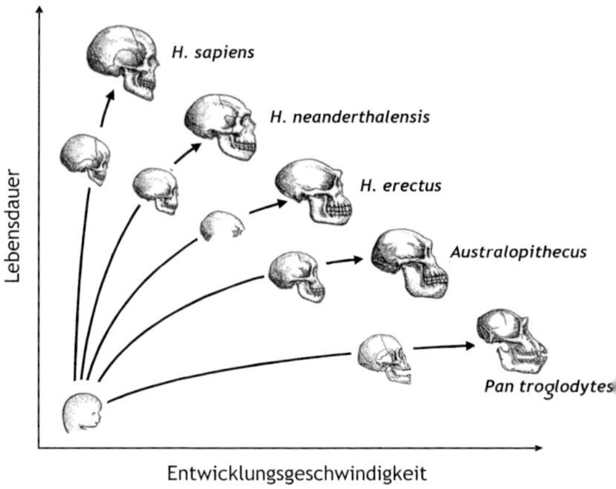

Abb. 74. Zusammenhang von Entwicklungsgeschwindigkeit und Lebensdauer beim Jetztmenschen, bei Frühmenschen und beim Schimpansen (*Pan troglodytes*). Der ungeborene Schimpanse sieht dem erwachsenen Menschen ähnlich, die jugendlichen Schädelformen den jeweils höherentwickelten erwachsenen.

kultureller Schöpfung, indem man sich nun mit Spiel, Erzählung, Kunst und anderem mehr die Zeit vertreibt?

Wie sich der Mensch durch die Aufrichte aus der Verquickung mit der *physischen* Umgebung löst und zur räumlichen Überschau gelangt, so erhebt er sich durch seine verlangsamte Entwicklung *seelisch* aus der dahinströmenden Zeit und erlangt die freie Überschau über Vergangenheit, Gegenwart und Zukunft. Es ist ja gerade charakteristisch, dass er ein Bewusstsein seiner Herkunft und Tradition sowie seines aus der Zukunft auf ihn zukommenden Todes entwickelt.[279]

Im ZEITKREUZ können diese Zusammenhänge in bildlicher Überschau erfasst werden. Aus der lebendig sich wiederholenden Vererbungslinie stammen sowohl der Keim des Menschen wie der der Affen. In der Entwicklung zum Tier schiebt sich ein aus der Zukunft kommendes Seelisches in diesen Lebensstrom herein und verkörpert sich in der tierischen Gestalt. Im Menschen wird *diese* Verkörperung partiell zurückgehalten; das Seelische bleibt frei beweglich und kann in den inneren Verfügungsbereich des Ich eintreten.[280] *Die Anwesenheit des Ich im Leib hat eine räumlich*

[279] Im Lauf der Menschheitsevolution sind Bestattungsriten, die auf eine Zukunftserwartung nach dem Tod deuten, erstmals bei Neanderthalern und *Homo sapiens* – wohl frühestens vor 120 000 Jahren – bekannt. Möglicherweise konnte der früher lebende und sich noch sehr schnell entwickelnde *Homo erectus* noch keine bewusste Zukunftserwartung ausbilden?

[280] Rudolf Steiner schrieb: „*In dem astralischen Leibe* [vgl. Kap. 4.6 und Fußnote 147,

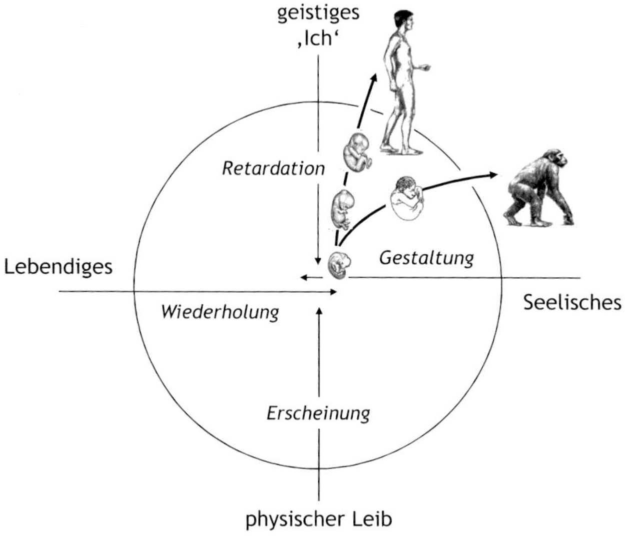

Abb. 75. Tier und Mensch im ZEITKREUZ.

aufrichtende, zeitlich verlangsamende (retardierende) und morphologische ‚verjugendlichende' Wirkung. Die Evolution der Menschenaffen und frühen Menschenformen bereitete den Einzug des Ich in den physischen Leib vor und kündigte ihn bereits an.

9.4 Die geistige Wirklichkeit der Evolution …

Die Evolution ist ein Prozess zunehmender Diversifizierung. In unserer Betrachtungsweise erscheinen die Tiere als seitliche Abzweigungen, während der zentrale Entwicklungsstrom zum Menschen führt. Nun ist es ein für die Evolutionsforschung verwirrendes Problem, dass man im Grunde keine Gabelungs- oder Stammformen findet, die *genau diejenigen* Stellen im evolutionären Stammbaum besetzen könnten, an denen sich zwei Entwicklungslinien voneinander trennen; die Abzweigungsstellen bleiben ‚gestrichelt'. Man kann wohl sagen, dass die eine fossile Form ein Vorläufer einer anderen sei, weil bei ihr Eigenschaften auftreten, die im Nachkommen

S. 106] *ersteht die tierische Gestaltung nach außen als ganze Gestalt und nach innen als Gestaltung der Organe. … Wird diese Gestaltung bis zu ihrem Ende geführt, so bildet sich das Tierische. Beim Menschen wird sie nicht zu Ende geführt. Sie wird in einem gewissen Punkte ihres Weges aufgehalten, gehemmt. … sie wird in den Bereich einer weiteren Organisation hineingezogen. Man kann diese die Ich-Organisation nennen.*" Steiner (1925), S. 35 ff.

wieder da sind, aber genau genommen stellt auch jede Vorläuferform immer einen Seitenzweig, nur auf früherer Stufe, dar. Glaubt man, eine Gabelungsform gefunden zu haben, so erweist sie sich bei näherer Analyse regelmäßig als in der einen oder anderen Richtung zu spezialisiert, um *gemeinsamer* Ausgangspunkt für zwei divergierende Linien sein zu können.[281] Man kann zwar durch typologischen Vergleich die Eigenschaften gemeinsamer Vorfahren extrapolieren, aber man findet diese Formen nicht fossil.

Im ersten Kapitel hatten wir dieses Problem schon bei der Besprechung der Homologien berührt: Alle Gliedmaßen der Vierfüßler sind nach demselben Modell gebildet. Dieses ‚Modell' denkt der Darwinismus als einen physischen Vorfahren. Aber die Füße der fossilen Formen sind zu speziell, um den Archetypus repräsentieren zu können! *Die Gabelungs- oder Stammformen zweier Evolutionslinien dürfen nicht materiell vorgestellt werden. Sie sind nichts anderes als ihr gemeinsamer Typus, der nur ideell zu erfassen ist.*

Womit hat man es denn als Evolutionsforscher tatsächlich zu tun? Was sind die beobachtbaren Daten, die dann durch Gedanken verbunden werden? – Doch nichts anderes als die *gegenwärtig* als Phänomene vorliegenden, lebenden oder fossil erhaltenen Tiere. Man gruppiert sie in ein hierarchisches System. Dann stellt man die Formen in einen als real gedachten Zusammenhang, indem man sie als Ergebnisse gemeinsamer Abstammung interpretiert. Man fügt damit den Gedanken der Zeit zu den wahrnehmbaren Phänomenen hinzu. Streng genommen ist *der Evolutionsgedanke aber nichts anderes als die lebendige, typologische Denkbewegung*, durch die man die beobachtbaren Formen in einen umfassenden Zusammenhang stellt. Die Zeit, das ist eine fundamentale Erkenntnis, kann man nicht sehen; sie ist ungegenständlich und daher nur innerhalb des erkennenden Bewusstseins zu erfassen. Die Rätselfragen der Evolution lösen sich, wenn man die ‚gemeinsamen Vorfahren' und Gabelungsformen nicht in physisch-gegenständlicher Form sucht, sondern das Denken der Evolution so substantiiert, dass man die Wirklichkeit der typologischen Formverwandlung in der Zeit geistig-anschauend erlebt.

Blicken wir mit diesem Gedanken noch einmal auf Abb. 56, S. 151 zurück. Der zentrale Entwicklungsstrom der Menschwerdung zeigt sich

[281] Ein Beispiel ist die im Frühjahr 2009 mit großem Presseaufwand veröffentlichte Beschreibung eines frühen Primatenfundes aus der Grube Messel bei Darmstadt. Das als ‚Ida' bekannt gewordene Tier der Art *Darwinius masillae* gleicht in seinem ganzen Habitus einem niederen Affen aus der Gruppe der Feuchtnasen, zu denen die Lemuren gehören, sollte aber, weil ihm bestimmte Merkmale der Lemuren fehlen, zu den Trockennasen gehören, die den höheren Affen und schließlich dem Menschen vorangingen. Eine echte Gabelungsform also? – Die genaue Analyse des Fundes ergab jedoch, dass ‚Ida' ein Feuchtnasenaffe ist, dem die fehlenden Merkmale wahrscheinlich verloren gegangen sind.

dann nicht als physischer, sondern als geistiger Prozess! Physisch erscheinen nur die Seitenzweige als gegenwärtige, lebende oder fossilisierte Organismen. Die gemeinsame Abstammung ist ein geistiger Zusammenhang. Vererbung ist ein zeitliches und damit geistiges Geschehen. Die materiellen Erscheinungen der Organismen sind nur vom Gegenstandsbewusstsein eingefangene (weil festzuhaltende) Ausschnitte aus dem kontinuierlich fließenden Strom der Zeit.

So blickt der Mensch auf die Tiere, die ihn umgeben, und er erkennt *zwischen* ihnen als Ordnung und gemeinsames Band die *Zeitwirklichkeit*, die ihn selbst hervorgebracht hat. Im Rückblick auf die Evolution schaut sich der Mensch als geistiges Zeitwesen selbst an. Die Teile hab ich in der Hand, das geistige Band – bin ich selbst! Geht man bis in die tiefste Willensschicht der Intuition zurück, in der das Erkennen des geistigen Subjekts, sein Leib und die Tiere miteinander verbunden sind, in der Subjekt und Objekt(e) ganz zusammen fallen, dann schaut man die Phylogenese nicht nur im Doppelstrom der Zeit, sondern erlebt: ‚*Ich bin die Evolution.*‘[282] –

Herder erschienen die Tiere wie der im Raum auseinander gelegte Mensch, Darwin erkannte die alle Organismen verbindende Zeitwirklichkeit. Der herdersche Gedanke wird verständlich, wenn das seelische Erleben (die ‚Anmutung‘, wie wir es nannten), das die Beobachtung von Tieren immer unbemerkt begleitet, zur Selbstanschauung erwacht. Dann zeigt sich der Mensch als ein Kompendium der Tierwelt: Die Kraft und Ruhe des Löwen, die Erregbarkeit des Pferdes, die Sturheit des Esels, die Verspieltheit des Schimpansen leben (in abgeschwächter Form) auch in uns. Und so, wie Herders Gedanke im seelischen Erwachen lebendig wird, so wird Darwins Gedanke geistig konkret, wenn das denkende Ich zur Selbstanschauung kommt: Dann findet es sich als die gemeinsame, zeitlich-strömende Geistwirklichkeit allen irdischen Lebens.

Man muss eben immer wieder neu berücksichtigen, dass der ‚geistige Evolutionsstrom‘ in seiner Wirklichkeit nur im Erleben des Denkens erfah-

---

[282] Vor kurzem wurde das 100-jährige Jubiläum eines Vortrages begangen, den Rudolf Steiner 1911 auf einem internationalen philosophischen Kongress in Bologna hielt. Er stellte dort die Frage nach der Verortung des menschlichen Ich: Es sei nicht im Leib zu suchen, sondern in die Gesetzmäßigkeiten der Dinge zu verlegen. Der Leib und insbesondere das Gehirn wirkten nur als ein lebendiger Spiegelungsapparat zur Bewusstwerdung: „*Man wird … zu einer besseren Vorstellung über das ‚Ich‘ erkenntnistheoretisch gelangen, wenn man es nicht innerhalb der Leibesorganisation befindlich vorstellt, und die Eindrücke ihm ‚von außen‘ geben lässt; sondern wenn man das ‚Ich‘ in die Gesetzmäßigkeit der Dinge selbst verlegt, und in der Leibesorganisation nur etwas wie einen Spiegel sieht, welcher das außer dem Leibe liegende Weben des Ich im Transzendenten dem Ich durch die organische Leibestätigkeit zurückspiegelt.*“ Steiner (1911), S. 111 ff. – Dieser Gedanke ist hier für das Verhältnis des Ich zur organischen Entwicklungsgeschichte durchgeführt.

ren werden kann. Der ‚Geist' ist nicht irgendwo außerhalb des Ich in einem Jenseits zu suchen! Das Ich ist kein Zuschauer der Welt, sondern Schauplatz, auf dem sich die Wahrnehmungseindrücke der Sinne und die im Denken erlebten Geistinhalte im Doppelstrom der Zeit begegnen und durchdringen. Die Wirklichkeit wird im Erkennen nicht nachgebildet, sondern von Augenblick zu Augenblick neu geschaffen.

9.5 … erscheint im Menschen in physischer Gestalt

Durch die Aufrichte sind die oberen Gliedmaßen des Menschen nicht mehr an eine bestimmte Umgebung gebunden. Sie zeigen keine Spezialisierungen mehr, wie es noch bei den Affen für das Hangeln und den Knöchellauf der Fall ist. Arm und Hand des Menschen bleiben primitiv. Sie verkörpern deshalb die *Urform* der Wirbeltiergliedmaße, und das in einem doppelten Sinn. Denn zum einen bilden sich die Gliedmaßen aus einer embryonalen Anlage, die bei allen vierfüßigen Wirbeltieren ähnlich gestaltet ist. Während sich die tierischen Glieder mehr oder weniger weit von diesem gemeinsamen Ursprung entfernen, bleibt die menschliche Hand der embryonalen Ausgangsform am ähnlichsten. Durch diese Primitivität ist sie nun zugleich *universell*; mit ihrer Hilfe kann der Mensch alles das (und vieles mehr) erreichen, was auch die Tiere können (unter Einsatz technischer Geräte, die er wiederum mit seinen Händen fertigt). Gerade, weil sie unspezialisiert bleibt, wird die Hand zum kulturschaffenden Werkzeug per se und dient dem Menschen nicht nur im Handeln, im Geben und Empfangen, sondern auch im Zeigen, in Symbolik und Gestik zum Ausdruck seines seelisch-geistigen Innenlebens. Die Hand ist vielleicht dasjenige Organ, in dem das menschliche Ich am meisten zum Ausdruck kommt.[283]

Zum anderen entspricht die Hand dem Archetypus der Tetrapodengliedmaßen (vgl. Abb. 1, S. 24). Sucht man nämlich die gemeinsame Grundform, so kommt man zu einem Schema wie in Abb. 76 in der Mitte dargestellt. Das ist zunächst eine Abstraktion. Doch der abstrakte Archetypus *erscheint* in der menschlichen Form! Fasst die Hand des Menschen nicht alles in sich zusammen, ist sie nicht das gemeinsame Urbild, das in den Gliedmaßen der Tiere in spezialisierte Formen ausgeflossen, in die verschiedensten Lebensräume hineingestaltet ist? Aus der Hand kann man durch Anpassung an bestimmte Umwelten die spezialisierten tierischen Gliedmaßen ableiten,

[283] Man freut sich, wenn man, durch eigene Forschungstätigkeit zu solcher Anschauung vorgedrungen, dann bei Rudolf Steiner auf eine Bemerkung stößt wie: *„Es gibt kein schöneres Sinnbild der menschlichen Freiheit als die menschlichen Arme und Hände."* Steiner (1919c), S. 104. Vgl. auch Schmalenbach (2008).

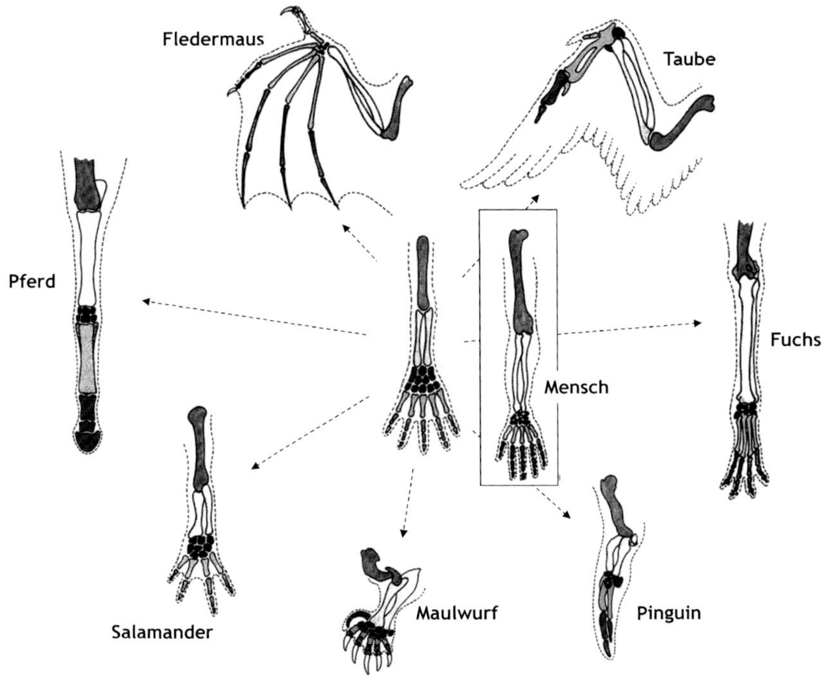

Abb. 76. Arm und Hand des Menschen kommen dem ideellen Archetypus der Wirbeltiergliedmaße am nächsten.

aber aus Letzteren nur durch Ent-Spezialisierung die menschliche Universalität.[284, 285]

Der Typus kommt in der Hand dadurch zur Erscheinung, dass sie auf einer frühen Entwicklungsstufe stehen bleibt. In diesem Zusammenhang von Entwicklungsverzögerung und typologischer Urbildlichkeit liegt ein Grundmotiv der Menschwerdung. Eben weil die Hand – durch die Aufrichtung – nicht in spezialisierte physische Aufgaben hineinwächst, kann sie die urbildliche Gestalt verkörpern, *die nicht von äußeren Umständen, sondern allein von inneren Bildungsprinzipien bestimmt ist.* Diese Prinzipien sind in der Evolution angelegt, aber sie werden in den Tieren durch Verquickung

[284] Vgl. Poppelbaum (1928).

[285] Arm und Hand des Menschen stellen auch in proportionaler Hinsicht eine urbildliche Form dar, denn die Längen ihrer einzelnen Glieder verhalten sich zueinander im Goldenen Schnitt, so wie der Arm zum Körper, aber auch die Hand mit ihren Gliedern. György Doczi schrieb dazu in seinem schönen Buch ‚Die Kraft der Grenzen', dass *„alle Teile des menschlichen Körpers zueinander in harmonischen Verhältnissen* [des Goldenen Schnitts, Anm. C.H.] *stehen. So entsprechen die Längenverhältnisse der Hand zum Arm und Torso … den Verhältnissen des Kopfes zum Nacken, zum Torso, zu Beinen und Füßen. … So kann man die Hand als einen Mikrokosmos ansehen, der den Makrokosmos des Körpers widerspiegelt."* Doczi (1981).

mit der physischen Umwelt gleichsam überwuchert – im Menschen kommen sie zur Erscheinung.

Auch der Kopf wurde durch die Aufrichte vom unmittelbaren Umweltkontakt befreit. Der Gesichtsschädel und die Kieferregion bleiben in ihrem Wachstum zurück, dafür aber ist das Gehirn *als Organ des unspezialisierten Innenlebens* stark vergrößert. Ähnlich wie bei der Hand ist auch beim Schädel die Spezialisierung zugunsten einer Generalisierung retardiert. Das menschliche Gehirn bleibt länger embryonal, denn das starke Hirnwachstum und die neurologische Vernetzung, die bei den Tieren mit der Geburt mehr oder weniger abgeschlossen sind, werden beim Menschen noch weit über die Embryonalzeit hinaus erhalten.[286] (Viele weitere Merkmale des menschlichen Körpers, die unspezialisiert und ‚jugendlich' sind, findet man bei Jos Verhulst beschrieben.[287])

In der Literatur wird oft der Ausdruck *Verjugendlichung* (*Neotenie*) oder *Retardation* für die menschliche Gestaltbildung verwendet. Aber der Mensch bleibt nicht nur länger jugendlich als die Affen, also plastischer, lernfähiger, sondern in seiner ganzen Gestaltung auch *näher zur gemeinsamen archetypischen Form.* Man kann auch wie Richard Owen von einer *Inkarnation des Typus in der menschlichen Gestalt* sprechen: Die Tiere ent-

Abb. 77. Ein neugeborener Makake in der Hand eines Menschen. Man beachte das alt aussehende Gesicht und die verblüffende Menschenähnlichkeit der Hand (aus Wikipedia[288]).

[286] Vgl. z. B. Somel et al. (2009), Liu et al. (2012).
[287] Verhulst (1999).
[288] en.wikipedia.org/wiki/Catarrhini.

wickelten sich, *„geführt vom archetypischen Licht, bis hin zum Erscheinen der [archetypischen] Idee im herrlichen Gewande der menschlichen Form.“*[289] Der Archetypus ist kein abstraktes Schema, sondern lebendige, erfahrbare Wirklichkeit! Gott ist Mensch geworden.

Schließlich werden auch die *Beine und Füße* des Menschen nicht durch äußere (adaptive), sondern aus inneren Kräften gestaltet.[290] Hören wir dazu noch einmal Wolfgang Schad: *„Verblüffend ist immerhin, dass der Mensch sich als ein besonderes Gliedmaßenwesen erweist. ... Nicht [nur in der] Gehirnausbildung, die natürlich da ist, ... sondern gerade in seiner Gliedmaßenorganisation [liegt] etwas ganz eminent Menschliches. Die oberen Gliedmaßen werden bezeichnenderweise von der Fortbewegungsfunktion gänzlich frei. Worin aber zeigt sich die besondere Gliedmaßenorganisation in Bein und Fuß? Bei den meisten Tieren beobachten wir, dass die der Fortbewegung dienenden Gliedmaßen so spezialisiert sind, dass die körpernahen Abschnitte relativ kurz bleiben, die peripheren hingegen sich ausgesprochen in die Länge ziehen. Bei einem Pferdebein ist der Oberschenkel ziemlich kurz, der Unterschenkel schon etwas länger, hoch oben liegt die Ferse, an die sich ein kräftig ausgebildeter Mittelfuß anschließt, von dem die meisten Strahlen reduziert sind. Wir haben beim Pferd nur noch einen sehr langen Strahl, dessen Fingerknochen ebenfalls ausgesprochen kräftig, dick und lang gezogen ist und in dem gewaltigen Huf endet. Diese Gliedmaße ist für die Stand- und Laufbewegungsfunktion eben in den umweltnahen Abschnitten hoch spezialisiert. In den Gliedmaßen, die den Organismus innerhalb seiner Umwelt räumlich bewegen, verschränken sich funktionell Organismus und Umwelt so, dass beim Tier der funktionelle Anteil der Umwelt sich in den peripheren Anteilen der Gliedmaßen bis in die morphologische Gestaltgebung durchsetzt. Auch bei der Fledermaus sind die körpernahen Gliedmaßen relativ kurz, die Fingerknochen werden ungeheuer lang, zwischen denen sich dann die Flughaut ausspannt usw.*

Das menschliche Bein hingegen besitzt im Oberschenkelknochen den längsten Röhrenknochen des Leibes. Schien- und Wadenbein sind auch noch recht lang, die umweltnahen Gliederteile indessen sehr verkürzt und zusammengezogen, sodass die Zehen in einem ungewöhnlichen Maße zurückgestaut werden. Die große Zehe liegt eng am übrigen Fuß. – Der Affe hat verkürzte Oberschenkel und opponierbare große Zehen, also am Bein mehr Hände als Füße: sein Gliedmaßensystem ist noch biotopgebundener. Der Bär läuft zwar auf gut ausgebildeten Fußsohlen, und doch zeigen die

---

[289] Owen (1849).

[290] Man kann sich darüber streiten, ob Bein und Fuß des Menschen spezialisierte Anpassungen an den aufrechten Gang oder eine retardierte und damit generalisierte Embryonalform darstellen. Vgl. z. B. Verhulst (1999). Doch ist der aufrechte Gang selbst eben *keine* Anpassung!

relativ kurzen Oberschenkel und die langen Krallen wiederum die fehlende Eigenständigkeit. – Gerade durch die besonders starke Zurückstauung der peripheren Fußanteile entsteht beim Menschen eine Bewegungsorganisation, die zeigt, dass sie nicht von der Umwelt, sondern vom Organismus her gebildet worden ist. In der besonderen Beinlänge und Fußkürze spricht sich gestaltlich die Emanzipation aus, die uns ermöglicht, frei von allzu einengenden Bedingungen der Umwelt zu gehen.“[291]

Die menschliche Leibesgestalt ist nach inneren Prinzipien, nicht aus Anpassung an äußere Lebensumstände gebildet. Die leibliche Verquickung mit der physischen Umwelt ist zurückgestaut. Ernst-Michael Kranich formulierte genial: *„Der Leib der Tiere ist an die Umwelt angepasst, der Leib des Menschen an das ‚Ich'.*“[292]

Richard Owen suchte den Ursprung des Wirbeltierarchetypus in den Gedanken eines jenseitigen Schöpfergottes (Kap. 1.2). – Dieser platonisierende Idealismus führt den Menschen von der Erde und von sich selbst fort. Er macht zwar sehend, aber was man sieht, ist nur eine abstrakte Illusion. Charles Darwin wollte ‚auf dem Boden der Tatsachen' bleiben. Doch hatte er den Sinn für die Urbildlichkeit der menschlichen Gestalt verloren. Sie war ihm eine unter vielen, physisch von einem gemeinsamen Vorfahren abgeleitet wie alle anderen auch. Er hatte sich als geistiges Wesen selbst ganz vergessen. Die materialistische Weltsicht macht blind.

Wir erblicken dagegen den Quellpunkt und Archetypus der Evolution nicht in einem fernen Jenseits, nicht in den erdachten Intentionen eines unerkennbaren Schöpfergottes, und auch nicht im blinden Zufall, sondern im Menschen selbst, dessen inneres, autonomes Wesen urbildhaft in seiner äußeren Gestalt und deren Bildungsprinzipien erscheinen. Der Kopf, die Hand, Bein und Fuß, ja die ganze menschliche Gestalt sind nicht ein Ausdruck äußerer Notwendigkeit, sondern innerer, sich selbst setzender Freiheit. Der Mensch ist nicht am besten von allen Wirbeltieren angepasst, sondern am wenigsten. Sein Urbild ist die Freiheit. Charles Darwin hatte Recht, indem er Entwicklung dachte, aber Unrecht, indem er *den Menschen* übersah.

Wir können nun die Phylogenese ebenso auffassen, wie wir das in Kap. 3 für die Ontogenese gezeigt haben: Im lebendigen Denken, das innerlich tätig von einer Form zur nächsten übergeht, das die Verwandlungsbewegungen zwischen den Formen selbst aktiv vollzieht. Wir können unser Auffassen des Evolutionsgeschehens in Fluss bringen, können innerlich in die Zeitprozesse eintauchen, die sich als Metamorphosen in der Evolution ereigneten. Wir vollziehen dann für die Evolution dasselbe, was Goethe für die Verwandlungen der Pflanze leistete (vgl. Abb. 17, S. 69). Dann gilt:

---

[291] Schad (1985 a).
[292] Kranich (1999), S. 84.

- Die einzelnen Formen (ob fossil oder rezent) erscheinen physisch-gegenständlich.
- Durch innere Tätigkeit bringen wir sie in einen Verwandlungszusammenhang, der ihr Werden aus der Vergangenheit in die Zukunft verfolgt.
- Diese Tätigkeit orientiert sich an einem Wissen um den ganzen Evolutionszusammenhang, sodass die nächsten Stufen immer schon implizit gewusst sind, bevor sie in innerer, fortschreitender Metamorphose-Tätigkeit erreicht werden – der Zeitstrom aus der Zukunft.
- Alles ist durchdrungen und überstrahlt von einer übergeordneten Idee des Ganzen, die immer mehr zur physischen Erscheinung kommt (Abb. 78). Und diese Idee *erleben* wir als unser geistiges und leiblich verkörpertes Ich.

Für die Ontogenese eines einzelnen Lebewesens ist die übergeordnete Idee die Art. Sie ist in allen einzelnen Entwicklungsstadien anwesend, aber erscheint am meisten physisch ausgeprägt im voll ausgewachsenen Organismus. Die übergeordnete Idee der Evolution, die alle einzelnen Formen durchdringt, ist der *Mensch. Er ist das Alpha und Omega der Evolution, von Anfang an ihr geistiges Prinzip, am Ende selbst in physischer Gestalt erscheinend.*

Nun ist es ein nahe liegender Einwand gegen einen solchen Vergleich von Ontogenese und Phylogenese, dass man bei der Ontogenese aus Erfahrung wisse, wie es von einem zum nächsten Entwicklungsstadium weitergehe; bei der Phylogenese sei das nicht der Fall, denn sie wiederhole sich nicht. Man

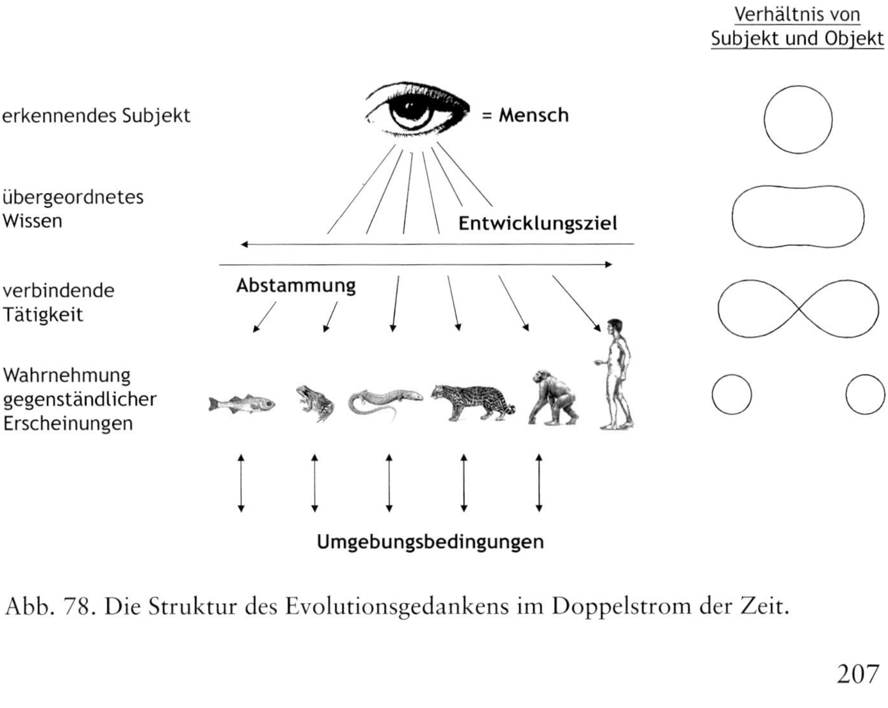

Abb. 78. Die Struktur des Evolutionsgedankens im Doppelstrom der Zeit.

weiß, dass aus einer Kaulquappe ein Frosch werden kann, aber man könnte niemals aus der Beobachtung eines urzeitlichen Fisches vorhersagen, dass er eine Stufe auf dem Weg zum Menschen repräsentiert.

Aber ich sage es noch einmal: Ich kann mich nicht an die Stelle eines Urfisches versetzen ohne das zumindest implizite Wissen, dass er einen Schritt der Menschwerdung verkörpert, denn *ich bin es ja selbst*, der hier tätig ist. Zu sagen: Aus der Fischstufe kann man den Menschen nicht vorhersagen, ist einerseits ebenso richtig, wie es andererseits auf einer Verkennung des *realen Geschehens* beruht, das diesem Gedanken zugrunde liegt. Wenn ich Evolution denke, dann bin *ich* es, der sie denkt. Ich gehöre als erkennender Mensch zur Evolution dazu und kann sie immer nur im Rückblick, aus der Perspektive des eigenen Erkennens und auf dieses zulaufend, betrachten. Die Naturwissenschaft würde wieder eine Verbindung zwischen der Natur und dem Menschen finden (und viele ihrer Rätselfragen beantworten können), wenn sie aufhörte, ihr wesentlichstes Kapital zu ignorieren: den erkennenden Menschen.

Ich bin ein Ergebnis der Evolution, und zugleich ihr Schauplatz. Ich bin Mit-Schöpfer der Welt, und zugleich ihr Bild. Der Mensch ist Punkt und Umkreis in Einem. Wer den Menschen erfasst, erfasst das innere Prinzip der Welt.[293]

Rudolf Steiner fasste seine Auffassung der Evolution folgendermaßen zusammen: „*Die imaginative Anschauung* [d. h. das willenshaft sich identifizierende und zugleich verstehende Erleben der Welterscheinungen] *brachte mir die Erkenntnis, dass in Urzeiten in geistiger Realität ganz anderes Wesenhaftes vorhanden war als die einfachsten Organismen. Dass der Mensch als Geist-Wesen älter ist als alle andern Lebewesen, und dass er, um seine gegenwärtige physische Gestaltung anzunehmen, sich aus einem Weltenwesen herausgliedern musste, das ihn und die andern Organismen enthielt. Diese sind somit Abfälle der menschlichen Entwickelung; nicht etwas, aus dem er hervorgegangen ist, sondern etwas, das er zurückgelas-*

---

[293] Bei Friedrich Wilhelm Joseph Schelling findet man Gedanken über das Leben und die Evolution, die den hier vertretenen verwandt sind. So schrieb er, es sei „*unvermeidlich anzunehmen, dass der Mensch der Endzweck der organischen Schöpfung ist, also der produzierenden Tätigkeit schon auf den tiefsten Stufen vorgeschwebt hat*". Schelling (1861), Bd. X, S. 377. An anderer Stelle heißt es: „*Das höchste Ziel, sich selbst ganz Objekt zu werden, erreicht die Natur erst durch die höchste und letzte Reflexion, welche nichts anderes als der Mensch, oder, allgemeiner, das ist, was wir Vernunft nennen, durch welche zuerst die Natur vollständig in sich selbst zurückkehrt, und wodurch offenbar wird, dass die Natur ursprünglich identisch ist mit dem, was in uns als Intelligentes und Bewusstes erkannt wird.*" Schelling (1861), Bd. III, S. 341. Man könnte auch sagen, das geistdurchleuchtete Willenswesen des Welten-ICH erscheint innerlich als selbstbewusstes Menschen-‚Ich' und äußerlich als die den Menschen umgebende Natur.

sen, von sich abgesondert hat, um seine physische Gestaltung als Bild seines Geistigen anzunehmen. Der Mensch als makrokosmisches Wesen, das alle übrige irdische Welt in sich trug, und das zum Mikrokosmos durch Absonderung des übrigen gekommen ist, das war für mich eine Erkenntnis, die ich … in den ersten Jahren des neuen Jahrhunderts erlangte."[294]

Es könnte eine Zeit kommen, in der das, was hier am Ende steht, den Anfang jeder Darstellung der Evolution bildet. Von hier aus, von der geistig erfassten wahren Wirklichkeit des menschlichen Ich-Wesens ist Evolution neu zu begreifen. Alles was hier vorgebracht wurde, muss vom Gesichtspunkt der Geisterkenntnis aus betrachtet werden.

9.6 *Zusammenfassung*

In seiner ‚Kritik der Urteilskraft' beschrieb Immanuel Kant, wie der Mensch eine Zielrichtung (Zweckursache, Teleologie) in der Natur zwar für sein reflektierendes Verständnis der Organismen annehmen müsse, sie aber nicht als konstitutiven Bestandteil der sinnlich wahrnehmbaren Welt bestimmen könne (vgl. oben, Kap. 2.2, S. 36 ff.). Solange man im Zuschauerbewusstsein verharrt, kann man nicht finden, *wie* die Natur Zwecke, also aus der Zukunft wirkende Ursachen haben könne. Man muss dann entweder einen metaphysischen Weltgrund, einen jenseitigen Gott annehmen, dessen Geist solche Ursachen (wie?!) entstammen sollen, oder wie Darwin mit Zufall und Selektion argumentieren. Dann setzt man aber das Leben als teleologisches Prinzip voraus und braucht schließlich einen materiellen ‚Plan' (Gene), der die zielgerichteten Lebensprozesse erklären soll. Auf das Unzureichende dieses Konzepts habe ich hingewiesen. (Es wird auch inzwischen durch die Epigenetik widerlegt, die immer deutlicher zeigt, dass nicht nur die Gene den Organismus, sondern ebenso der Organismus seine Gene steuert und formt.[295]) Unter Voraussetzung des Lebens ist Darwins Erklärung organischer Gestaltbildung und Höherentwicklung allerdings nicht vollständig von der Hand zu weisen, solange man auf dem Standpunkt des Zuschauerbewusstseins verharrt. Doch setzt jede Erklärung der Evolution eben auch das erkennende Bewusstsein voraus. Berücksichtigt man dieses, so wird man auch bald auf seinen geistigen und physischen Träger, das ‚Ich' und die menschliche leibliche Organisation, verwiesen. Wer von beiden ist primär? Hier zeigt die konsequente Analyse, dass niemals Geist aus Materie hervorgehen, Physisches aber sehr wohl als eine andere Erscheinungsform von Geistigem angesehen werden kann. Wenn das Bewusstsein als Schau-

[294] Steiner (1923-25), Kap. XXX.

[295] Vgl. z. B. Bauer (2008), Kegel (2009).

platz der Welt erkannt und erlebt wird, wandelt sich dieser Gedanke zur Anschauung. Ist man so zum Primat des erkennenden Bewusstseins vorgedrungen (und erfährt man das erkennende ‚Ich' als sich selbst begründende und tragende Geistwirklichkeit), dann erscheint die ganze Fragestellung in einem neuen Licht. Denn jetzt braucht das teleologische Prinzip der Evolution nicht mehr *außerhalb* des erkennenden Ich-Wesens gesucht zu werden, sondern in ihm und dem von ihm umspannten Bewusstsein der Welt. Und da zeigt sich, dass die menschliche leibliche Organisation als ein *Ausdruck des Ich* verstanden werden kann: In ihrer dreigliedrigen Organisation (Kopf, Rumpf, Glieder) als Ausdruck der Seelenfähigkeiten des Denkens, Fühlens und Wollens, d. h. der seelisch-geistigen Fähigkeit, in gegenwärtiger (fühlender) Weltbegegnung Vergangenheit (denkend) und Zukunft (wollend) mit zu überschauen, und diese wiederum als Ausdruck der bewussten, intuitiven Begriffsinnigkeit des Ich. In seinen Wahrnehmungen steht das Ich der Außenseite der Welt gegenüber, in seinen Begriffen ist es mit ihrer Innenseite eins. So erkennt man das menschliche Wesen als Mikrokosmos und die Evolution von den Urzellen bis zum Menschen als das immer deutlichere Erscheinen des geistigen Menschenwesens in physischer Gestalt unter ‚Absonderung' des Welt-Wesens, das nun physisch erscheint. Die Tiere erscheinen dann als verfrühte, weil noch nicht ganz geistdurchdrungene, sinnlich-physisch gewordene Absonderungen aus der Evolution des Menschen.

9.7 Freiheit und Liebe im Doppelstrom der Zeit

Durch den Gedanken des Doppelstroms der Zeit könnte man meinen, dass die Zukunft vorherbestimmt wäre. Eine solche Ansicht würde den Menschen seiner Verantwortung für die Weiterentwicklung seiner selbst und der Welt entheben, und sie wird hier keinesfalls vertreten! Sie ergibt sich auch nicht aus dem Dargestellten. Denn vom aktuellen Erleben des Ich aus gesehen ist die Zukunft (zumindest teilweise) offen; unser Tun und Lassen wird den Weltfortgang entscheidend beeinflussen. – Umgekehrt könnte man aus der Tatsache der menschlichen Freiheit folgern, dass auch in der Evolution schon ‚Freiheitsgrade' geherrscht haben müssten, dass auch ihr Verlauf nicht determiniert gewesen sein könne. Meiner Meinung nach beruhen beide Auffassungen auf einer ungenauen Bestimmung des Ursprungs der Freiheit. In der Entwicklungsreihe der Tiere wird die Freiheitsfähigkeit zwar *veranlagt*, aber die Möglichkeit tatsächlicher Freiheit ergibt sich erst, wenn sich der Mensch der Welt gegenüberstellt und das Bewusstsein aus dem dahinströmenden Weltprozess herausfällt. Erst dann tritt die Trennung von Wahrnehmung und Begriff, von Wille und Vorstellung ein, die die Möglichkeit zu ihrer *freien* und verantwortlichen Wiedervereinigung gibt.

Im Licht der inneren Erfahrung erscheinen die Tiere als instinkthaft verkörperte Begierden. Im Menschen wird diese Verkörperung zurückgehalten und in den Bereich seines geistverbundenen Ich-Wesens gezogen. Der Kopf wird zum Organ geistiger Überschau und Erkenntnis, die Glieder bleiben unspezialisiert und ermöglichen die freie Wahl des Standpunkts, den freien Gang, das freie Handeln. Im Spannungsfeld zwischen Geist und Materie und im Bewusstsein der Grenzen seiner Existenz ist der Mensch verkörperte Freiheitsfähigkeit. Der Lebensstrom aus der Vergangenheit verwandelt sich in ihm in das *Licht* der Erkenntnis, der Gestaltungsstrom aus der Zukunft in die *Liebe* der hingebungsvollen Tat. – Eine in diesem Sinne aufgefasste Liebe kann nur aus Freiheit erwachsen. Die Welt ist des Menschen Schädelstätte, in der er nur deshalb, weil sie ihm ganz erstorben ist, *frei geschaffenes* neues Leben erzeugen kann. In Trennung und Tod erwacht das ‚Ich' und ruft sich, wenn es Lähmung und Schmerz überwinden kann, zum selbst gesetzten Neubeginn, zum wiederbelebenden Tun.

9.8 Die gemeinsame Struktur von Leben und Bewusstsein

Biologen beschäftigen sich mit dem *Leben*. Ganz gleich ob Morphologe, Systematiker, Ethologe, Ökologe, Physiologe, Genetiker oder Evolutionsbiologe – Biologen haben es mit dem *Leben* zu tun. Jede Biologin, jeder Biologe kennt die Begeisterung, die sie ergreift, wenn sich ihnen eine Einsicht in das *Leben* offenbart. Wir drücken es dann meist stammelnd mit Worten wie ‚Vernetzung', ‚System', ‚Komplexität', ‚Evolution' aus, aber die Sprache reicht kaum hin, um die innere Bewegung zu erfassen.

Ich habe hier zu zeigen versucht, was dem Verständnis des Lebens zugrunde liegt – es ist das Lebendige *in uns*. Einsicht in das Leben zu gewinnen bedeutet das Lebendigwerden des Lebens in uns selbst. Wir fühlen uns abgestorben, wenn wir an den geronnenen Einzelheiten der Wirklichkeit hängen bleiben, aber belebt und erquickt, wenn die Zusammenhänge des Lebens in uns zu pulsieren beginnen. Heute, im Zeitalter des Intellektualismus und Materialismus haben das tote Denken und das Denken des Toten in solchem Maß überhandgenommen, dass immer mehr Menschen nach Auswegen aus der inneren Verödung suchen, die damit über sie gekommen ist. Ihnen ist dieses Buch gewidmet.

Die Auswege können gefunden werden. Aber dazu ist es nötig, zu den Phänomenen, den äußeren wie inneren, zurückzukehren. Solange man von vorneherein die Welt bloß als Materie, das Leben bloß als Genprodukt und das Bewusstsein als Ergebnis von Hirnströmen interpretiert, verbaut man sich selbst allen Zugang zur Wirklichkeit. Viele suchen den Ausweg dann in nebulöser oder ekstatischer Weise. Rudolf Steiner zeigte, wie der Zugang zur Wirklichkeit des lebendigen Geistes *in vollbewusster, besonnener, einsehbarer und systematischer Art* gefunden werden kann.

Im Einzelnen mag man über die hier vertretenen Gesichtspunkte streiten. Im Großen und Ganzen aber kann der dargestellte Weg zur Vergeistigung der naturwissenschaftlichen Forschung führen und der geistige Zusammenhang der Erscheinungen gefunden werden, wenn man das zusammenhangstiftende Wesen, das erkennende Bewusstsein, mit berücksichtigt. Was außen als Lebenserscheinungen auftritt, wird vom inneren Leben erfasst. *Im Bewusstsein kann man das Leben von innen beobachten.* Wir sind nicht die Zuschauer eines fertigen, mechanischen und materiellen Kosmos, sondern Mitschöpfer an seinem lebendigen Sein und Werden. Diese Schöpfung vollziehen wir im Zeichen des Kreuzes, das, Einheit symbolisierend, von einem Kreis umschlossen ist. So erfüllt sich, was Friedrich Wilhelm Joseph Schelling programmatisch forderte: *„Die Natur soll der sichtbare Geist, der Geist die unsichtbare Natur sein. Hier also, in der absoluten Identität des Geistes in uns und der Natur außer uns, muss sich das Problem, wie eine Natur außer uns möglich sei, auflösen. Das letzte Ziel unserer weiteren Naturforschung ist daher diese Idee der Natur. Das System der Natur ist zugleich das System unseres Geistes.“*[296]

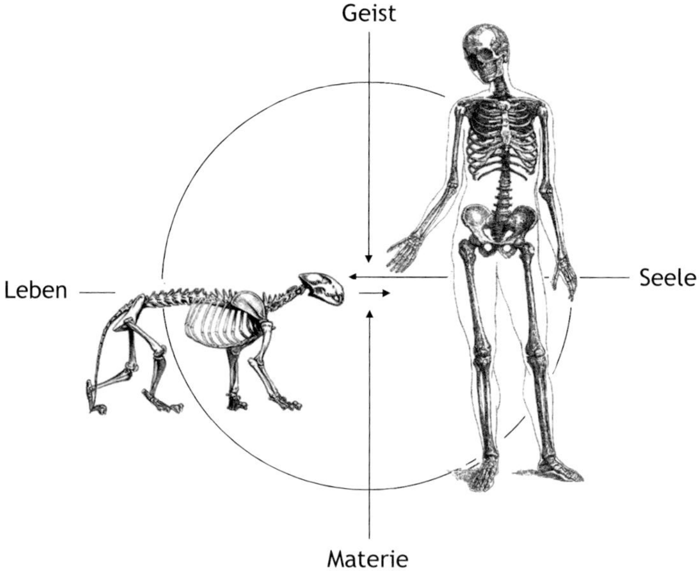

Abb. 79. Mensch und Tier im ZEITKREUZ.

[296] Schelling (1797), S. 706.

TEIL III:

Anhang

Sieben Aspekte des Organischen

In Kap. 3.3 wurde erwähnt, dass man zum vollständigen Erfassen eines Organismus nicht nur (wie hier oft betont) vier, sondern insgesamt sieben Aspekte berücksichtigen müsse. Die folgende Tabelle listet sie in Übersicht als Stufenfolge auf. Alle Aspekte sind immer zugleich vorhanden. Jede höhere Stufe setzt die jeweils niedrigeren voraus und integriert sie. Ein höher gestufter Aspekt kann nicht aus niedrigeren erklärt bzw. abgeleitet werden, und keine der niedrigeren Stufen des Lebendigen kann ohne die höheren sein.

Eigenschaften des Lebendigen	**Aspekte**	**Erkenntnisgesten und -bewegungen des Betrachters**
1. *Materielles:* Gegenständlichkeit, Maße, Gewicht, Raumerfüllung, Substanz mit bestimmten, sinnlich wahrnehmbaren Eigenschaften	räumliche Erscheinung	gegenüberstehendes Anschauen
2. *Lebendiges:* Zeitlich prozessuale Organisation, Metamorphose	Entwicklung im Doppelstrom der Zeit	aktives Nachvollziehen, (Mit-)Bewegen (vgl. Kap. 3.1)
3. *Gestalthaftes und Funktionelles:* Farbe, Form, Größe; Gestalt und ihre Funktionen	funktionelle Angepasstheit, Dreigliederung und seelenhafter Ausdruck der Gestalt	anschauendes Erleben der Form, nachvollziehendes Erleben der Funktion (vgl. Kap. 3.3)
4. *Agierendes:* Autonome Bildungskraft einerseits, Verhalten (Aktionen, Reaktionen) andererseits	autonom wirkendes Wesen	Identifikation (vgl. Kap. 1.4)
5. *Ökologisches:* Artspezifischer Zusammenhang mit der Umwelt, Widerspiegelung der Umwelt im Gestaltausdruck	funktioneller und gestalthafter Zusammenhang des Organismus mit seiner Umgebung	Erkennen und Erleben der Organismus-Umwelt-Relation
6. *Typologisch-Systematisches:* Mikroevolution, Zusammenhang der Art mit ihren Varianten (in gleichen und verschiedenen Umwelten)	(zeitliche) Variation von Organismengruppen in verschiedenen Umgebungen	vergleichendes Gruppieren und aktiv nachvollziehendes Variieren
7. *Makro-Evolutives:* Zusammenhang mit allen anderen Lebewesen (zu verschiedenen Zeiten in verschiedenen Umwelten)	umfassender, raum-zeitlicher Zusammenhang	umfassendes Zusammenfügen, Überblicken

Diese sieben Aspekte bilden selbst einen systematischen Zusammenhang, was insbesondere dann deutlich wird, wenn man die Stellung des erkennenden Betrachters zu ihnen berücksichtigt. So stellen die 5., 6. und 7. Stufe jeweils Spiegelungen oder Transformationen der 3., 2. und 1. Stufe dar. Wie der Betrachter beispielsweise auf der 2. Stufe die Verwandlungen des Organismus aktiv nachvollzieht, so tut er dies auf der 6. Stufe mit den Variationen, in denen eine Verwandtschaftsgruppe unter verschiedenen Umwelteinflüssen auftritt. Er wendet dieselbe vergleichend-verwandelnde Tätigkeit einmal auf die Entwicklungsstadien eines einzelnen Organismus, das andere Mal auf die Varianten einer Art, einer Familie, Gattung etc. an. Und wie der Betrachter auf der 3. Stufe die Gestaltungen des Organismus erlebt und funktionell begreift, so auf der 5. die existentielle Verwobenheit der Art mit ihrer Umwelt. Außer der funktionellen Bedeutung der Gestalt müssen auf der 3. Stufe, wie wir oben (vgl. Kap. 3.3 und 5.1) gezeigt haben, auch die Gestaltungsmotive berücksichtigt werden, und auf der 5. Stufe gilt dasselbe für die ausdruckshafte Widerspiegelung der Umwelt in der Gestalt der Organismen.[297] Wie die Gestaltmotive, so wird auch der Widerschein der Umwelt in der Gestalt fühlend erlebt. Die 1. und die 7. Stufe stellen gleichsam zwei Endpunkte des Organischen dar: Die einzelne, räumlich-materielle Gestalt einerseits, der alle Organismen übergreifende Evolutionszusammenhang andererseits. Wir finden also einen Zusammenhang zwischen der 1. und der 7., der 2. und der 6. sowie der 3. und der 5. Stufe. In der Mitte steht als Zentrum allen biologischen Denkens die Autonomie der organischen Wachstumskraft und des seelischen (beim Menschen auch geistigen) Verhaltens.

---

[297] Man denke hier z. B. an die Färbungen und Trachten der Tiere (bunte Schmetterlinge im Vergleich zu weiß-grauen Nachtfaltern etc.), die man sowohl als darwinistische Anpassung als zugleich auch als seelenhaften Gestaltausdruck verstehen kann. Der ganze Zusammenhang unserer Auseinandersetzung hat ja ergeben, dass diese beiden Aspekte des Organischen, die *weisheitsvolle Funktionalität* ebenso wie die *seelenhafte Motivik* der Gestalt, als zusammengehörend zu betrachten sind, denn beide gehören dem Gestaltungsaspekt des Organischen an, der im Zeitstrom aus der Zukunft wirkt. Vgl. hierzu z. B. auch Poppelbaum (1928), Suchantke (1983).

Entwicklungszeiten von Menschen und Affen

In Kap. 9.3, S. 196 ff. wurde erwähnt, dass sich der moderne *Homo sapiens* gegenüber seinen Vorgängern langsamer entwickelt. Die folgende Tabelle fasst die Lebensdaten verschiedener Affen- und Menschenformen zusammen.[298]

	Tragzeit#	Beginn Zahnwechsel	Menarche	Durchbruch Molaren+			Abschluss Wachstum	Lebensdauer
				M1	M2	M3		
Lemur	139		2				3	14
Makake*	170	1,8	2	1	3,5	5,5	7	24
Gibbon	210		6–8				9	30
Orang-Utan	260	3,5	6–11				11	59
Schimpanse*	225	2,9	8-9	4	6,5	10,5	11	53
Gorilla	255	3	9				11	54
*Australopithecus-africanus***				4				
*Homo erectus****				4	7,6			
*H. neanderthalensis*****				5	8		15†	
Mensch*	270	6,2	12–13	6	12	18	20	85

\# Tragzeit in Tagen, alle anderen Angaben in Jahren.
\+ Der Zeitpunkt des Durchbruchs der Backenzähne (Molaren) korreliert mit der sonstigen physiologischen Entwicklung, d. h. M1 mit dem Abschluss des Gehirnwachstums, M2 mit der Geschlechtsreife und M3 mit dem Abschluss des Längenwachstums.

Für die Interpretation dieser Zusammenhänge siehe Kap. 9.3.

[298] Alle Daten außer für den Durchbruch der Molaren nach Robson und Wood (2008) und http://pin.primate.wisc.edu/factsheets/entry/orangutan/taxon. Daten für den Durchbruch der Molaren: * Dean (2006), ** Dean und Lucas (2009), *** Dean et al. (2001), **** Smith et al. (2010), Smith et al. (2007). Siehe weiterhin: Bromage und Dean (1985), Lacruz und Ramirez Rozzi (2010). † Schätzung nach Ramirez Rozzi und Bermudez de Castro (2004).

Eine mathematische Beschreibung der gegenläufigen Dynamik von Onto- und Phylogenese (zusammen mit Dieter Kötter)

Im Kap. 8.3, S. 172 ff. wurde beschrieben, wie die Entwicklung der Schädelformen des Menschen und seiner Vorfahren analog zur Entwicklung der Blätter einer einjährigen Blütenpflanze in einem Feld aus gegenläufigen Spiralen dargestellt werden kann. Die Anordnung zeigt einen gesetzmäßigen Zusammenhang zwischen individueller ‚Alterung' und evolutionärer ‚Verjugendlichung' der Formen. Dieser Zusammenhang kann mathematisch beschrieben werden.

Die Schädel unterscheiden sich u. a. im Verhältnis des Hirnschädels zum Gesichtsschädel. Im Zusammenhang der ganzen hier vorliegenden Auseinandersetzung ist dieses Verhältnis bedeutsamer als die absolute Gehirngröße, weil sich in der Retardation des Gesichtsschädels (des Gliedmaßenanteils des Kopfes) die Menschwerdung ausdrückt. In der Reihe vom Orang-Utan

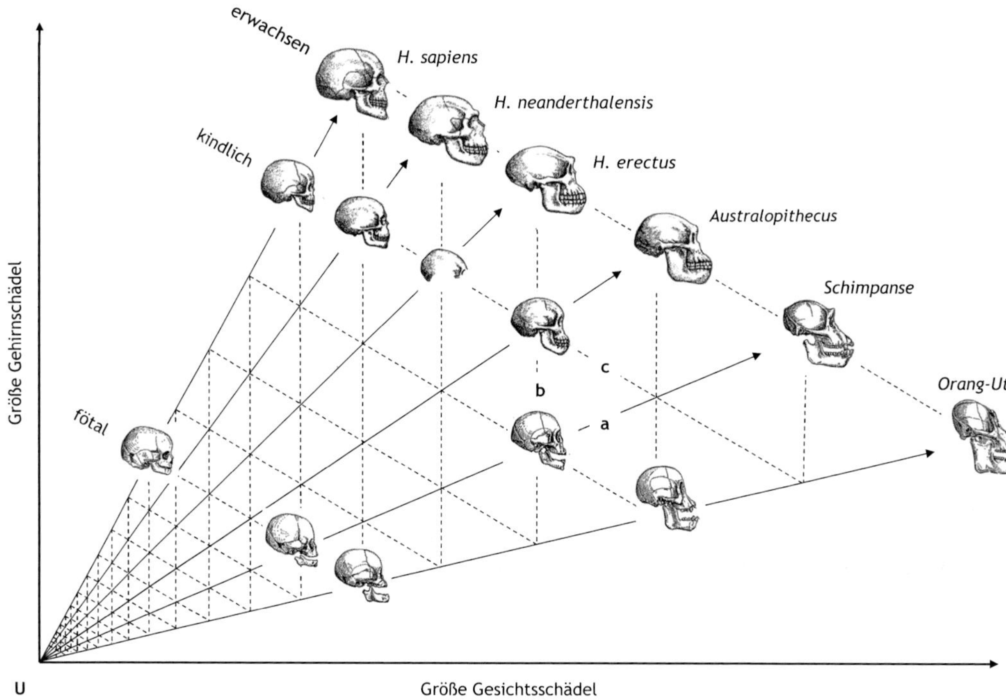

Abb. 80. Schädelformen von Mensch, Frühmenschen und Affen. Die Schädel sind in drei Dimensionen angeordnet: **a**: individuelle (ontogenetische) Entwicklung; **b**: annähernd gleiche Formen bei unterschiedlicher Größe bzw. unterschiedlichem Entwicklungsalter; **c**: unterschiedliche Formen (Verhältnis Gehirn- zu Gesichtsschädel) bei vergleichbarem Entwicklungsalter.

zum Menschen nimmt das Verhältnis deutlich zu. Ordnet man die Schädel nach Ähnlichkeit wie in Abb. 80 an, so ergibt sich ein Netzwerk, in dem ähnliche Formen (ähnliches Verhältnis von Gesichts- und Gehirnschädel) untereinander zu stehen kommen.

Dieses Netzwerk ist aus der projektiven Geometrie bekannt.[299] Die Abstände beispielsweise auf den Geraden durch U bilden eine multiplikative Skala (geometrische Reihe): ... d^{-2}, d^{-1}, 1, d, d^2, d^3, d^4 ... Die Logarithmen der Abstände bilden ein gleichmäßiges Schrittmaß. Das Netz erzeugt ein so genanntes W-Kurvenfeld mit drei reellen Fixpunkten und Fixgeraden (Fundamentaldreieck), welches hier nicht eingezeichnet ist. Die Geraden durch den Punkt U (Richtung a) gehören als Sonderfall auch zu den erzeugten W-Kurven.[300] Die Fixpunkte sind U sowie die beiden unendlichfernen gemeinsamen Punkte der beiden Scharen paralleler Geraden (Richtung b und c). In der organischen Welt findet man viele Formen, die durch allgemeine W-Kurven beschrieben werden können, z. B. die Geometrie eines Kiefernzapfens, einer Sonnenblumenblüte, einer Nautilusschale u. a.m.[301]

Abb. 80 zeigt eine Anordnung der Schädelformen nach Ähnlichkeitsgesichtspunkten. Interessanterweise entspricht diese räumliche Darstellung zugleich einer zeitlichen. Denn die relativen Abstände zwischen den erwachsenen Formen repräsentieren auch den Zeitverlauf ihres ersten Erscheinens in der Evolution. Aus genetischen Vergleichen setzt man die Aufspaltung der Linien, die zum Orang-Utan und zum Menschen führten, vor 15,7 Mio. Jahren an, die Abspaltung der Schimpansenlinie vor 6,4 Mio. Jahren.[302] Die ersten Australopithecinen sind (fossil, hier sind keine DNA-Sequenzvergleiche möglich) vor 4,2 Mio. Jahren nachweisbar, der *Homo erectus* (fossil) vor 1,8 Mio.[303] Die erste fossile Nachweisbarkeit des Neanderthalers liegt bei 0,2 Mio. Jahren.[304] Allerdings ergeben neueste DNA-Sequenzvergleiche zwischen den Genomen des Neanderthalers und des Jetztmenschen, dass die Aufspaltung beider Evolutionslinien wahrscheinlich schon deutlich früher bei 0,5 bis 0,8 Mio. Jahre lag.[305] Wir verwenden hier diesen früheren Zeitpunkt, und zwar den Mittelwert 0,65 Mio. Jahre.

---

[299] Wenn eine Ebene projektiv auf sich selbst abgebildet wird, so gibt es im nicht ausgearteten Fall drei Punkte (Fixpunkte) und drei Geraden (Fixgeraden), die dabei auf sich selbst abgebildet werden. Sie bilden das Fixdreick. Außerdem gibt es eine Schar von Kurven, die bei der Abbildung in sich selbst übergeführt werden, also invariant sind, die W-Kurven.

[300] Durch das Netz der gestrichelten Geraden gehen zwei Klassen von W-Kurven: 1. die eingezeichneten Geraden durch U; 2. Kurven, die hier nicht eingezeichnet sind. Sie gehen quer zu der Geraden (a) diagonal durch die gestrichelten Vierecke. Für eine genaue Erläuterung siehe Kötter (1996).

[301] Edwards (1982).

[302] Vgl. www.timetree.org.

[303] Daten nach Robson und Wood (2008).

[304] Robson und Wood (2008).

[305] Green et al. (2010).

	Erstes Auftreten (in Mio. Jahren)	Verhältnis H/G
H. sapiens	0,2	1,98
H. neanderthalensis	0,65	1,51
H. erectus	1,8	1,32
Australopithecus	4	1,25
Schimpanse	6,4	1,00
Orang-Utan	15,7	0,87

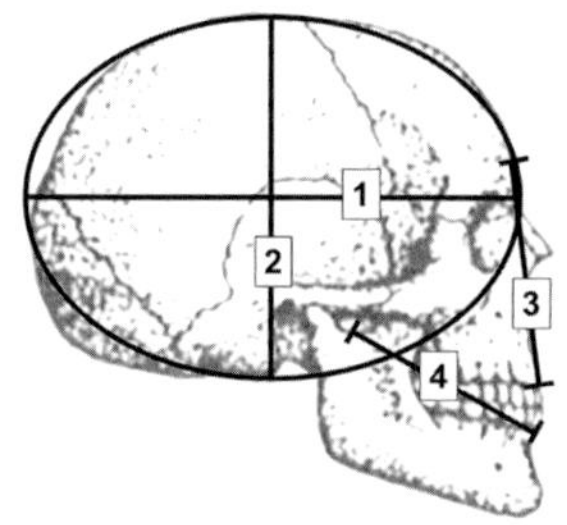

Tabelle 3. Das erste Auftreten verschiedener Hominiden im Verlauf der Evolution (nähere Erläuterungen siehe Text) und das Verhältnis Hirn- (H) zu Gesichtsschädel (G). Zur näherungsweisen Bestimmung dieses Verhältnisses haben wir, wie rechts gezeigt, für die verschiedenen erwachsenen Schädelformen um den Gehirnschädel eine Ellipse gelegt und die Maße ihrer beiden Durchmesser (1, 2) addiert, und für den Gesichtsschädel die Abstände vom Augenwulst zum Zahnansatz im Oberkiefer (3) und vom Kiefergelenk zum Zahnansatz im Unterkiefer (4) addiert. Beide Summen wurden dann ins Verhältnis gesetzt.

Legt man das Verhältnis V Hirnschädel zu Gesichtsschädel zugrunde und stellt es in Abhängigkeit von dem Logarithmus des Zeitpunkts des ersten Auftretens in der Evolution dar, so ergibt sich ein sehr guter linearer Zusammenhang über einen Zeitraum von fast 16 Millionen Jahren (mit einem Korrelationskoeffizienten von R = 0,98). Die Änderung der Formverhältnisse der Schädel folgte demnach einem logarithmischen Zeitverlauf (Abb. 81).[306]

In der Literatur besteht eine gewisse Unsicherheit über das erste Auftreten der Frühmenschen, z. B. des *Homo erectus*.[307] Auf der Basis der dargestellten logarithmischen Zusammenhänge kann man aufgrund des Formverhältnisses Hirn- zu Gesichtsschädel des *H. erectus* annehmen, dass dieses Auftreten mit ca. 1,8 Mio. Jahren richtig angesetzt ist. Der lineare Zusammenhang zwischen V und log(-t) legt auch nahe, dass der Neanderthaler möglicherweise tatsächlich früher auftrat, als er bisher fossil nachgewiesen werden konnte.

Die Beschleunigung der Entwicklung, die man hier sieht, ist typisch für die Phylogenese: Zunächst verändert sich in langen Zeiträumen wenig, dann treten neue Formen (Entwicklungsschritte) in immer kürzeren Abständen auf. In der Ontogenese verlangsamt sich die Entwicklung dagegen: In der frühen Embryonalphase ereignen sich viele Veränderungen in kurzer

[306] Hier können diese Zusammenhänge nur in erster Näherung beschrieben werden. Für eine genauere Analyse müsste man heute übliche geometrisch-morphometrische Analysen der Schädelformen zugrunde legen.

[307] Robson und Wood (2008).

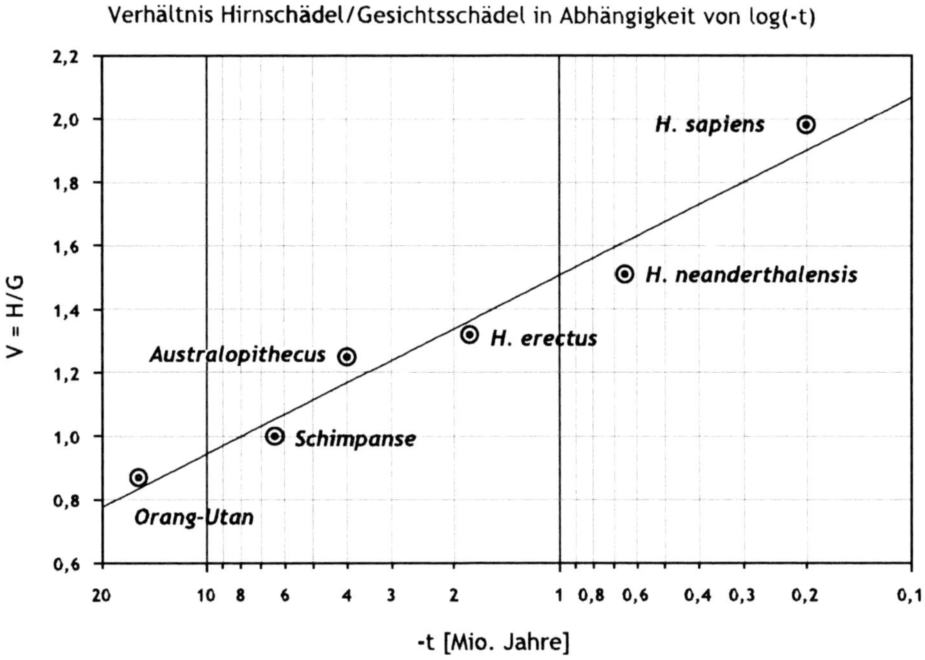

Abb. 81. Verhältnis Hirnschädel zu Gesichtsschädel bei verschiedenen Hominiden in Abhängigkeit vom Alter ihres ersten Auftretens in der Evolution. Nähere Erläuterungen siehe Text.

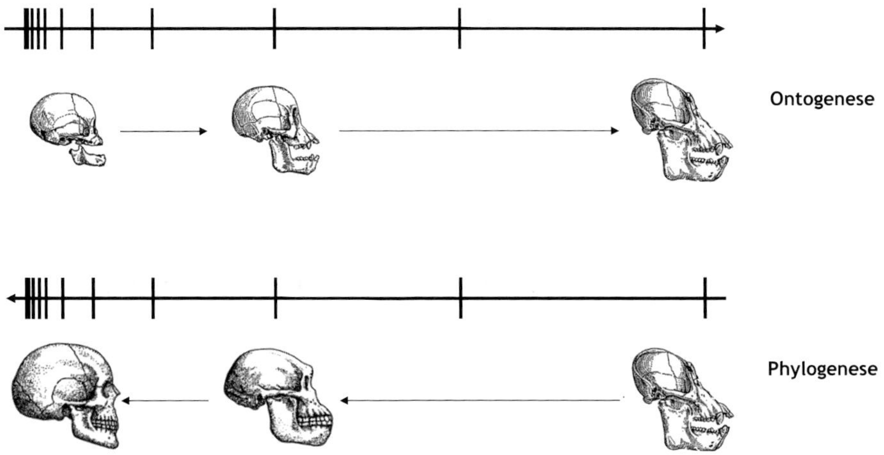

Abb. 82. Gegenläufige zeitliche Dynamik von Ontogenese und Phylogenese. Die Querbalken repräsentieren den zeitlichen Abstand einzelner Entwicklungsschritte.

Zeit, aber je älter der Organismus wird, desto weniger ändert er sich.[308] So gesehen folgen Ontogenese und Phylogenese einer *umgekehrten* zeitlichen Dynamik (Abb. 82, Seite 221).

Die Schritte der Ontogenese in Abb. 82 sind *von links nach rechts* gemessen proportional zu log t, dem Logarithmus der Zeit, die Schritte der Phylogenese *von rechts nach links* gemessen proportional zu –log (–t). Morphologisch ähnliche Formen stehen übereinander. In mathematischer Formulierung lässt sich die Gegenläufigkeit beider Gleichungen mittels der Logarithmusfunktion folgendermaßen geometrisch darstellen (Abb. 83).

Die beiden logarithmischen Kurven verhalten sich genau spiegelbildlich zum Mittelpunkt des Koordinatensystems, ebenso die auf ihnen liegenden morphologisch ähnlichen Formen.

Um die Ontogenese aller Stufen der Phylogenese zum Homo sapiens darzustellen (vgl. Tabelle 3 und Abb. 81), benötigt man ein zweidimensionales Feld von logarithmischen Kurven. Da sich alle Formen aus einem

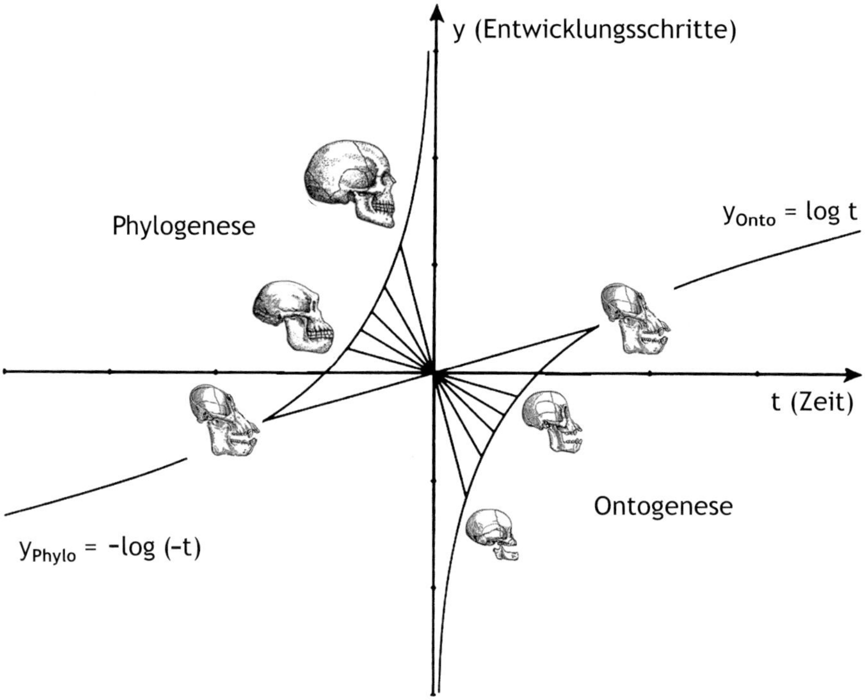

Abb. 83. Der mathematische Zusammenhang zwischen Phylogenese und Ontogenese. y stellt die Entwicklungsschritte dar, t die Zeit.[309]

[308] Vgl. Kötter (1993).

[309] Vgl. Kötter (1993). Der gesamte mathematische Zusammenhang, auch zu den logarithmischen Spiralen, ist dort ausführlich dargestellt.

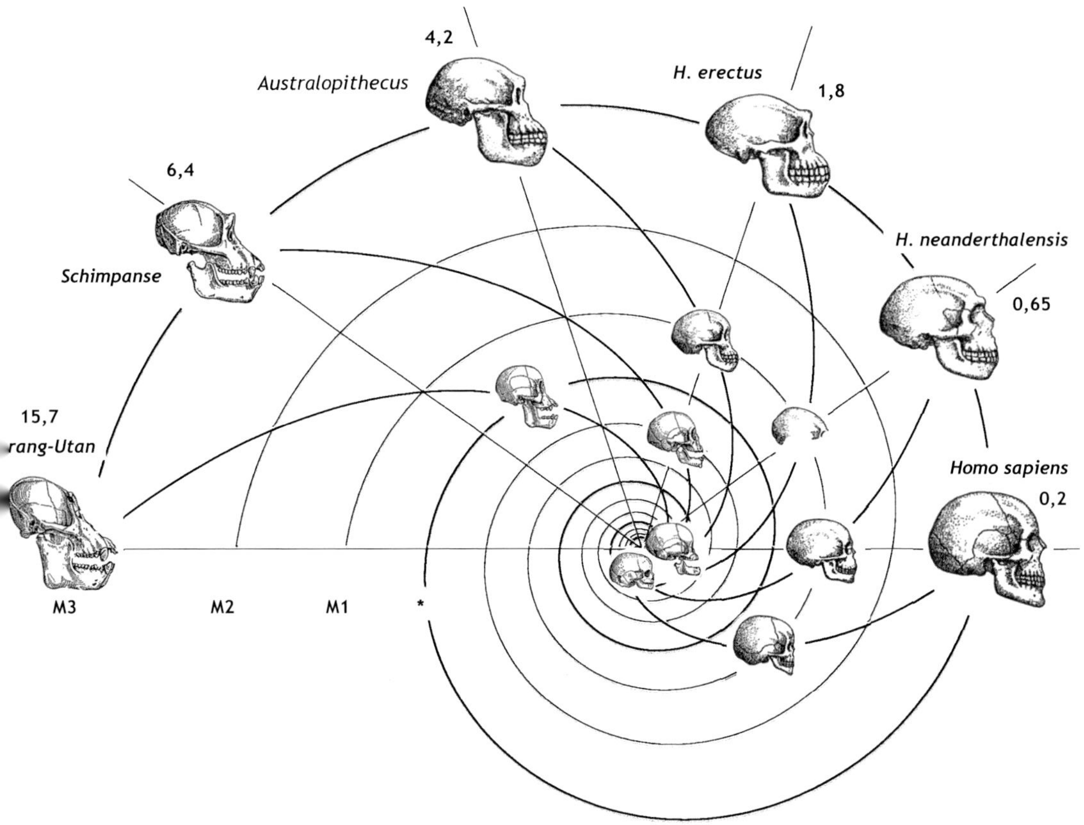

Abb. 84. Gegenläufige zeitliche Dynamik von Ontogenese und Phylogenese im logarithmischen Kurvenfeld. Die von links eindrehenden logarithmischen Spiralen stellen die Evolutionslinien für verschiedene Entwicklungsstadien dar (symbolisiert durch den Durchbruch der Molaren M1–3. Äußere Spirale: M3 = erwachsen, mittlere Spirale: M2 = jugendlich, innere Spirale: M1 = kindlich; vgl. Anhang ‚Entwicklungszeiten von Menschen und Affen', S. 217. Der Geburtszeitpunkt ist durch ein * markiert. Die ausdrehenden Spiralen entsprechen den ontogenetischen Formveränderungen. Die Kreuzungspunkte beider Kurvenscharen ergeben Geraden mit gleichwinkligem Abstand, auf denen formgleiche Entwicklungsstadien (gleiches Verhältnis H/G) zu liegen kommen. Außen sind die Zeitpunkte des ersten evolutionären Auftretens (in Mio. Jahren) angegeben, die näherungsweise einer logarithmischen Zeitskala entsprechen (vgl. Abb. 81).

Keimzustand entwickeln, stellt ein System aus zwei Scharen logarithmischer Spiralen, die gegenläufig durchlaufen werden, dies in sachgemäßer Weise geometrisch dar (vgl. Fußnote 309). Die Entwicklungsdynamiken von Ontogenese und Phylogenese können dabei in *einem* Bild zusammengefasst werden (Abb. 84).

Die Jugend- und Kindheitsformen lassen sich anhand dieses Kurvenfeldes platzieren. (Das kann, wie oben schon gesagt, hier allerdings nur in erster Näherung geschehen. Es kommt hier darauf an, den prinzipiellen Zusammenhang zu zeigen.)

Bemerkenswert ist, dass die Kurven in Abb. 84 wie in Abb. 80 ebenfalls zu einem W-Kurvenfeld gehören. Allerdings sind zwei Ecken (Fixpunkte) dabei imaginär, nur der Mittelpunkt der Spiralen ist reell. Um von dem mathematisch reellen Fall des W-Kurvenfelds der Abb. 80 zu dem imaginären Fall der Abb. 84 zu kommen, muss man auch mathematisch gesehen gewissermaßen ‚aus dem Raum herausgehen'.[310] Das W-Kurvenfeld der Abb. 80 stellt also die morphologischen Ähnlichkeiten der *Raum*formen dar, das der Abb. 84 zusätzlich die *Zeit*verhältnisse in Onto- und Phylogenese.

[310] Die Spiralen M1–M3 schneiden bei den gewählten Größenverhältnissen die Radien in einer multiplikativen Skala (geometrische Reihe). Der Winkel zwischen Spirale und Radius ist überall 81°, das entspricht der Form der Nautilusschale, wie sie auf dem Buchcover abgebildet ist. Das Verhältnis zwischen dem mathematisch Reellen und dem Imaginären kann man sich an folgendem Beispiel verdeutlichen: Eine Gerade kann einen Kreis schneiden oder an ihm vorbeigehen. Im ersten Fall sind die Schnittpunkte reell, im zweiten imaginär, sie sind räumlich nicht vorhanden. Vgl. auch Steiner (1921 a). Dort wird dieser Zusammenhang am Beispiel der Cassinischen Kurven erläutert.

Allgemeine Ausführungen Rudolf Steiners über die Evolution von Mensch und Tier

In diesem Buch wurde der Versuch unternommen, zu zeigen und zu begründen, dass sich ein konsistentes Bild der Evolution ergibt, wenn der Mensch geistig als ‚Erstgeborener der Schöpfung' angesehen wird. Der Vollständigkeit halber sollen hier noch einige richtungweisende Zitate aus dem Vortragswerk Rudolf Steiners über die Evolution der Tiere und des Menschen angeführt werden, die in diesem Buch schon begründend erläutert worden sind. Es ist meine persönliche Überzeugung, dass in den damit ausgedrückten Gedanken das *neue Bild der Evolution* liegt, das nach und nach sowohl das darwinistische als auch das kreationistische ersetzen muss und wird.

Man muss sich bei den folgenden Zitaten klar, sein, dass Rudolf Steiner seine geisteswissenschaftlichen Darstellungen *voll bewusst* in bildhafte Formen gebracht hat. Das kann leicht als bloße Metaphorik und Analogiedenken missverstanden werden. Aber worauf es bei diesen Darstellungen ankommt, sind eben nicht die fertigen Bilder, sondern die inneren Prozesse ihrer Entstehung, sozusagen das Bilder-Bilden. Als Bilder verweisen sie den Leser auf die Bildeprozesse, aus denen sie hervorgegangen sind, und sie sind *gerade deshalb* in gewisser Weise changierend, fluktuierend gehalten, damit an ihnen das Bewusstsein, zunächst durch das Unbefriedigende für die analytisch-rationale Auffassung, für diese lebendigen inneren Prozesse erwachen kann. Wer die Bilder im eigenen Vorstellen nachbildet, der wird auf die bildenden Kräfte aufmerksam und die in ihnen wirksamen seelisch (inspirativ) zu erlebenden und geistig (intuitiv) zu schauenden Zusammenhänge (vgl. Kap. 3.2, S. 48 ff.). Berücksichtigt man dann noch die im 3. und 4. Kapitel erläuterten Zusammenhänge (nämlich dass das Geistige der Welt auf dem Schauplatz des erkennenden Bewusstseins auftritt), so wird klar, dass im Erleben der bildgestaltenden Kräfte und der in ihnen wirksamen Wesen nicht nur über das Geistige gedacht wird, sondern dass man in diesem Erleben eine wirkliche Erkenntnis dieses Geistigen schon hat. Denn *„man lebt im Lesen von geisteswissenschaftlichen Erkenntnissen auf andere Art, als in demjenigen der Mitteilungen sinnenfälliger Tatsachen. Liest man Mitteilungen aus der sinnenfälligen Welt, so liest man eben über sie. Liest man aber Mitteilungen über übersinnliche Tatsachen im rechten Sinne, so lebt man sich ein in den Strom geistigen Daseins. Im Aufnehmen der Ergebnisse nimmt man zugleich den eigenen Innenweg dazu auf. Es ist richtig, dass dies hier Gemeinte von dem Leser zunächst oft gar nicht bemerkt wird. Man stellt sich den Eintritt in die geistige Welt viel zu ähnlich einem sinnenfälligen Erlebnis vor, und so findet man, dass, was man beim*

Lesen von dieser Welt erlebt, viel zu gedankenmäßig ist. Aber in dem wahren gedankenmäßigen Aufnehmen steht man in dieser Welt schon drinnen und hat sich nur noch klar darüber zu werden, dass man schon unvermerkt erlebt hat, was man vermeinte, bloß als Gedankenmitteilung erhalten zu haben.[311]

Zunächst ein Bild für das Verhältnis zwischen dem Geistigen und Physischen in der Evolution von Mensch und Tier:

„Nehmen Sie an, Sie hätten einen Klumpen Wasser. Dieser Klumpen Wasser würde künstlich von Ihnen so behandelt, dass ein Teil davon in der Mitte gefriert. Nehmen Sie an, Sie hätten viele solche Klumpen Wasser, bei denen ein Teil in der Mitte gefriert; es entstehen also viele Eiskörnchen. Und jetzt geschehe etwas sehr Eigentümliches: Aus einigen dieser Wasserklumpen fiele das Eisklümpchen heraus und bliebe nur mit wenig Wasser überzogen für sich, während die Muttersubstanz, das Wasser, aus dem sich das Eis gebildet hat, sich zurückzieht. Bei den anderen Wasserklumpen bleiben die Eiskörnchen in dem Wasserklumpen darin und gefrieren weiter. Es bildet sich mehr Wasser zu Eis um, es entstehen größere Eiskerne. Bei einer Anzahl der so entstandenen Gebilde fallen solche größere Eiskerne heraus und behalten etwas Wasser, während sich die Muttersubstanz von ihnen zurückzieht. Das gehe so fort. Immer wieder steigen solche Eisklumpen zu höheren Stufen, das heißt sie bilden mehr Eis aus dem Wasser heraus. Und immer bilden sich auch Eisstufen auf der Erde zurück, während andere Klumpen immer mehr vom Wasser in Eis umbilden, bis sie zuletzt solche Eisklumpen haben, die alles Wasser in Eis umgebildet haben und deren Muttersubstanz sozusagen nur zwischen den Poren des Eises enthalten ist

Dieses Bild lassen Sie entstehen in Ihrer Seele für den Gang des Erdenwerdens vom Erdenanfang bis in unsere Zeit hinein. Denken Sie sich am Anfang unseres Erdendaseins den Menschen als geistiges Wesen und nur vorhanden als geistiges Wesen. Er beginnt zuerst herauszukristallisieren einen kleinen, unbedeutenden Teil, der dichter wird. Es gibt gewisse Wesen, die bleiben wie die Eiskörnchen auf einer frühen Stufe stehen, indem sie sich trennen von ihrer geistigen Muttersubstanz. Das sind die unvollkommensten Tiere, die einstmals dadurch entstanden sind, dass aus der menschlichen Muttersubstanz, aus dem astralischen [dem seelischen, Anmerkung C. H.] Menschen nur ein Teil materiell geworden ist und sich herausverdichtet hat. Das sind die niedersten Tiere. Die anderen Menschen haben sich weiterentwickelt auf höhere Stufen. Wieder sind herausgefallen aus der geistigen Muttersubstanz höhere Tiere. Und so haben sich, wie aus dem Wasserklumpen das Eis, im Laufe der Erdenentwickelung immer differenziertere, vollkommener und vollkommener sich ausbildende Geschöpfe herausent-

[311] Steiner (1910), S. 49 f.

wickelt, physische Gebilde, bis herauf zum heutigen Menschen, welcher in seinem äußeren physischen Ausdruck ein Ebenbild ist der geistigen Anlagen und Möglichkeiten, die schon ursprünglich am Erdenanfang im Geiste, das heißt im Astralleib [dem Seelischen] des Menschen enthalten waren. Und wie die Eisklumpen, die herausgefallen sind, Ihnen die Etappen des Werdens des großen Eisklumpens darstellen, so stellen alle Wesen, die unvollkommener sind als der Mensch, das ganze Tier- und Pflanzenreich, die zurückgebliebenen Etappen der menschlichen Evolution auf der Erde vor. Der Mensch ist der Erstgeborene der Erde als geistiges Wesen, und nach und nach hat er als geistiges Wesen, wenn ich den Ausdruck gebrauchen darf, Etappe für Etappe das Materielle aus sich herauskristallisiert. Auf jeder Etappe sind stufenweise stehengeblieben die untergeordneten Wesenheiten, sodass wir in der ganzen Reihe der unvollkommeneren Erdenwesen nicht Vorfahren des Menschen, sondern im Gegenteil Nachkommen des geistigen Menschen zu sehen haben, die nicht mitgekommen sind. Es sind die zurückgebliebenen Brüder, zurückgebliebene Wesenheiten auf den Vorstufen, die dadurch, dass sie ihr Leben fortgesetzt haben bis in unsere Zeit hinein, in die Dekadenz gekommen sind. ... Tatsächlich ist äußerlich der Mensch am spätesten in seiner heutigen Gestalt entstanden, als das jüngste der Geschöpfe; geistig ist er der Erstgeborene, geistig geht er allen Wesen voran. Aus dem Menschen haben sich alle anderen Wesenheiten herausgebildet, die auf einer unvollkommenen Entwicklungsstufe des Menschen gleichsam abfallen, die das Abgestoßene der Menschheitsevolution darstellen.“[312]

Dann einige Zitate, die auf die Bedeutung der Absonderung der Tiere für die Evolution des Menschen hinweisen:

„*... abgestoßen worden ist die höhere Säugetiernatur, sodass wir im Affen keinen Vorfahren zu sehen haben; vielmehr haben wir im Menschen den Erstgeborenen auf unserer Erde zu sehen. Der Mensch ist ... [geistig] vorhanden, und alles, was außer ihm besteht, ist nach und nach von ihm ausgeschieden worden. Mensch und Tiere haben sich den Verhältnissen und Umständen angepasst und sind das geworden, als was wir sie heute kennenlernen können.*“[313]

„*Was der Mensch heute im Astralleibe* [in seiner seelischen Natur] *als Begierde und Leidenschaft trägt, das hat sich bei den verschiedenen Tieren im physischen Leibe ausgedrückt. Eine jede dieser Tiergruppen hat einen besonderen Trieb ausgebildet und ist darin erstarrt. ... Das, was wir in uns tragen, das stellt sich im Bilde in den verschiedenen Tieren dar.*“[314]

---

[312] Steiner (1908 a), S. 278 ff.
[313] Steiner (1905 b), S. 223.
[314] Steiner (1909), S. 107.

„Wir schauen auf die Tiere und sagen: Alles, was die Tiere darstellen an Grausamkeit, an Gefräßigkeit, an allen tierischen Untugenden, neben der Geschicklichkeit, die sie haben, das hätten wir in uns, wenn wir sie nicht hätten aus uns heraussetzen können! – Wir verdanken die Befreiung unseres astralischen Leibes dem Umstande, dass alle gröberen astralischen Eigenschaften zurückgeblieben sind im Tierreich der Erde. Und wir können sagen: Wohl uns, dass wir das nicht mehr in uns haben: die Grausamkeit des Löwen, die List des Fuchses, dass es aus uns herausgezogen ist und außer uns ein selbständiges Dasein führt. … Wir müssen hinblicken auf die Tiere mit dem Gefühl: Da draußen seid ihr, Tiere. Wenn ihr leidet, leidet ihr etwas, was uns Menschen zugute kommt. Wir Menschen haben die Möglichkeit, das Leiden zu überwinden; ihr müsst das Leiden erdulden. Wir aber haben euch das Leiden gelassen – und uns die Überwindung genommen! Wenn man dieses kosmische Gefühl aus der Theorie entwickelt, wird es zu dem umfassenden Mitgefühl mit der Tierwelt.“[315]

Der Erfahrungshintergrund, auf dem solche Anschauungen entstehen, liegt meines Erachtens nach in dem Erwachen für die Selbstanschauung des Erkennens. Tritt der Mensch in das bewusste Erleben der seelischen Welt ein, so findet er:

„Der Löwe ist in der physischen Welt ein plastischer Ausdruck bestimmter Leidenschaften, der Tiger ist ein Ausdruck von anderen Leidenschaften, die Katze wieder von anderen. Es ist interessant zu sehen, wie jedes Tier der plastische Ausdruck einer Leidenschaft, eines Triebes ist.“[316] Der Mensch muss wissen … *„dass er jedes wilde Tier, das an ihn [als imaginativ-astrales Erlebnis] herankommt, aufzufassen hat als die Spiegelung von dem, was in ihm selbst liegt. In der Tat, die astralischen Kräfte und Leidenschaften des Menschen erscheinen [in der seelischen Welt] in den mannigfaltigsten Formen der tierischen Welt.“*[317]

Was sich in den Tieren in Einzelformen verkörpert, erscheint im Menschen auf seelisch-geistige Weise …

„Alle Glieder ordnen sich nach ewigen Gesetzen, und die entsprechende Form bewahrt im geheimen das Urbild. Und das Urbild, das schon geschaffen war im unvollkommensten Wesen, das die Seele darstellt im unvollkommensten Tier, das erlangt im Menschen die vollkommenste Gestalt im Träger der individuellen Seele. Deshalb ist dem Menschen nicht nur wie den Tieren Gestalt zuteil geworden, sondern der Mensch lässt dieses Urbild in schöpferischen Gedanken selbst in sich lebendig werden. In ihm spiegelt

[315] Steiner, Rudolf (1910 b), S. 52 ff.
[316] Steiner (1905 a), S. 41.
[317] Steiner (1905 a), S. 40.

sich der Gedanke, nicht nur der Form und Gestalt nach, in seiner Ausprägung."[318]

... wobei es im Menschen zurückgestaut ist:

„Ganz dasselbe, was dem Tier äußerlich die sinnliche Gestaltung gibt, lebt im Menschen, aber als ein übersinnliches bewegliches Element. Es lebt in seinem Denken. Was es macht, dass wir über die Dinge denken können, das ist in uns – auf übersinnliche Weise – genau dasselbe wie dasjenige, was draußen in der Tierwelt die mannigfaltigen Arten und Gattungen der Tiere sind. Dadurch, dass sich der Mensch aus der Vielgestaltigkeit der Tiere herausreißt und sich in bezug auf die Schwere seine von der tierischen unabhängige Gestalt gibt, welche die Wohnung des Ich ist, dadurch eignet er sich das, was in der Tierwelt sichtbar ist, unsichtbar an. Das lebt in seinem Denken. In der Tierwelt ist ausgegossen in den mannigfaltigsten Formen, was ausgegossen ist in uns, indem wir die Welt denkend überschauen. ...

Ich weiß selbstverständlich, was alles dagegen eingewendet werden kann. Ich weiß auch den Einwand: Kannst du denn in die Tiere hineinschauen? Kann denn nicht das Tier auch eine Art Denken haben wie der Mensch? Aber wer sich den Goetheschen Grundsatz zu eigen machen kann, dass die Erscheinungen die rechten Lehren sind, wenn sie nur richtig beobachtet werden können, der weiß, dass dasjenige, was in den Erscheinungen zur Offenbarung kommt, auch ausschlaggebend ist für die Beobachtung. Das ist eines der wesentlichsten Kennzeichen, dass das, was sinnlich über die mannigfaltigen Tierformen ausgegossen ist, im Menschen übersinnlich lebt. Während er seine Gestalt frei machte von dem Gestalten-Bildenden der Tiere, ist er in der Lage, dies in sein Übersinnliches hineinzunehmen. Die Tiere sind ‚weiter' in Bezug auf die sinnliche Ausgestaltung als der Mensch. Der Mensch hat eine labile Gestalt. Das Tier ist in Übereinstimmung mit dem ganzen Erdenbau gebaut. Beim Menschen ist es anders, bei ihm ist es hereingenommen in seine eigene Gestalt. Dadurch kommt er dazu, dasjenige, was im tierischen Bau äußerlich in der sinnenfälligen Form zum Ausdruck kommt, geistig zu erfassen. ...

Dadurch, dass bestimmte Kräfte ausgeschaltet worden sind, wieder rückgebildet sind, ist der Mensch fähig geworden, ein Träger des Geistig-Seelischen zu werden, dieses Geistig-Seelische aufzunehmen. Das, was ich bisher genannt habe, ist im Wesentlichen nichts anderes als Rückbildung, ‚Devolution', im Gegensatze zur ‚Evolution'. Nehmen Sie das, was dem einzelnen Tier die bestimmte Form gibt, die es hat, und einem anderen Tiere eine andere Form: dieser Gedanke bestimmt durch und durch die ganze Organisation des Tieres. Der Mensch dagegen bildet seine Organisation

[318] Steiner (1908 b), S. 190.

zurück. Sie kommt nicht so weit, durch und durch bestimmt zu werden, sie kommt zurück auf eine frühere Stufe. Dadurch kann er selbst sich die Gleichgewichtslage geben, die die Natur ihm nicht gibt, dadurch befreit er sich von dem, was die Natur den übrigen Wesen aufzwingt. Der ganze Mensch ist in der Bildung zurückgeblieben; dadurch entsteht das, was im Menschen Organ des Denkens wurde.“[319]

Und zum Verhältnis von Goethes und Darwins Auffassung von der Stellung des Menschen in der Evolution:

„In der Erhöhung der Gesamtform des Menschen sieht Goethe dessen Unterschied vom Tier, nicht im Einzelnen. Stufenweise sieht man die organischen Schaffenskräfte geistähnlicher werden, indem man in der Betrachtung von dem Pflanzenwesen zu den verschiedenen Formen des Tierischen aufsteigt. In der organischen Gestalt des Menschen sind geistige Schaffenskräfte tätig, die eine höchste Metamorphose der tierischen Bildung hervorbringen. Diese Kräfte sind im Werden des menschlichen Organismus vorhanden; und sie leben sich zuletzt als Menschengeist dar, nachdem sie sich in der natürlichen Grundlage ein Gefäß gestaltet haben, das sie in ihrer naturfreien Daseinsform aufnehmen kann.

In dieser Goethe'schen Anschauung von dem Menschenorganismus erschien mir alles Berechtigte, was später auf Darwin'scher Grundlage über die Verwandtschaft des Menschen mit den Tieren gesagt worden ist, schon vorausgenommen. Es erschien mir aber auch alles Unberechtigte abgewiesen. Die materialistische Auffassung von dem, was Darwin gefunden hat, führt dazu, aus der Verwandtschaft des Menschen mit den Tieren Vorstellungen zu bilden, die den Geist da verleugnen, wo er im Erdendasein in seiner höchsten Form, im Menschen erscheint. Die Goethe'sche Auffassung führt dazu, in der tierischen Gestaltung eine Geistschöpfung zu sehen, die nur noch nicht die Stufe erreicht hat, auf welcher der Geist als solcher leben kann. Was im Menschen als Geist lebt, das schafft in der tierischen Form auf einer Vorstufe; und es verwandelt diese Form am Menschen so, dass es nicht nur als Schaffendes, sondern auch als sich selbst Erlebendes erscheinen kann.

So angesehen, wird die Goethe'sche Naturbetrachtung eine solche, die, indem sie das natürliche Werden vom Anorganischen zu dem Organischen stufenweise verfolgt, die Naturwissenschaft allmählich in eine Geisteswissenschaft überführt. ... Der Darwinismus [bildet] in materialistischer Färbung eine einseitige Anschauung ..., die an der Goethe'schen Denkungsart gesunden [muss].“[320]

---

[319] Steiner (1918), S. 273.

[320] Steiner (1923–25), Kap. VI, S. 114 ff.

Schließlich zum Gedanken der in der seelisch-astralen Welt rückwärts laufenden Zeit:

„In der Astralwelt kommt die Ursache nach der Wirkung, während in unserer Welt die Wirkung nach der Ursache kommt. In der Astralwelt erscheint die Wirkung als die Ursache. Das beweist, dass die Wirkung und die Ursache identische Dinge sind, wirksam im umgekehrten Sinn, je nach der Lebenssphäre, in der wir uns befinden. Das Hellsehen löst also auf experimentellem Wege das teleologische Problem, das keine Metaphysik durch den abstrakten Gedanken lösen konnte."[321]

[321] Steiner (1906), S. 61.

Herbert Witzenmann: Der Doppelstrom der Zeit in der Selbstanschauung des Denkens

Auf der Grundlage der erkenntniswissenschaftlichen Arbeiten Rudolf Steiners hat der Philosoph Herbert Witzenmann (1905–1988) eine detaillierte Analyse des Denkens vorgenommen. Hier, in dem der Selbstbeobachtung *intim* zugänglichen, weil *selbsterzeugten* Denken können die grundlegenden Aspekte des Lebensrätsels am unmittelbarsten beobachtet werden.

Im Allgemeinen stehe *„allein das verändernde, nach- und umbildende Tun in unserer Macht, dem ein Stoffliches vorgegeben und vorerkannt sein muss. [Im Denken] aber handelt es sich um ein wirkliches Schaffen, das kein von ihm verschiedenes Gebilde voraussetzt, an dem es sich betätigt, das vielmehr Gestalt und Gestaltendes, das Gestaltete und den Vorgang der Gestaltung gleichzeitig erzeugt. Daher geht hier auch das Schaffen dem Erkennen voraus.“*[322] *„Das Denken ist also ein echter Schöpfungsakt. Dennoch ist es kein Akt der Willkür. Denn, was wir denkend hervorbringen, steht in einem unveränderlichen in sich selbst beruhenden Zusammenhang. Wir erfassen den denkgesetzlichen (logischen) Zusammenhang der Begriffe (z. B. Ursache und Wirkung, Ganzes und Teil) in diesem selbst und können ihn nicht umformen“ (ebd.).*

Witzenmann trifft eine klare Unterscheidung zwischen Denk*akt* und Denk*inhalt*. Der Akt beruht auf unserer erzeugenden Tätigkeit, der Inhalt bestimmt sich selbst: *„Die übrigen Dinge können wir … verändern, aber nicht schaffen. Das Denken können wir schaffen, aber nicht verändern.“*

Wenn beim Denken das Erzeugen der Inhalte ihrem Gewahrwerden vorausgeht (in der in dieser Schrift verwendeten Ausdrucksweise: das unbewusste willentliche Hervorbringen ihrem vorstellenden Bewusstwerden), die Inhalte aber nicht durch ihren subjektiven Schöpfer, sondern *durch sich selbst gesetzmäßig* bestimmt sind, so *„muss anerkannt werden, dass es [das Erzeugen] durch diese [die Gesetzmäßigkeit], also [das Frühere durch] das Spätere, [das Schaffen durch] das Geschaffene bestimmt wird. … Das Hervorbringen eines Unveränderlich-Gesetzlichen, zuvor aber nicht Vorhandenen verläuft notwendigerweise vergangenheitswärts. Ein Früheres ist durch ein Späteres bestimmt, das unter seiner Mitwirkung in die Gegenwart eintritt.“*[323] Doch tritt *„der hervorgebrachte Denkinhalt sofort in den zukunftswärts gerichteten Zeitverlauf ein. Denn er zeigt sich einem gesetz-*

[322] Witzenmann (1978), S. 80 f.
[323] Witzenmann (1978), S. 82.

lichen Zusammenhang angehörig, von welchem her (also zukunftswärts) bedingt wird, welche anderen Denkinhalte sich an ihn anschließen können. ... Während also die Denkinhalte als solche außerzeitlich sind, die Denkakte einem vergangenheitswärts gerichteten Geschehensverlauf angehören, treten die aktualisierten Denkereignisse nacheinander in dem zukunftswärts gerichteten Geschehensverlauf auf."[324] – Man könnte dann noch den gegenwärtig im Bewusstsein vorhandenen Denk- oder Vorstellungsinhalt (als Ausschnitt aus dem Denkgeschehen, als ‚Denkergebnis' sozusagen) anführen, und hätte wieder die viergliedrige Struktur des ZEITKREUZES.

Rainer Maria Rilke: Fahrt auf dem Nil. Ein poetisches Gleichnis für den Doppelstrom der Zeit

Ein poetisches Bild für die zeitliche Doppelströmung kann in der folgenden Beschreibung Rilkes gesehen werden, in der er seine Eindrücke bei einer Schiffsreise auf dem Nil beschreibt.

„Ein Mal, in einem schönen Gleichnis, ward mir das Verhältnis des Dichters im Bestehenden, sein ‚Sinn' vorgehalten. Das war auf der großen Segelbarke, mit der wir von der Insel Philae nach den ausgedehnten Stau-Anlagen hinüberfuhren. Es ging zuerst den Strom hinauf, die Ruderer mussten sich Mühe geben. Ich hatte sie alle gegen mir über, sechzehn, wenn ich mich recht entsinne, je vier in einer Reihe, immer zwei am rechten, zwei am linken Ruder. Gelegentlich begegnete man dem Blick des einen oder andern, meistens aber war in ihren Augen kein Schauen, sie standen offen in die Luft, oder sie waren eben nur die Stellen, wo das heiße Innere dieser Burschen, um das die metallischen Körper sich spannten, frei lag. Zuweilen, aufschauend, überraschte man dennoch einen, der in voller Nachdenklichkeit über einem brütete, als stellte er sich Situationen vor, in denen diese fremde verkleidete Erscheinung sich ihm enträtseln könnte; entdeckt, verlor er fast sofort den mühsam vertieften Ausdruck, war einen Moment mit allen Gefühlen im Schwanken, sammelte sich so rasch es ging in einem wachsamen Tierblick, bis der schöne Ernst seines Gesichts gewohnheitsmäßig in das albere Bakschischgesicht überging und in die törichte Bereitschaft, sich zum Dank nach Belieben zu entstellen und herabzusetzen. Doch ging mit dieser Erniedrigung, die die Reisenden seit lange auf dem Gewissen haben, meistens auch schon die dazu gehörige Rache vor sich, indem er selten unterließ, über den Fremden fort einen Blick bösen Hasses hinüberzuheben, der aufleuchtete von einem Einverständnis, das er jenseits musste gefunden haben.

Ich hatte den Alten schon mehrere Male beobachtet, der dort, auf dem

[324] Witzenmann (1978), S. 84.

Schiffshinterteil, hockte. Seine Hände und Füße waren aufs vertraulichste nebeneinander gekommen, und zwischen ihnen ging, gelenkt und aufgehalten, die Stange des Steuers hin und her und hatte Bewandtnis. Der Körper, in dem zerfetzten schmutzigen Kleide, war nicht der Rede wert, das Gesicht unter dem verkommenen Turbantuch in sich zusammengeschoben wie die Stücke eines Fernrohrs, so flach, dass die Augen davon zu triefen schienen. Gott weiß, was in ihm steckte, er sah aus, als könnte er einen in etwas Widerwärtiges verwandeln; ich hätte ihn gern genau ins Auge gefasst, aber wenn ich mich umdrehte, hatte ich ihn so nah wie mein eigenes Ohr, und es war mir zu auffallend, ihn aus solcher Nähe zu untersuchen. Auch war das Schauspiel des breit auf uns zukommenden Flusses, der schöne, gleichsam fortwährend zukünftige Raum, in den wir uns eindrängten, der ununterbrochenen Aufmerksamkeit so würdig und wohltuend, dass ich den Alten aufgab und dafür mit immer mehr Freude die Bewegungen der Knaben zu sehen lernte, die bei aller Heftigkeit und Anstrengung nicht an Ordnung verloren. Das Rudern war nun so gewaltig, dass die Knaben an den Enden der mächtigen Ruderstangen sich jedes mal im Ausholen ganz von den Sitzen abhoben und sich, ein Bein gegen die Vorderbank gestemmt, stark zurückwarfen, während die acht Ruderblätter sich unten in der Strömung durchsetzten. Dabei stießen sie eine Art Zählung aus, um im Takt zu bleiben, aber immer wieder nahm ihre Leistung sie so in Anspruch, dass keine Stimme übrig blieb; manchmal musste so eine Pause einfach überstanden werden, zuweilen aber fügte es sich so, dass ein nicht abzusehender Eingriff, den wir alle auf das Besonderste empfanden, ihnen dann nicht nur rhythmisch zu Hülfe kam, sondern auch, wie man merken konnte, die Kräfte in ihnen gleichsam umwandte, sodass sie, erleichtert, neue, noch unverminderte Stellen Kraft in Gebrauch nahmen: ganz wie ein Kind, das sich hungrig über einen Apfel gemacht hat, strahlend von Neuem zu essen anfängt, wenn es entdeckt, dass die eine Seite, die es hielt, noch bis zur Schale ansteht.

Da kann ich ihn nun länger nicht verschweigen, den Mann, der gegen den rechten Rand zu vorne auf unserer Barke saß. Ich meinte schließlich, es vorzufühlen, wenn sein Gesang bevorstand, aber ich kann mich geirrt haben. Er sang auf einmal auf, in durchaus unregelmäßigen Abständen und keineswegs immer, wenn die Erschöpfung um sich griff, im Gegenteil, es geschah mehr als ein Mal, dass sein Lied alle tüchtig fand oder geradezu übermütig, aber es war auch dann im Recht; es passte auch dann. Ich weiß nicht, wie weit sich ihm die Verfassung unserer Mannschaft mitteilte, das alles war hinter ihm, er sah selten zurück und ohne ihn bestimmenden Eindruck. Was auf ihn Einfluss zu haben schien, war die reine Bewegung, die in seinem Gefühl mit der offenen Ferne zusammentraf, an die er, halb entschlossen, halb melancholisch, hingegeben war. In ihm kam der Antrieb unseres Fahrzeugs und die Gewalt dessen, was uns entgegenging, fortwäh-

rend zum Ausgleich – von Zeit zu Zeit sammelte sich ein Überschuss: dann sang er. Das Schiff bewältigte den Widerstand; er aber, der Zauberer, verwandelte das, was nicht zu bewältigen war, in eine Folge langer schwebender Töne, die weder hierhin noch dorthin gehörten, und die jeder für sich in Anspruch nahm. Während seine Umgebung sich immer wieder mit dem greifbaren Nächsten einließ und es überwand, unterhielt seine Stimme die Beziehung zum Weitesten, knüpfte uns daran an, bis es uns zog.

Ich weiß nicht wie es geschah, aber plötzlich begriff ich in dieser Erscheinung die Lage des Dichters, seinen Platz und seine Wirkung innerhalb der Zeit, und dass man ihm ruhig alle Stellen streitig machen dürfte außer dieser. Dort aber müsste man ihn dulden."[325]

Rudolf Steiner: Der Doppelstrom der Zeit in der menschlichen Biographie

Für tiefer anthroposophisch Interessierte sei noch eine Darstellung Rudolf Steiners eingefügt, die die Bedeutung der Erkenntnis des Doppelstroms der Zeit in der menschlichen Biographie thematisiert. Rudolf Steiner sagte in einem Vortrag (vor einem anthroposophisch vorgebildeten Publikum):

„*Wenn Sie im richtigen Sinne ... denken, werden Sie sich darüber klar sein, dass das äußere Leben, unser Leib, im gegenwärtigen Zeitalter weiter nichts ist als ein Ergebnis, ein Durchschnitt von zwei Strömungen, die von entgegengesetzten Richtungen kommen und ineinandergehen. ... Da können Sie sich immer sagen, da ist eine Strömung, die Ihnen entgegenkommt, und eine Strömung, die Sie mitbringen. Der Mensch fließt zusammen aus diesen beiden Strömungen.*

Sie bekommen eine Vorstellung davon, wenn Sie sich die Sache so denken. Heute sitzen Sie hier mit verschiedenen Erlebnissen, morgen werden Sie zur selben Stunde eine andere Summe von Ereignissen um sich haben. Denken Sie sich einmal, die Ereignisse, die Sie bis morgen haben werden, wären schon alle da. Es wäre dann dasselbe Erlebnis, wie wenn Sie in ein Panorama blicken würden. Es wäre so, wie wenn Sie diesen Ereignissen entgegengingen, wie wenn diese Ereignisse Ihnen räumlich entgegenkommen. Stellen Sie sich also vor, der Strom, der von der Zukunft gegen Sie herankommt, bringe Ihnen diese Ereignisse entgegen, dann haben Sie in diesem Strom [enthalten] die Ereignisse zwischen heute und morgen. Sie lassen sich von der Vergangenheit die Ihnen entgegenströmende Zukunft zutragen. In jedem Zeitabschnitt ist Ihr Leben ein Durchschnitt von zwei Strömungen, von denen die eine von der Zukunft nach der Gegenwart geht und die andere von der Gegenwart nach der Zukunft. Wo sich die Strömungen treffen, tritt eine Stauung ein. Alles, was der Mensch noch vor sich hat,

[325] Rilke (1911).

muss er als astralische Erscheinung vor sich auftauchen sehen. Dieses ist etwas, was eine unglaublich eindrückliche Sprache spricht.

Denken Sie sich, dass der [esoterische] Schüler hineinblicken soll in die astrale Welt, wo ihm die Sinne aufgeschlossen werden, sodass er das, was er noch bis zum Ablaufe der jetzigen [Welt-]Periode zu erleben haben würde, als äußere Erscheinung in der astralen Welt rings um sich auftauchen sehen würde. Das ist ein Anblick, der von ganz eindringlicher Art für jeden Menschen ist. Wir müssen also sagen, es ist eine wichtige Stufe im Verlauf der [esoterischen] Schulung, dass dem Menschen als astralisches Panorama, als astralische Erscheinung, dasjenige entgegentritt, was er noch … zu erleben hat. Es erschließt sich ihm der Weg. Kein Geheimschüler wird es anders [erleben], als dass er als äußere Erscheinung das entgegentreten sieht, was er in der näheren Zukunft … [noch] vor sich hat.

Wenn der Schüler bis zur Schwelle vorgeschritten ist, dann tritt an ihn die Frage heran: Willst Du dieses alles in der denkbar kürzesten Zeit durchleben? Denn darum handelt es sich für denjenigen, der die Einweihung empfangen will. Wenn Sie sich das überlegen, so haben Sie Ihr eigenes zukünftiges Leben in einem Moment als äußeres Panorama vor sich. Das ist wiederum dasjenige, was uns die Anschauung des Astralischen charakterisiert. Dies ist für den einen Menschen so, dass er sich sagt: Nein, da gehe ich nicht hinein. Für den anderen dagegen ist es so, dass er sich sagt: Ich muss hinein. Diesen Punkt der Entwickelung nennt man die ‚Schwelle', die Entscheidung, und die Erscheinung, die man da hat, sich selbst mit allem, was man noch zu erfahren und zu erleben hat, die nennt man den ‚Hüter der Schwelle'. Der Hüter der Schwelle ist also nichts anderes als unser eigenes künftiges Leben. Wir selbst sind es. Unser eigenes zukünftiges Leben liegt hinter der Schwelle."[326]

[326] Steiner (1905 a), S. 37 ff.

Das Kuppelmosaik im Baptisterium von Florenz

Dieses Buch ist naturwissenschaftlich bzw. naturphilosophisch ausgerichtet. Es hieße aber die Wirklichkeit als Stückwerk behandeln, wenn nicht noch ein besonderer Aspekt Erwähnung fände. An manchen Stellen hatte ich schon angedeutet, dass die hier vorgebrachten Gedanken Verbindungen zum Christentum haben. Ich möchte deshalb noch eine Abbildung eines Mosaiks zeigen, das die Kuppel des Baptisteriums am Dom zu Florenz schmückt. Christus, der Weltenherrscher. Seine Beine und Füße in die irdischen Reiche ragend, Haupt und Hände frei im goldenen Lichtraum, die Rechte gebend, die Linke empfangend, das Gewand schwingend verwoben, ein ganzheitlich umschlossenes (‚ontologisches') Welt-Kreuz bildend, das Haupt selbst noch einmal von einem (‚epistemologischen') Bewusstseins-Kreuz umkränzt.

Abb. 85. Mosaik aus dem 13. Jahrhundert in der Kuppel des Baptisteriums San Giovanni von Florenz (Durchmesser: acht Meter).

An Stelle eines Nachworts

Von hier an

Das Schicksal zieht seine Zauberkreise um mich.
Der Rabe sitzt auf dem Wipfel der Eiche.
Die Sterne fügen sich zu Zeichen
einer mysteriösen Karte.

Das Ziel bestreitet, was da ist.
Die Träume bewahren, was ich verliere.
Ist der allerletzte Kreis der Horizont?

Hinter mir, fern, grünen auf's Neue die Wälder,
blüht der Roggen erneut, schmückt sich
auf's Neue die Wiese mit weißen, blauen und gelben Blumen.

Doch ich kann nicht wieder dorthin, wo ich war –
den eigenen Spuren entgegen,
und kann nicht bleiben hier, wo ich heute bin.

Mein Raum ist die Grenze.
Meine Zeit – die Spitze.
Mein Weg – der Weg des Feuers: Von hier an.

(Ales Rasanaù, aus: Zeichen vertikaler Zeit.)

Literatur

Aristoteles: De anima, II, 3, 414 b.
Aristoteles: Metaphysik IX, 8.
Aristoteles: Physik II, 3, 194 b, 23–35.
Aristoteles: Physik II, 8, 199 b, 21–30.
Bacon, Francis (1620): Novum Organum, 1. und 2. Buch. Krohn, W. (Hg.), Hamburg, 1990.
Bartoniczek, André (2009): Imaginative Geschichtserkenntnis. Rudolf Steiner und die Erweiterung der Geschichtswissenschaft. Stuttgart, 2009.
Basfeld, Martin (1998): Wärme: Ur-Materie und Ich-Leib. Beiträge zur Anthropologie und Kosmologie. Stuttgart, 1998.
Bauer, Joachim (2008): Das kooperative Gen. Hamburg, 2008.
Benton, Michael (2007): Paläontologie der Wirbeltiere. München, 2007.
Bockemühl, Cornelis (Hg.) (1999): Erdentwicklung aktuell erfahren. Geologie und Anthroposophie im Gespräch. Stuttgart, 1999.
Bockemühl, Jochen (1995): Ein Leitfaden zur Heilpflanzenerkenntnis. Dornach, 1995.
Bolk, Louis, et al. (1938): Handbuch der vergleichenden Anatomie der Wirbeltiere. Bd. V. Berlin, 1938.
Bosse, Dankmar (2002): Die gemeinsame Evolution von Erde und Mensch. Stuttgart, 2002.
Brenner, Andreas (2007): Leben. Eine philosophische Untersuchung. Bern, 2007.
Bromage, T. G., und Dean, M. C. (1985): Re-evaluation of the age at death of immature fossil hominids. Nature, 1985, Nr. 317, S. 525 ff.
Carroll, Sean B. (2008): Evo Devo, das neue Bild der Evolution. Berlin, 2008.
Craemer-Ruegenberg, Ingrid (1980): Die Naturphilosophie des Aristoteles. Freiburg, 1980.
Crompton et al. (2008): Locomotion and posture from the common hominoid ancestor to fully modern hominins, with special reference to the last common panin/hominin ancestor. J. Anat. Nr. 212, 2008, S. 501 ff.
Dahn, Randall D., et al. (2007): Sonic hedgehog function in chondrichthyan fins and the evolution of appendage patterning. Nature, 445, 2007, S. 311 ff.
Darwin, Charles (1859): Über die Entstehung der Arten durch natürliche Zuchtwahl oder die Erhaltung der begünstigten Rassen im Kampfe um's Dasein. Übersetzt von H. G. Bronn. 6. Auflage, Stuttgart, 1876. (online unter http://de.wikisource.org/wiki/Entstehung_der_Arten_(1876)).
Darwin, Charles (1874): Die Abstammung des Menschen. Stuttgart, 1982.
Darwin, Charles (1887): Mein Leben. Die vollständige Autobiographie. Frankfurt, 2008.
Davidson, E. H., und Erwin, D. H. (2006): Gene regulatory networks and the evolution of animal body plans. Science Nr. 311, 2006, S. 796 ff.
Dawkins, Richard (1976): Das egoistische Gen. Berlin, 1978.
Dean, C. M. (2006): Tooth microstructure tracks the pace of human life-history evolution. Proc. Biol. Sci. 2006, Nr. 273, S. 2799 ff.
Dean, C. M., et al. (2001): Growth processes in teeth distinguish modern humans from Homo erectus and earlier hominins. Nature, 2001, Nr. 414, S. 628 ff.

Dean, C.M., Lucas, V.S. (2009): Dental and skeletal growth in early fossil hominins. Annals of Human Biology, 2009, Nr. 36, S. 545 ff.
Demuth, Jeffery P., und Hahn, Matthew W. (2009): The life and death of gene families. BioEssays 31, 2009, S. 29 ff.
Doczi, György (1981): Die Kraft der Grenzen. Harmonische Proportionen in Natur, Kunst und Architektur. München, 1987.
Domazet-Loso, Tomislav, Tautz, Diethard (2008): An ancient evolutionary origin of genes associated with human genetic diseases. In: Molecular Biology and Evolution 25 (12), 2008, S. 2699 ff.
Dürken, Bernhard (1936): Entwicklungsbiologie und Ganzheit. Ein Beitrag zur Neugestaltung des Weltbildes. Leipzig, 1936.
Edwards, Lawrence (1982): Geometrie des Lebendigen, Stuttgart, 1982.
Endres, Klaus-Peter (2002): Ein Mathematiker bedenkt die Evolution. Karl Snell (1806–1886). Hildesheim, 2002.
Eriugena, Johann Scotus (um 850): Über die Einteilung der Natur. 1. Buch. Felix Meiner Verlag, Hamburg, 1983.
Fichte, Johann Gottlieb (1812): System der Sittenlehre. In: Fichte, Immanuel Herrmann (Hg.): J. G. Fichtes nachgelassene Werke. Bonn, 1835.
Förster, Eckart (2011): Die 25 Jahre der Philosophie. Eine systematische Rekonstruktion. Frankfurt, 2011.
Frisch, Klaus (1992): Über den Ursprung des Lebens und die Entstehung der Zellen in der Frühzeit der Erdentwicklung. In: Die Drei, Nr. 62, 1992.
Fuchs, Thomas (2008): Leib und Lebenswelt. Neue philosophisch-psychiatrische Essays. Heidelberg, 2008.
Gibson, Daniel G., et al. (2010): Creation of a bacterial cell controlled by a chemically synthesized genome. Science Vol. 329, S. 52 ff., 2010.
Gilbert, Scott F. (2006): Developmental Biology. 8. Aufl. Sunderland, MA, 2006.
Goethe, Johann Wolfgang von (1790): Versuch, die Metamorphose der Pflanzen zu erklären. In: Goethes Werke, Hamburger Ausgabe, Bd. 13. Hamburg, 1966.
Goethe, Johann Wolfgang von (1790 a): Versuch einer Allgemeinen Vergleichungslehre. In: Goethe, Johann Wolfgang von: Sämtliche Werke, Bd. 17. Zürich, 1979.
Goethe, Johann Wolfgang von (1790 b): Autobiographisches. Tag- und Jahreshefte. In: Goethes Werke, Hamburger Ausgabe, Bd. 10. Hamburg, 1966.
Goethe, Johann Wolfgang von (1798): Die Metamorphose der Pflanzen. In: Goethes Werke, Hamburger Ausgabe, Bd. 13. Hamburg, 1966.
Goethe, Johann Wolfgang von (1808): Faust I, 7. Szene.
Goethe, Johann Wolfgang von (1814): West-östlicher Divan, Buch der Sprüche. In: Goethes Werke, Hamburger Ausgabe, Bd. 2. Hamburg, 1966.
Goethe, Johann Wolfgang von (1817): Glückliches Ereignis. In: Goethes Werke, Hamburger Ausgabe, Bd. 10. Hamburg, 1966.
Goethe, Johann Wolfgang von (1817 a): Zur Morphologie. In: Goethes Werke, Hamburger Ausgabe, Bd. 13. Hamburg, 1966.
Goethe, Johann Wolfgang von (1818): Epirrhema. In: Goethes Werke, Hamburger Ausgabe, Bd. 1. Hamburg, 1966.
Goethe, Johann Wolfgang von (1820): Bedenken und Ergebung. In: Goethes Werke, Hamburger Ausgabe, Bd. 13. Hamburg, 1966.
Goethe, Johann Wolfgang von (1826): In: Goethes Werke, Hamburger Ausgabe, Bd. 1. Hamburg, 1966.
Goethe, Johann Wolfgang von (1827): Brief an Gustav Friedrich Constantin Par-

they vom 28. 8. 1827. In: Goethe-Wörterbuch. Berlin-Brandenburgische Akademie der Wissenschaften (Hg.) Bd. 1–4. Stuttgart, Kohlhammer, 1978.
Gould, Stephen Jay (1977): Ontogeny and phylogeny. Cambridge, 1977.
Gould, Stephen Jay (1993): Eight little piggies. London, 1993.
Gould, Stephen Jay (2002): The Structure of evolutionary theory. Cambridge, 2002.
Green, Richard E., et al. (2010): A draft sequence of the neandertal genome. Science Nr. 328, 2010.
Grohmann, Gerbert (1961): Kurzgefasster Abriss von der Lehre der Dreigliederung des Menschen. Erziehungskunst 7, 1961.
Hedges, S. Blair (2001): Molecular evidence for the early history of living vertebrates. In: Ahlberg, Per (Hg.): Major Events in Early Vertebrate Evolution: Palaeontology, Phylogeny, Genetics and Development. London, 2001.
Hedges, S. Blair, und Kumar, Sudhir (Hg.) (2009): The timetree of life. New York, 2009.
Heisenberg, Werner (1976): Das Naturbild der heutigen Physik. Hamburg, 1976.
Herder, Johann Gottfried (1784): Ideen zur Philosophie der Geschichte der Menschheit. In: J. G. Herder: Der Mensch ist der erste Freigelassene der Schöpfung. Dühnfort, Erika, und Oltmann, Olaf (Hg.). Stuttgart, 1989.
Herlyn, Holger (2010): Institut für Anthropologie der Universität Mainz. www.wissenschaft-im-dialog.de/kinderbereich/startseite.html.
Heusser, Peter (2011): Anthroposophische Medizin und Wissenschaft. Beiträge zu einer integrativen medizinischen Anthropologie. Stuttgart, 2011.
Hill, K., et al. (2001): Mortality rates among wild chimpanzees. J. Hum. Evol. 2001 Nr. 40, S. 437 ff.
Ho, Simon Y.W., et al. (2011): Time-dependent rates of molecular evolution. Molecular Ecology 20, S. 3087 ff.
Holdrege, Craig (1999): Der vergessene Kontext. Entwurf einer ganzheitlichen Genetik. Stuttgart, 1999.
Hueck, Christoph (1993): Molekularbiologie und Leben. Die Vereinbarkeit molekularbiologischer Ergebnisse mit einer wesensgemäßen Auffassung des Lebendigen. Der Merkurstab, Heft 6, 1993.
Hueck, Christoph (2009): Anthroposophische Aufschlüsse der molekularen Biologie – die gemeinsame Zeitstruktur von Bewusstsein und Genetik. In: Jahrbuch für Goetheanismus. Öschelbronn, 2009.
Husemann, Armin (2003): Der musikalische Bau des Menschen. Entwurf einer plastisch-musikalischen Menschenkunde. Stuttgart, 2003.
Husemann, Armin (2010): Der hörende Mensch und die Wirklichkeit der Musik. Stuttgart, 2010.
Jenny, Hans (1954): Der Typus. Dornach, 1954.
Jonas, Hans (1973): Das Prinzip Leben. Ansätze zu einer philosophischen Biologie. Frankfurt M., 1994.
Julius, Frits H. (1970): Das Tier zwischen Mensch und Kosmos. Neue Wege zu einer Charakteristik der Tiere. Stuttgart, 1970
Kant, Immanuel (1790): Kritik der Urteilskraft. Werke in zwölf Bänden, Band 10. Weischedel, Wilhelm (Hg.). Frankfurt, 1977.
Kant, Immanuel (1790 a): Anmerkung Kants zur ersten Einleitung zur Kritik der Urteilskraft. Im Internet unter www.korpora.org/kant/aa20/220.html.
Kegel, Bernhard (2009): Epigenetik. Wie Erfahrungen vererbt werden. Köln, 2009.
Kipp, Friedrich A. (1948): Höherentwicklung und Menschwerdung. Stuttgart, 1948.

Kipp, Friedrich A. (1980): Die Evolution des Menschen im Hinblick auf seine lange Jugendzeit. Stuttgart, 1991.
Köchy, Kristian (1997): Ganzheit und Wissenschaft. Das historische Fallbeispiel der romantischen Naturforschung. Würzburg, 1997.
Köchy, Kristian (2003): Perspektiven des Organischen. Biophilosophie zwischen Natur- und Wissenschaftsphilosophie. Paderborn, 2003.
Kötter, Dieter (1993): Von der inneren Uhr der Evolution. In: Kniebe, Georg (Hg.): Was ist Zeit? 1. Auflage Stuttgart, 1993.
Kötter, Dieter (1996): Elementare Geometrie der W-Kurven. In: Ostheimer und Ziegler (Hg.): Skalen und Wegkurven. Dornach, 1996.
Kolisko, Eugen (1921): Zur Dreigliederung des menschlichen Organismus. In: Kolisko, Eugen: Auf der Suche nach neuen Wahrheiten. Goetheanistische Studien. Stuttgart, 1989.
Kolisko, Eugen (1930): Die zwölf Gruppen des Tierreichs. In: Kolisko, Eugen: Auf der Suche nach neuen Wahrheiten. Goetheanistische Studien. Stuttgart, 1989.
Kranich, Ernst-Michael (1989): Von der Gewissheit zur Wissenschaft der Evolution. Stuttgart, 1989.
Kranich, Ernst-Michael (1996): Pflanzen als Bilder der Seelenwelt. Skizze einer physiognomischen Naturerkenntnis. Stuttgart, 1996.
Kranich, Ernst-Michael (1999): Anthropologische Grundlagen der Waldorfpädagogik. Stuttgart, 1999.
Kuhn, Dorothea (1988): Goethe und die Chemie. In: Typus und Metamorphose. Goethe-Studien. Marbach, 1988.
Kummer, Christian (1987): Evolution als Höherentwicklung des Bewusstseins. Über die intentionalen Voraussetzungen der materiellen Selbstorganisation. Freiburg, 1987.
Kunze, Hennig (1982): Die Gestaltentstehung bei Pflanze und Tier. In: Schad, Wolfgang (Hg.): Goetheanistische Naturwissenschaft, Bd. 1, Allgemeine Biologie. Stuttgart, 1982.
Kutschera, Ulrich (Hg.) (2007): Kreationismus in Deutschland. Fakten und Analysen. Münster, 2007.
Lacruz, R.S., und Ramirez Rozzi, F.V. (2010): Molar crown development in Australopithecus afarensis. J. Hum. Evol., Nr. 58, S. 201 ff.
Liu, X., et al. (2012): Extension of cortical synaptic development distinguishes humans from chimpanzees and macaques. Genome Res. 2012.
Maas, Sarah A., Fallon, John F. (2005): Single base pair change in the long-range Sonic hedgehog limb-specific enhancer is a genetic basis for preaxial polydactyly. Dev. Dyn. Nr. 232, 2005, S. 345 ff.
Majorek, Marek B. (Hg.) (2011): Rudolf Steiners Geisteswissenschaft und die Naturwissenschaft. Basel, 2011.
Maturana, Humberto R., Varela, Francisco J. (1984): Der Baum der Erkenntnis. Die biologischen Wurzeln menschlichen Erkennens. Frankfurt, 2011.
Mayr, Ernst (1997): Das ist Biologie. Die Wissenschaft des Lebens. Heidelberg, 2000.
Mayr, Ernst (2002): Die Autonomie der Biologie. Naturwissenschaftliche Rundschau, 2002, Heft I, S. 23 ff.
Meyer, Axel (2008): Aus www.faznet.de Rubrik Darwin, 18.12.2008.
Monod, Jacques (1982): Zufall und Notwendigkeit. Philosophische Fragen der modernen Biologie. München, 1982.

Newton, Isaac (1687): Mathematische Prinzipien der Naturlehre. Wolfers, J. Ph. (Hg.). Darmstadt, 1963.
Niemitz, Carsten (2010): The evolution of the upright posture and gait – a review and a new synthesis. Naturwissenschaften Nr. 97, 2010, S. 241 ff.
Owen, Richard (1849): On the nature of limbs. Amundson, Ron (Hg.) Chicago, 2007.
Paley, William (1802): Natural theology, or evidences of the existence and attributes of the deity, collected from the appearances of nature. New York, 2006.
Pöppel, Ernst (1984): Erlebte Zeit und Zeit überhaupt. In Horvat, Manfred (Hg.): Daws Phänomen Zeit. Wien, 1984.
Pöppel, Ernst (1989): Gegenwart, psychologisch gesehen. In Wendorff (Hg.): Im Netz der Zeit. Stuttgart, 1989.
Poppelbaum, Hermann (1928): Mensch und Tier. Fünf Einblicke in ihren Wesensunterschied. Stuttgart, 1981.
Portmann, Adolf (1965): Die Tiergestalt. Basel, 1965.
Ramirez Rozzi und Bermudez de Castro (2004): Surprisingly rapid growth in Neanderthals. Nature, Nr. 428, S. 936 ff.
Rilke, Rainer Maria (1911): Reise nach Ägypten. Briefe, Gedichte, Notizen. Horst Nalewski (Hg.). Frankfurt und Leipzig, 2000.
Robson S. L., Wood, B. (2008): Hominin life history: reconstruction and evolution. J. Anat. 2008, Nr. 212, S. 394 ff.
Rohen, Johannes W. (1981): Funktionelle Histologie. Stuttgart, 2000.
Rohen, Johannes W. (2000): Morphologie des menschlichen Organismus. Stuttgart, 2002.
Rohen, Johannes W. (2002): Funktionelle Embryologie. Die Entwicklung der Funktionssysteme des menschlichen Organismus. Stuttgart, 2004.
Rosslenbroich, Bernd (2002): Geschichte und Problem des Höherentwicklungsbegriffs. In: Tycho de Brahe Jahrbuch. Öschelbronn, 2002.
Rosslenbroich, Bernd (2007): Autonomiezunahme als Modus der Makroevolution. Nümbrecht, 2007.
Rozumek, Martin (2003): Stoffe sind festgehaltene Prozesse. In: Elemente der Naturwissenschaft, Heft 78. Dornach, 2003.
Schad, Wolfgang (1966): Biologisches Denken. In: Goetheanistische Naturwissenschaft. Bd. 1. Schad, Wolfgang (Hg.). Stuttgart, 1982.
Schad, Wolfgang (1971): Säugetiere und Mensch. Stuttgart, 1971.
Schad, Wolfgang (1982): Die Vorgeburtlichkeit des Menschen. Der Entwicklungsgedanke in der Embryologie. Stuttgart, 1982.
Schad, Wolfgang (1985): Gestaltmotive der fossilen Menschenformen. In: Goetheanistische Naturwissenschaft. Bd. 4. Schad, Wolfgang (Hg.). Stuttgart, 1985.
Schad, Wolfgang (1985 a): Die Ohrorganisation. In: Goetheanistische Naturwissenschaft. Bd. 4. Schad, Wolfgang (Hg.). Stuttgart, 1985.
Schad, Wolfgang (1992): Der Heterochronie-Modus in der Evolution der Wirbeltierklassen und Hominiden. Dissertation Witten-Herdecke, 1992.
Schad, Wolfgang (1992 a): Afrika – das Geburtsland der Menschheit. In: Die Drei, Heft 2, 1992.
Schad, Wolfgang (1993): Heterochronical patterns of evolution in the transitional stages of vertebrate classes. Acta Biotheoretica Nr. 41, S. 383 ff. Leiden, 1993.
Schad, Wolfgang (2000): Vom Verstehen der Zeit. In: Kniebe, Georg (Hg.): Was ist Zeit? Stuttgart, 2000.

Schad, Wolfgang (2003): Evolutionsgesetze und der Zeitbegriff in der Geologie. In: Tycho de Brahe-Jahrbuch für Goetheanismus. Niefern-Öschelbronn, 2003.
Schad, Wolfgang (2007): Wie kommt es zur Kopfbildung des Menschen? In: Der Merkurstab Nr. 4, 2007.
Schad, Wolfgang (2009): Die Evolution der Menschheit – menschenkundlich, naturwissenschaftlich und christologisch betrachtet. In: Die Drei, Heft 10, 2009, S. 27 ff.
Schad, Wolfgang (2009): Goethe und die Evolution. In: Jahrbuch für Goetheanismus 2009. Niefern-Öschelbronn, 2009.
Schelling, Friedrich Wilhelm Joseph (1797): Ideen zu einer Philosophie der Natur. In: Schröter (Hg.): Werke, Bd. I. München, 1927.
Schelling, Friedrich Wilhelm Joseph (1861): In: Schelling, Karl Friedrich August von (Hg.): F. W. J. von Schellings sämtliche Werke, I. Abteilung: 10 Bände (I–X), II. Abteilung: 4 Bände (XI–XIV). Stuttgart, Augsburg, 1856–1861.
Schindewolf, Otto Heinrich (1972): Phylogenie und Anthropologie aus paläontologischer Sicht. In: Gadamer, Hans-Georg, Vogler, Paul (Hg.): Neue Anthropologie. Band 1: Biologische Anthropologie. Stuttgart, 1972.
Schmalenbach, Bernhard (2008): Eine heilpädagogische Psychologie der Hand: Entwicklungspsychologische und heilpädagogische Aspekte unter besonderer Berücksichtigung des Autismus und des Down-Syndroms. Bern, 2008.
Schmidt, Dorian (2010): Lebenskräfte, Bildekräfte. Methodische Grundlagen zur Erforschung des Lebendigen. Stuttgart, 2010.
Schönborn, Christoph (2007): Ziel oder Zufall? Schöpfung und Evolution aus der Sicht eines vernünftigen Glaubens. Freiburg, 2007.
Schultz, Adolph H. (1940): Growth and development of the Chimpanzee. Contributions to embryology, No. 170.
Schultz, Adolph H. (1942): Growth and development of the Orang-Utan. Contributions to embryology, No. 182.
Shubin, Neil H., et al. (2006): The pectoral fin of Tiktaalik roseae and the origin of the tetrapod limb. Nature 2006, Nr. 440, S. 764 ff.
Shubin, Neil H. (2008): Der Fisch in uns. Eine Reise durch die 3,5 Milliarden Jahre alte Geschichte unseres Körpers. Frankfurt, 2008.
Smith, T. M., et al. (2007): Rapid dental development in a Middle Paleolithic Belgian Neanderthal. Proc. Natl. Acad. Sci., 2007, Nr. 104, S. 20220 ff.
Smith, T. M., et al. (2010): Dental evidence for ontogenetic differences between modern humans and Neanderthals. Proc. Natl. Acad. Sci., Nr. 107, 2010, S. 20923 ff.
Snell, Karl (1847): Aus dem Gebiete der Naturphilosophie. Über das Wesen und die Eigenthümlichkeit der nächtlichen Thiere. In: Minerva, 1947. Zit. nach: Endres, Klaus-Peter: Ein Mathematiker bedenkt die Evolution – Karl Snell (1806–1886). Hildesheim, 2002.
Snell, Karl (1858): Die Streitfrage des Materialismus. Ein vermittelndes Wort. Zit. nach Endres, Klaus-Peter: Ein Mathematiker bedenkt die Evolution – Karl Snell (1806–1886). Hildesheim, 2002, S. 145 f.
Snell, Karl (1877): Vorlesungen über die Abstammung des Menschen. In: Snell, Karl: Schöpfung des Menschen. Kipp, Friedrich (Hg.). Stuttgart, 1981.
Somel, M., et al. (2009): Transcriptional neoteny in the human brain. Proc. Natl. Acad. Sci., Nr. 106, 2009, S. 5743 ff.
Spaemann, Robert; Löw, Reinhard (1981): Die Frage Wozu? Geschichte und Wiederentdeckung des teleologischen Denkens. München, 1985.

Stanley, Steven M. (1989): Krisen der Evolution. Artensterben in der Erdgeschichte. Heidelberg, 1989.
Steiner, Rudolf (1882): Einzig mögliche Kritik atomistischer Begriffe. In: Beiträge zur Rudolf Steiner Gesamtausgabe, Nr. 63. Dornach, 1978.
Steiner, Rudolf (1883–1897): Einleitungen zu Goethes naturwissenschaftlichen Schriften. Dornach, 1962.
Steiner, Rudolf (1886): Grundlinien einer Erkenntnistheorie der goetheschen Weltanschauung. GA 2. Dornach, 1979.
Steiner, Rudolf (1892): Wahrheit und Wissenschaft. Vorspiel einer Philosophie der Freiheit. GA 3. Dornach, 1980.
Steiner, Rudolf (1894): Die Philosophie der Freiheit. Grundzüge einer modernen Weltanschauung. Seelische Beobachtungsresultate nach naturwissenschaftlicher Methode. GA 4. Dornach, 1978.
Steiner, Rudolf (1897): Goethes Weltanschauung. GA 6. Dornach, 1990.
Steiner, Rudolf (1901): Die Mystik im Aufgange des neuzeitlichen Geisteslebens und ihr Verhältnis zur modernen Weltanschauung. GA 7. Dornach, 1960.
Steiner, Rudolf (1904): Theosophie. Einführung in übersinnliche Welterkenntnis und Menschenbestimmung. GA 9. Dornach, 1978.
Steiner, Rudolf (1905): Die Stufen der höheren Erkenntnis. GA 12. Dornach, 1979.
Steiner, Rudolf (1905 a): Vortrag vom 17. 5. 1905. In: Mathematik und Wirklichkeit. GA 324 a. Dornach, 1995.
Steiner, Rudolf (1905 b): Vortrag vom 9. 2. 1905. In: Ursprung und Ziel des Menschen. GA 53. Dornach, 1981.
Steiner, Rudolf (1906): Vortrag vom 2. 6. 1906. In: Kosmogonie. GA 94. Dornach, 2001.
Steiner, Rudolf (1908): Philosophie und Anthroposophie. In: Philosophie und Anthroposophie. GA 35. Dornach, 1984.
Steiner, Rudolf (1908 a): Vortrag vom 9. 4. 1908. In: Die Erkenntnis der Seele und des Geistes. GA 56. Dornach, 1985.
Steiner, Rudolf (1908 b): Vortrag vom 23. 1. 1908. In: Die Erkenntnis der Seele und des Geistes. GA 56. Dornach, 1985.
Steiner, Rudolf (1908 c): Vortrag vom 21. 10. 1908. In: Geisteswissenschaftliche Menschenkunde. GA 107. Dornach, 1988.
Steiner, Rudolf (1909): Vortrag vom 17. 5. 1909. In: Aus der Bilderschrift der Apokalypse des Johannes. GA 104 a. Dornach, 1991.
Steiner, Rudolf (1910): Die Geheimwissenschaft im Umriss. GA 13. Dornach, 1962.
Steiner, Rudolf (1910 a): Vortrag vom 4. 11. 1910. In: Anthroposophie, Psychosophie, Pneumatosophie. GA 115. Dornach, 2001.
Steiner, Rudolf (1910 b): Vortrag vom 17. 5. 1910. In: Die Offenbarungen des Karma. GA 120. Dornach, 1992.
Steiner, Rudolf (1911): Die psychologischen Grundlagen und die erkenntnistheoretische Stellung der Anthroposophie. Vortrag auf dem 4. Internationalen Philosophenkongress in Bologna. In: Philosophie und Anthroposophie. GA 35. Dornach, 1984.
Steiner, Rudolf (1911 a): Vortrag vom 30. 12. 1911. In: Die Welt der Sinne und die Welt des Geistes. GA 134. Dornach, 1990.
Steiner, Rudolf (1912): Vortrag vom 12. 4. 1912. In: Die geistigen Wesenheiten in den Himmelskörpern und Naturreichen. GA 136. Dornach, 1984.
Steiner, Rudolf (1913): Die Schwelle der geistigen Welt. GA 17. Dornach, 1987.

Steiner, Rudolf (1914): Vortrag vom 9. 4. 1914. In: Inneres Wesen des Menschen. GA 153. Dornach, 1978.
Steiner, Rudolf (1916): Vom Menschenrätsel. GA 20. Dornach, 1984.
Steiner, Rudolf (1916 a): Vortrag vom 27. 6. 1916. In: Weltwesen und Ichheit. GA 169. Dornach, 1963.
Steiner, Rudolf (1917): Von Seelenrätseln. GA 21. Dornach, 1976.
Steiner, Rudolf (1918): Vortrag vom 15. 4. 1918. In: Das Ewige in der Menschenseele. GA 67. Dornach, 1962.
Steiner, Rudolf (1919): Vortrag vom 22. 8. 1919. In: Allgemeine Menschenkunde als Grundlage der Pädagogik. GA 293. Dornach, 1992.
Steiner, Rudolf (1919 a): Vortrag vom 23. 8. 1919. In: Allgemeine Menschenkunde als Grundlage der Pädagogik. GA 293. Dornach, 1992.
Steiner, Rudolf (1919 b): Vortrag vom 27. 8. 1919. In: Allgemeine Menschenkunde als Grundlage der Pädagogik. GA 293. Dornach, 1992.
Steiner, Rudolf (1919 c): Erziehungskunst. Methodisch-Didaktisches. GA 294. Dornach 1990.
Steiner, Rudolf (1920): Vortrag vom 3. 4. 1920. In: Geisteswissenschaft und Medizin. GA 312. Dornach, 1976.
Steiner, Rudolf (1921): Vortrag vom 23. 4. 1921. In: Perspektiven der Menschheitsentwicklung. GA 204. Dornach, 1979.
Steiner, Rudolf (1921 a): Vortrag vom 9. 1. 1923. In: Das Verhältnis der verschiedenen naturwissenschaftlichen Gebiete zur Astronomie. GA 323. Dornach, 1983.
Steiner, Rudolf (1922): Geistige Wirkenskräfte im Zusammenleben von alter und junger Generation. Vorträge vom 7. 10. und 12. 10. 1922. GA 217. Dornach, 1988.
Steiner, Rudolf (1922 a): Vortrag vom 1. 1. 1922. In: Die gesunde Entwicklung des Menschenwesens. GA 303. Dornach, 1969.
Steiner, Rudolf (1923): Vortrag vom 25. 3. 1923: Goethe und Goetheanum. In: Der Baugedanke des Goetheanum. GA 289. Dornach, 1958.
Steiner, Rudolf (1923 a): Konferenz vom 25. 4. 1923. In: Konferenzen mit den Lehrern der Freien Waldorfschule Stuttgart. Zweiter Band. GA 300/2. Dornach, 1975.
Steiner, Rudolf (1923 b): Ist Anthroposophie Phantastik? In: Der Goetheanumgedanke inmitten der Kulturkrisis der Gegenwart. Gesammelte Aufsätze 1923–1925. GA 36. Dornach, 1961.
Steiner, Rudolf (1923–25): Mein Lebensgang. GA 28. Dornach, 1982.
Steiner, Rudolf (1924): Anthroposophische Leitsätze. GA 26. Dornach, 1989.
Steiner, Rudolf, und Wegman, Ita (1925): Grundlegendes für eine Erweiterung der Heilkunst nach geisteswissenschaftlichen Erkenntnissen. GA 27. Dornach, 1991.
Straus, E. (1980): Die aufrechte Haltung. In: Medizinisch-psychologische Anthropologie. Bräutigam, W. (Hg.). Darmstadt, 1980.
Strube, Jürgen (2010): Die Beobachtung des Denkens. Rudolf Steiners ‚Philosophie der Freiheit' als Weg zur Bildekräfte-Erkenntnis. Dornach, 2010.
Subramanian, Sankar, und Lambert, David (2011): Time dependency of molecular evolutionary rates? Yes and no. Genome Biol. Evol. 3, S. 1324 ff.
Suchantke, Andreas (1983): Was spricht sich in den Prachtkleidern der Vögel aus? In: Goetheanistische Naturwissenschaft, Bd. 3, Zoologie. Stuttgart, 1983.
Suchantke, Andreas (2002): Metamorphose, Kunstgriff der Evolution. Stuttgart, 2002.

Swalla, B. J. (2006): Building divergent body plans with similar genetic pathways. Heredity Nr. 97, 2006, S. 235ff.
Teichmann, Frank: Die Entstehung des Entwicklungsgedankens in der Goethezeit. In: Arnold, W. H. (Hg.): Entwicklung. Interdisziplinäre Aspekte zur Evolutionsfrage. Stuttgart, 1985.
Vandercruysse, Rudi (2010): Sonnenaufgang. Von der Geschichte zum Wesen der Philosophie. Dornach, 2010.
Verhulst, Jos (1999): Der Erstgeborene. Mensch und höhere Tiere in der Evolution. Stuttgart, 1999.
Vogel, Lothar (1992): Der dreigliedrige Mensch. Dornach, 1992.
Weber, Andreas (2003): Natur als Bedeutung. Versuch einer semiotischen Theorie des Lebendigen. Würzburg, 2003.
Weber, Andreas (2007): Alles fühlt. Mensch, Natur und die Revolution der Lebenswissenschaften. Berlin, 2008.
Weizsäcker, Carl Friedrich von (1971): Die Einheit der Natur. München, 1982.
Weizsäcker, Viktor von (1942): Gestalt und Zeit. Göttingen, 1960.
Weizsäcker, Viktor von (1947): Der Gestaltkreis. Theorie der Einheit von Wahrnehmung und Bewegen. Stuttgart, 1947.
Wirz, Johannes (2009): Leben im Werden. Die Drei. Heft 1, 2009.
Witzenmann, Herbert (1978): Intuition und Beobachtung, Band 2. Stuttgart, 1978.
Witzenmann, Herbert (1983): Strukturphänomenologie. Vorbewusstes Gestaltbilden im erkennenden Wirklichkeitenthüllen. Ein neues wissenschaftstheoretisches Konzept. Dornach, 1983.

Personen- und Sachregister

(Das Register gibt Hinweise auf wichtige Stichpunkte und zitierte Personen, wobei keine den gesamten Text abdeckende Vollständigkeit angestrebt wurde. Beispielsweise wurden nicht alle Erwähnungen Goethes oder Rudolf Steiners aufgelistet.)

Autorennotiz

Dr. rer. nat. Christoph J. Hueck, geb. 1961, Studium der Biologie und Chemie, Promotion in bakterieller Genetik, langjährige Grundlagen- und angewandte Forschung in Deutschland und USA, seit 2003 Waldorflehrer. Dozent am Seminar für Waldorfpädagogik, Freie Hochschule Stuttgart. Veröffentlichungen zu den Themen Molekulare Biologie und Anthroposophie, Grundlagen der Anthroposophie und zur Waldorfpädagogik.

Die Abbildungen dieses Buches können beim Verlag in elektronischer Form angefordert werden.

Adresse des Autors:
c.hueck@yahoo.de
c/o Naturwissenschaftlich-Mathematisches Institut der Freien Hochschule Stuttgart
Haussmannstr. 44 a
D–70188 Stuttgart